Fachberichte Simulation

Herausgegeben von D. Möller und B. Schmidt
Band 11

H. B. Keller

Echtzeitsimulation zur Prozeßführung komplexer Systeme

Entwurf und Realisierung eines Systems
zur interaktiven graphischen Modellierung
und zur modularen/verteilten Echtzeitsimulation
verkoppelter dynamischer Systeme

Springer-Verlag Berlin Heidelberg GmbH 1988

Herausgeber der Reihe

Dr. D. Möller
Physiologisches Institut
Universität Mainz
Saarstraße 21
6500 Mainz

Prof. Dr. B. Schmidt
Informatik IV
Universität Erlangen-Nürnberg
Martensstraße 3
8520 Erlangen

Autor

Dr.-Ing. H. B. Keller
Kernforschungszentrum Karlsruhe GmbH
Institut für Datenverarbeitung in der Technik
Postfach 3640
7500 Karlsruhe 1

D 104: Echtzeitsimulation zur Prozeßführung komplexer Systeme (TU Clausthal)

ISBN 978-3-540-50256-2

CIP-Titelaufnahme der Deutschen Bibliothek
Keller, Hubert B.:
Echtzeitsimulation zur Prozeßführung komplexer Systeme: Entwurf u. Realisierung e. Systems zur
interaktiven graph. Modellierung u. zur modularen/verteilten Echtzeitsimulation verkoppelter
dynam. Systeme / H. B. Keller.

(Fachberichte Simulation ; Bd. 11)
ISBN 978-3-540-50256-2   ISBN 978-3-662-06811-3 (eBook)
DOI 10.1007/978-3-662-06811-3
NE: GT

*Meiner Frau Susanne
und meinen Töchtern
Sina und Jana*

Vorwort

Systemanalyse und Modellierung sind die Grundlagen des Wissenschaftlers und Ingenieurs zur Behandlung technischer und natürlicher Systeme. Die Simulation ist dabei das wichtigste Instrument zur Untersuchung komplexer Systeme. Neben den klassischen Anwendungen kann sie auch zur Unterstützung der Prozeßführung komplexer technischer Systeme eingesetzt werden. Hierzu wird ein System zur graphisch interaktiven und hierarchisch modularen Modellierung und zur modularen / verteilten Echtzeitsimulation komplexer technischer Systeme entworfen und in seinen Kernfunktionen realisiert. Der Begriff ''modulare / verteilte Echtzeitsimulation'' bezieht sich dabei auf eine teilmodellspezifische modulare / verteilte numerische Integration von gekoppelten Systemen von Differentialgleichungssystemen unter Echtzeitbedingungen auf Ein- bzw. Mehrrechnersysteme. Das implementierte Kernsystem kann durch Meßmodule oder andere Komponenten erweitert werden und ist in weiterführende Konzepte integrierbar. Die Implementierung basiert auf der Echtzeitprogrammiersprache Ada und auf dem graphischen Standard GKS. Die hier vorgestellten Arbeiten wurden während meiner Tätigkeit als wissenschaftlicher Mitarbeiter des Instituts für Datenverarbeitung in der Technik am Kernforschungszentrum Karlsruhe durchgeführt. Meinem Institutsleiter, Herrn Prof. Dr. H. Trauboth, danke ich herzlich für die Unterstützung meiner Arbeit und die Übernahme des Koreferates. Ohne den mir eingeräumten wissenschaftlichen Freiraum hätte die vorliegende Arbeit nicht in dieser umfassenden Weise realisiert werden können. Mein besonderer Dank gilt auch Herrn Prof. Dr. A. Vogelpohl, Leiter des Instituts für Thermische Verfahrenstechnik an der Technischen Universität Clausthal, für die stets gründlichen und regen Diskussionen und die Übernahme des Referates. Herrn Dr. A. Jaeschke, als Leiter der Abteilung Prozeßinformationssysteme im IDT, danke ich für die Unterstützung während der Konzeptionsphase und bei der Realisierung des Systems. Zu Dank verpflichtet bin ich auch meiner Kollegin Frau W. Depta für die Hilfe bei der Implementierung des Systems und bei der Erstellung der Kurvenausdrucke. Ebenso danke ich den Herausgebern dieser Reihe und dem Springer Verlag für die gute Zusammenarbeit bei den Vorarbeiten zu diesem Buch. An dieser Stelle möchte ich auch meiner Frau Susanne für ihre Unterstützung zum Gelingen dieser Arbeit danken.

Karlsruhe, im Juni 1988   Hubert B. Keller

Inhaltsverzeichnis

Einführung

Die modellmäßige Betrachtung und Analyse von natürlichen und technischen Systemen stellt die grundsätzliche Vorgehensweise des Wissenschaftlers und Ingenieurs dar. Ausgehend von der Analogie zwischen Originalsystemen und davon abgeleiteten Modellsystemen zur Nachbildung bestimmter Eigenschaften des Originals, bietet die Simulation die Möglichkeit der detaillierten Systemanalyse in normalen und auch extremen Zustandsbereichen. Das Original kann dabei realer (abstrakt oder gegenständlich) oder auch hypothetischer Natur sein. Den mathematischen Modellen kommen neben physikalisch gleichen oder ähnlichen Modellen aufgrund ihrer leichten Handhabbarkeit und umfassenden und gefahrlosen Einsetzbarkeit besondere Bedeutung zu. Bei der Verwendung von Simulationsergebnissen ist allerdings die Gültigkeit der Modellsysteme im eingesetzten Zustandsbereich sicherzustellen (Validierung). Neben den klassischen Einsatzgebieten der Simulation wie die Synthese geplanter oder die Analyse existierender Systeme bietet sie gerade auch im Bereich der Prozeßführung komplexer und schwer durchschaubarer technischer Systeme ein vielfach einzusetzendes Hilfsmittel. Die Anwendungen in diesem Bereich sind umfangmäßig jedoch noch begrenzt und methodisch nicht in die existierenden Konzepte von Prozeßführungssystemen eingebettet. Die allgemein zur Verfügung stehende Simulationssoftware ist außerdem auch nicht unter Echtzeitbedingungen einsetzbar. Die vorliegende Arbeit versucht die Simulation als unterstützendes Hilfsmittel im Bereich der Prozeßführung mit Berücksichtigung existierender dedizierter Prozeßführungssystemstrukturen methodisch in ein umfassendes Konzept einzuordnen. In der Arbeit wird ein offenes und allgemein integrierbares System zur graphisch interaktiven und hierarchisch modularen Modellierung und zur modularen / verteilten Echtzeitsimulation komplexer technischer Systeme entworfen und in seinen Kernfunktionen realisiert. Der Begriff *modulare / verteilte Echtzeitsimulation* bezieht sich dabei auf eine teilmodellspezifische modulare / verteilte numerische Integration von gekoppelten Systemen von Differentialgleichungssystemen unter Echtzeitbedingungen auf Ein- bzw. Mehrrechnersysteme. Das implementierte Kernsystem kann durch Meßmodule oder auch durch diskrete Komponenten wie Regler erweitert werden und ist auch in weiterführende Konzepte integrierbar.

2

Im ersten Kapitel der Arbeit werden nach einer einführenden Darstellung die
wesentlichen Begriffe der Simulationstechnik definiert. Im zweiten Kapitel
erfolgt die Charakterisierung der Prozeßführungsprobleme bei komplexen
technischen Systemen und die Lösungsmöglichkeiten anhand der Simulation. Der Stand und die Einsatzmöglichkeiten existierender Simulationssysteme wird im dritten Kapitel untersucht. Dabei wird in allgemeine, verfahrenstechnisch orientierte und spezielle, die Simulation unterstützende
oder ergänzende, Systeme unterschieden. Im vierten Kapitel werden dann
detailliert die Anforderungen der Prozeßbeobachtung an einsetzbare Simulationssysteme definiert. Aufgrund der Komplexität und des Aufwands bei
der Modellierung umfangreicher Systeme, werden im fünften Kapitel die
Anforderungen an die rechnerunterstützte Modellierung untersucht. Nach
der begrifflichen Fassung des Echtzeitmodells wird das Systemmodell im
Sinne eines Globalmodells und dessen Bausteine syntaktisch definiert. Diese
umfassende Beschreibung ist allerdings für Echtzeitmodelle einzuschränken.
Im sechsten Kapitel erfolgt dann die Konzeption einer graphisch orientierten
und benutzerspezifischen Modellentwicklungsumgebung. Für die modulare
und hieraus ableitbare verteilte Simulation gekoppelter Modelle unter Echtzeitbedingungen wird im siebten Kapitel ein entsprechendes Verfahren
hergeleitet und dessen Randbedingungen und Realisierbarkeit diskutiert.
Basierend auf dem vorgenannten Verfahren und den definierten Anforderungen wird im achten Kapitel der Entwurf und die Realisierung des interpretativen, interaktiven und graphisch orientierten Modellierungs- und
Echtzeitsimulationssystems *K__advice* (Karlsruhe modeling environment for
the distributed real time simulation and interactive graphic modeling of large
dynamic systems) beschrieben. Die Implementierung basiert auf der im
Sprachumfang standardisierten und Echtzeitelemente beinhaltenden
Programmiersprache *Ada* und auf dem graphischen Standard *GKS* /Enderle
et al. 1984/. Im letzten Kapitel wird kurz auf weitergehende Arbeiten eingegangen, die auf dem dargelegten System basierend die Simulation als
Methode auch innerhalb von Expertensystemen im Bereich der Prozeßführung einsetzbar machen können.

1 Simulation als systemtheoretische Methode

1.1 Einleitung

Die Simulation basiert auf der Analogie von Originalsystemen und den davon gebildeten Modellsystemen. Sie erlaubt die Untersuchung beliebig komplexer Systeme, liefert aber als quantitative Methode nur zahlenmäßige Ergebnisse aufgrund zahlenmäßiger Eingaben. Qualitative Aussagen über das untersuchte System liefert sie im allgemeinen nicht. Im weiteren wird die digitale Simulation von primär kontinuierlichen und nur schwach diskreten technischen Systemen betrachtet.

Allgemein wird die Simulation zur Synthese von technischen Systemen in der Projektierungs- oder Entwurfsphase, zur nachträglichen Analyse für die Verfahrensoptimierung, für systemdynamische Analysen im Bereich der Reglersynthese und als Hilfsmittel zur Schulung von Prozeßoperateuren in Form von Trainingssimulatoren eingesetzt. Heutige technische Systeme sind aufgrund der Wiederverwendung von Hilfsstoffen gegenüber ihrer Umgebung stark abgeschlossen. Durch die damit verbundene Erhöhung der internen Verkopplungen besitzen sie daher eine hohe Komplexität bei gleichzeitig hoher Varietät der Teilsysteme. Die Simulation wird daher gerade in den klassischen Anwendungsgebieten zu einem immer wichtigeren Hilfsmittel des Ingenieurs. Bei der Auslegung und vor der Inbetriebnahme technischer Prozesse erbringen dynamische Simulationstudien wichtige Erkenntnisse über die Auswirkungen von Verkopplungen innerhalb der Prozesse /Fasol 1983/. Im Bereich der Trainingssimulatoren zur Schulung von Operateuren wird immer die visuelle Komponente des Menschen berücksichtigt, indem man die simulierte *Welt* durch entsprechende graphische Aufbereitung auch visuell zugänglich macht. Neuere Entwicklungen im Automobilbau zur Analyse des Fahrverhaltens erzeugen eine Vision der Fahrzeugumgebung, indem in Echtzeit die wesentlichen Komponenten der sichtbaren Umwelt durch künstliche Bilder nachgebildet und zu einem kontinuierlichen Film verarbeitet werden. Der Einsatz im Bereich der Prozeßführung ist noch gering und begrenzt sich auf einzelne Beobachter oder reine Prognosesysteme. Ein integrierter Einsatz erfolgte bisher nicht.

Der reine Analogrechner wird nur noch in speziellen Anwendungen, etwa bei *hardware-in-the-loop*-Simulationen oder bei extremer Zeitkritikalität, zur

Ausführung der mathematischen Modelle eingesetzt. Seine Vorteile, wie hohe Anschaulichkeit durch die physikalische Analogie und hohe Schnelligkeit durch die Parallelität der Ausführung, wiegen wenig im Hinblick auf die Problematik der Zeit- und Amplitudenskalierung, der unhandlichen Verschaltung und den hohen Kosten von Präzisionsbauelementen. Beim Hybridrechner sind diese Arbeiten zwar weitgehend automatisiert, die enormen Kosten bleiben auch hier nur bei speziellen Anwendungen wirtschaftlich vertretbar. Außerdem erweisen sich moderne Rechnerarchitekturen durch die Verwendung vieler paraller Bausteine für bestimmte Anwendungen bzgl. der Schnelligkeit dem Analogrechner als ebenbürtig bzw. sogar als überlegen. Allerdings ist immer zu berücksichtigen, daß der Digitalrechner eine diskrete Verarbeitung durchführt und die begrenzte Wortlänge zu erheblichen numerischen Problemen führen kann. Neuere Arbeiten auf dem Gebiet der Intervallarithmetik und der numerischen Integrationsverfahren, die schon in Programmiersprachen eingeflossen sind, unterstützen die Sicherheit bzgl. der Korrektheit der zahlenmäßigen Ergebnisse oder liefern eine gute Eingrenzung des entstandenen Fehlers /Neaga 1984/. Ein weiterer Vorteil des Digitalrechners ist z.B. auch, daß man umfangreiche iterative Simulationsläufe für Parameterstudien leicht über Kommandointerpreter realisieren kann. Der enorme Preisverfall bei Minirechnern ermöglicht es, daß in naher Zukunft jeder Ingenieur oder Wissenschaftler über einen Arbeitsplatzrechner höherer Leistung verfügen und in direktem Rechnerzugriff seine Simulationsläufe durchführen kann. Voraussetzung hierfür ist allerdings, daß Programmsysteme für das jeweilige Arbeitsgebiet vorhanden sind, die die Simulation als ein Werkzeug integrieren und die Systemmodellierung in starkem Umfang unterstützen.

1.2 Grundbegriffe der Simulationstechnik

Das den Einsatz der Simulation umfassende Fachgebiet ist die Simulationstechnik. Zum besseren Verständnis der später auftretenden Begriffe erfolgt in diesem Abschnitt eine kurze Darstellung der verwendeten Terminologie.

1.2.1 System

System: Unter einem System ist im allgemeinen Falle eine endliche Menge von Objekten mit den zugehörigen Relationen zu verstehen, die zusammen eine Gesamtheit bilden.

Das System und das Objekt sind dabei relative Begriffe. Das System

kann wiederum ein Objekt eines Supersystems sein, das Objekt der Menge kann selbst wieder als System betrachtet werden.
Durch die Zerlegung eines Systems in Subsysteme unterschiedlicher Komplexität, kann es auf verschiedenen Unterscheidungsebenen untersucht werden.

Dieser Systembegriff erfährt verschiedene Ausprägungen:
- *Gegenständliche Systeme* bestehen aus realen Objekten, z.B. Apparaten, mit den zugrundeliegenden physikalischen oder chemisch-physikalischen Wirkungsgefügen.
- *Abstrakte* Systeme dagegen bestehen aus abstrakten Objekten, z.B. mathematischen Symbolen und ihren abstrakt definierten Beziehungen. Um abstrakte Systeme z.B. in Verbindung mit gegenständlichen Systemen zur Ausführung bringen zu können, benötigt man immer ein gegenständliches System, z.B. eine DV-Anlage.
- Gegenständliche Systeme in Verbindung mit abstrakten Systemen oder auch allein werden als *tatsächliche Systeme* (real existente) bezeichnet. Der abstrakte Systemteil kann dabei zum Beispiel ein Steuer- oder Regelkonzept sein.
- *Hypothetische* Systeme sind nicht existente, ideelle Systeme, deren Objekte und Relationen jedoch abstrakt definiert werden müssen.

Es ist aber zu berücksichtigen, daß der Begriff *reales System* eine modellhafte Vorstellung eines Ausschnittes der Realität ist und höchstens die gesamte theoretischen Erkenntnis der Realität umfassen kann /Ropohl 1979/, Bild 1.1).

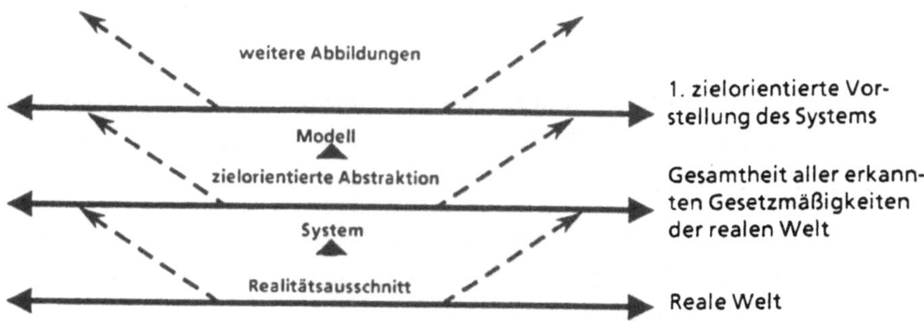

Bild 1.1: Zusammenhang von realer Welt, System und Modell bezüglich der Erkenntnistheorie

Dies zeigt auch die Grenzen der Modellannäherung an die Realität auf. Nach /Isermann 1984/ ergibt sich immer ein exponentieller Verlauf zwischen Aufwand und erreichbarer Modellgüte, wobei noch bzgl. theoretischer und experimenteller Modellbildung unterschieden werden kann (siehe Bild 1.2).

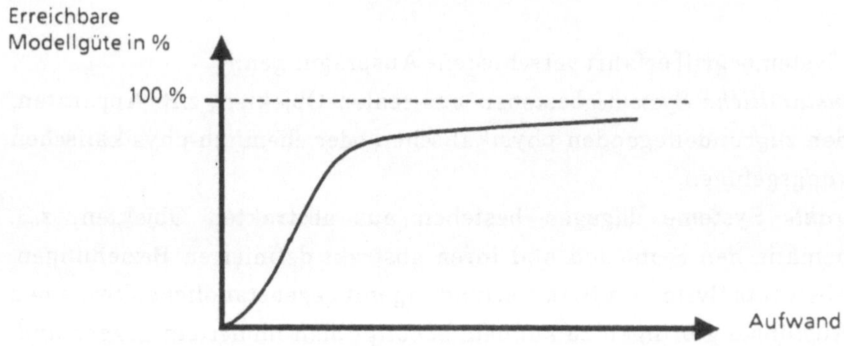

Bild 1.2: Zusammenhang zwischen Aufwand und Modellgüte (nach /Isermann 1984/)

Die Wirkungsweise eines Systems wird als dessen Funktion bezeichnet. Bei technischen Systemen ist dies meist das dynamische Verhalten (Menge der zeitlich aufeinanderfolgenden Zustände).

Die Menge der Relationen zwischen den einzelnen Objekten wird als Systemstruktur bezeichnet. Ausprägungen dieser Struktur können stofflicher, energetischer oder informationeller Art sein.

Das Verhalten (Funktion) eines Systems ist durch die zugrundeliegende Struktur bei gegebenen Parameterwerten vollständig und eindeutig bestimmt. Die Umkehrung gilt nicht. Unterschiedliche Strukturen können das gleiche Verhalten hervorrufen.

Dem System, seinen Objekten und Relationen, werden Attribute zugeordnet, deren Ausprägungen zu einem Zeitpunkt in ihrer Gesamtheit als Zustand des Systems bezeichnet wird.

Das Supersystem, das das zu betrachtende System einschließt, wird als Systemumgebung bezeichnet. Die Relationen zwischen dem System und seiner Umgebung stellen die Systemkopplungen nach außen dar (Systemeingang/- Ausgang), /Hubka 1984/. Im Gegensatz zur füher praktizierten Auffassung der rückwirkungsfreien Systeme müssen heutige Systemumgebungen stärker beachtet und in die Modellierung miteinbezogen werden.

1.2.2 Modell

Der Modellbegriff ist direkt mit dem Systembegriff verknüpft:

Modell: Wenn zwischen einem Objekt M und einem Objekt O (dem Original) Analogien bestehen, ist M für ein kybernetisches System S (dem Modellsubjekt) ein Modell, sofern informationelle Beziehungen zwischen S und M dazu beitragen können, Verhaltensweisen von S gegenüber O zu beeinflussen /Klaus 1969/.

Neben dieser abstrakten. Definition kann etwas anschaulicher unter einem Modell ein gegenständliches Abbild oder eine zielgerichtete Abstraktion eines Systems verstanden werden. Die Untersuchungen am Modell sollen Aussagen über das Originalsystem liefern. Nach /Ropohl 1979/ sind aber folgende Gesichtspunkte zu beachten:
- Modelle sind Abbildungen (Transformationen) im Sinne eines mathematischen Homomorphismus von Orginalen, die selbst Modelle sein können.
- Modelle erfassen nur die dem Modellierer als relevant erschienenen Attribute des Orginals.
- Modelle erfüllen ihren Ersetzungszweck für bestimmte Subjekte bzgl. bestimmter Kriterien (zeitlicher oder operationaler Aspekt).

1.2.3 Simulation

Diese verschiedenen Modellarten stellen nun den Ausgangspunkt für die Simulation dar. Die Simulation ist ein Hilfsmittel zur Untersuchung von allgemeinen Systemen basierend auf den analogen Beziehungen zwischen System und Modell.

Simulation: Simulation ist die quantitative Nachbildung eines Originalsystems bzgl. bestimmter Eigenschaften mit Hilfe eines Modellsystems.

Diese allgemeine Fassung des Begriffs Simulation läßt sich bzgl. der Zielsetzung noch etwas enger fassen :
Simulation ist die Untersuchung des Verhaltens eines Originalsystems durch zielgerichtetes Experimentieren mit einem Abbild des Originalsystems, nämlich dem Systemmodell. Die Simulation ist als prinzipielle Untersuchungsmethode unabhängig von der jeweiligen Modellart, liefert aber im Gegensatz zu analytischen Verfahren keine Strukturaussagen, sondern nur

zahlenmäßige Ergebnisse /Schmidt 1985/. Die grundsätzliche Verknüpfung der Begriffe Simulation, System und Modell ist aus Bild 1.3 zu entnehmen (siehe auch z.B. /Klaus 1969/, /Spriet 1982/. Die als Pfeile dargestellten Beziehungen werden im 5. Kapitel näher betrachtet. Eine Untersuchung der vom abstrakten Modell ausgehenden analytischen Verfahren wird in der vorliegenden Arbeit nicht durchgeführt.

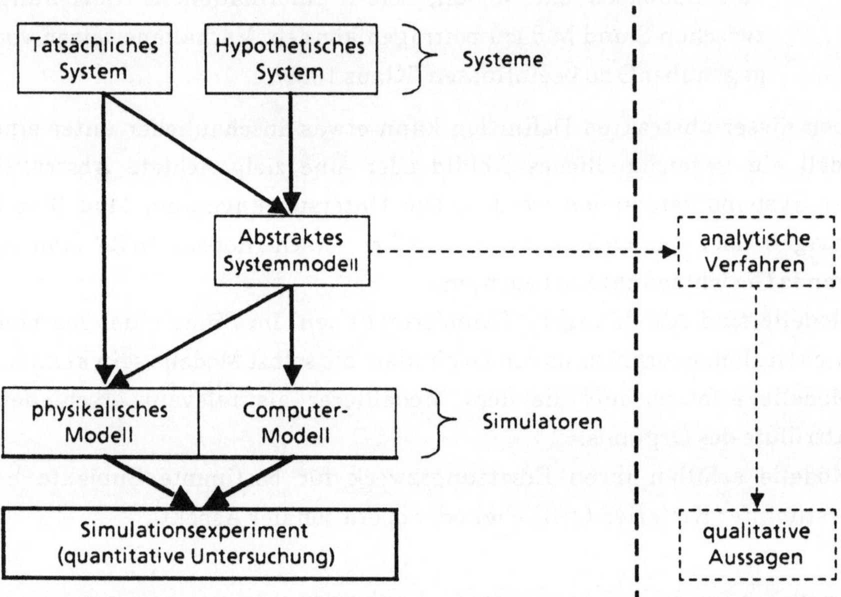

Bild 1.3: System, Modell und Simulation

Bei der Simulation kann unterschieden werden zwischen der Simulation innerhalb des Prozesses der Modellierung und der Simulation als reine anwendungsorientierte Ausführung des Modells. In der angelsächsischen Literatur werden für alle Berechnungen im Prozeß der Modellierung als kybernetischen Prozeß, also auch die Simulation zur Sensitivitätsanalyse usw., die Begriffe simulation modelling oder auch simulation in the large verwandt. Die Ausführung des abstrakten Modells nicht zur Erkenntnisgewinnung oder Modellbildung, sondern rein zur funktionalen Unterstützung in einem anderen Bereich wird als simulation bezeichnet /Zeigler 1979/, /Spriet 1982/.

1.2.4 Simulationstechnik

Simulatonstechnik: Der Begriff Simulationstechnik ist als Methodik des Einsatzes der Simulationshilfsmittel zur Durchführung der Simulation eines Systems aufzufassen /Schmidt 1980/.

Durch diese allgemeine Definition umfaßt die Simulationstechnik Teile des Modellierungsprozesses, die Auswahl der geeigneten Simulationshilfsmittel, die Durchführung der Simulation selbst und auch die Darstellung der Simulationsergebnisse in geeigneter Weise. Es ist allerdings hier anzumerken, daß noch keine Systeme existieren, die alle diese Schritte in integrierter Form als einsetzbaren Tool bieten. Vorstufen davon sind die simulation support systems, welche eine komfortable Handhabung der Ergebnisse der bisherigen reinen Simulations-Systeme ermöglichen /Standridge 1984/. Um den Modellierungsaufwand zeitlich und von den Kosten in vertretbarem Rahmen zu halten sind alle Arbeiten während einer Simulation zu unterstützen. Diese rechnerunterstützte Modellierung komplexer Systeme kann auch auf der Basis von intelligenten Modelleditoren (Expertensysteme) erfolgen.

1.2.5 Modellgüte

Ausgehend vom Problembereich wird ein Modell konzipiert, dieses auf einem Rechner mittels einer Programmiersprache als Computermodell implementiert und dann für das Experiment ausgeführt. Hierbei ist wichtig, daß das Modellkonzept von der zugrundeliegenden Theorie und den sonstigen Annahmen für das Anwendungsziel einsetzbar ist, die Übertragung auf den Rechner korrekt durchgeführt wurde und die Genauigkeit der Wiedergabe des Modellverhaltens für den Anwendungsbereich ausreicht (siehe z. B. /Schmidt 1985/). Ebenso müssen die Daten für die Modellierung, die Modellbewertung und den Modelltest korrekt und für die Lösung des Problems angemessen sein, denn nach Sargent gilt "A model is not absolutely valid, it is only valid with respect to its intended application /Sargent 1984/. Der Aussagebereich eines Modells ist also sehr stark von seiner Erstellung (Annahmen, Daten) abhängig und die Richtigkeit der Ergebnisse einer Simulation ist bei experimentell gewonnenen Modellen nur innerhalb des validierten Bereiches gesichert. Bei theoretisch gewonnenen Modellen ist der Aussagebereich in der Regel größer.

2 Problematik komplexer Prozesse und modellbasierende Lösungen

2.1 Prozeßproblematik

Technische Prozesse evolvieren infolge vielfältiger wirtschaftlicher Faktoren wie optimale Ausnutzung von Rohstoffen, Minimieren des zeitlichen Produktionsaufwandes, Erhöhung der Verfügbarkeit und der Betriebssicherheit der technischen Anlagen und letztendlich auch Verbesserung der Produktqualität, sowie auch durch die Wiederverwendung von Hilfsstoffen wegen dem gestiegenen Umweltbewußtsein durch zusätzliche Hilfsprozesse, zu immer komplexeren Gebilden. Die grundsätzlich von Natur aus komplexen physikalischen oder chemisch-physikalischen Wirkungsgefüge sind genauer zu berücksichtigen. Durch die vielen Rückführungen wird die Prozeßdynamik schlecht durchschaubar /Fasol 1983/, /Gilles 1983/, /Polke 1985/. Hieraus läßt sich ableiten, daß die Anforderungen an die Synthese und an die Führung von technischen Prozessen enorm angewachsen sind. Will man diesen erhöhten Anforderungen gerecht werden, so muß man weitaus mehr als bisher wissenschaftliche Methoden auch im Bereich der Prozeßführung einsetzen.

Diese Prozeßproblematik liegt beispielsweise auch bei der Wiederaufarbeitung von abgebrannten Kernbrennstoffen vor, welche mit dem bekannten PUREX-Verfahren erfolgt. Mit den dem PUREX-Verfahren verbundenen Hilfsprozessen und den damit vorhandenen internen Verkopplungen stellt eine Wiederaufarbeitungsanlage im Prinzip eine komplexe chemische Fabrik dar. Durch die kerntechnischen Randbedingungen (Radioaktivität) einerseits und die Nebenwirkungen von beteiligten Stoffen (Spaltprodukte, Prozeßchemikalien) sind bestimmte Bereiche des Verfahrens chemisch und verfahrenstechnisch komplex. Sicherheitstechnische Belange werden apparatemäßig berücksichtigt, so daß keine unmittelbare Sicherheitsprobleme existieren /Baumgärtel et al.1982/.

Durch eine umfassende, informationsorientierte Prozeßführung lassen sich Störungen im Prozeß besser beherrschen und enge Toleranzgrenzen einhalten. Innerhalb des Leistungsumfanges der am Markt vorhandenen Prozeßleitsysteme kann die Einhaltung optimaler Betriebsdaten und damit die Wirtschaftlichkeit solcher technischen Anlagen mit den gegebenen Randbedingungen nicht garantiert werden (siehe auch /Polke 1985/), da diese

Systeme nicht für dynamische Modellrechnungen ausgelegt sind. Stand der Technik bei modellgestützten Meßverfahren sind statische und stationäre Modellrechnungen (Bilanzierungen). Durch den umfassenden Einsatz der Simulationstechnik auf der Basis mathematischer Modelle können Prozeßleitsysteme optimiert und damit Prozesse entspechend der Komplexität einer Wiederaufarbeitungsanlage besser geführt werden.

2.2 Anforderungen an die Prozeßführung

Die Wirtschaftlichkeit technischer Prozesse, wie z. B. einer Wiederaufarbeitungsanlage, setzt eine hohe Prozeßverfügbarkeit, eine hohe Qualität der Endprodukte und vor allem die Berücksichtigung von sicherheitstechnischen Belangen voraus. Nur eine Optimierung der Prozeßführung kann diesen Forderungen gerecht werden. Voraussetzung hierzu ist aber die Erfüllung der folgenden Bedingungen:

- alle Informationen über den für die Prozeßführung relevanten Prozeßzustand und dessen Dynamik müssen verfügbar sein (*Prozeßbeobachtung*),

- das zukünftige Prozeßverhalten und die Auswirkungen von eventuellen Eingriffen in das Prozeßgeschehen sollten prognostizierbar sein. Dies ermöglicht eine umfassende Unterstützung der Prozeßführung, z.B. können die Operateure bei der Auswahl der entsprechend richtigen Prozeßeingriffe unterstützt werden (*Prozeßprognose*),

- basierend auf einer umfassenden Analyse der momentanen Prozeßdynamik ist das Verlassen des zulässigen Betriebsbereiches möglichst frühzeitig zu erkennen, sich anbahnende Störungen müssen analysiert werden, um Fehlerort und -art zu erkennen und um sofortige Reparaturmaßnahmen mit minimalem Aufwand durchführen zu können (*Störungsfrühdiagnose*),

- den Operateuren ist durch intensive Schulung ein tieferes Verständnis (Transparenz) der inneren kausalen Prozeßzusammenhänge zu vermitteln (*Operateurschulung*),

- Entscheidungsprozesse der Bediener sind durch die Darstellung der kausalen Prozeßzusammenhänge (Transparenz von Folgeauswirkungen bei Zustandswertabweichungen) informationsmäßig abzusichern und die Ausführung von Prozeßeingriffen durch eine umfassende visuelle Aufbereitung und Darstellung der Prozeßdaten zu beschleunigen (*Weiterent-*

wicklung von Prozeßführungssystemen und Bedienerschnittstellen),

Diese Anforderungen lassen sich nur über den Einsatz dynamischer mathematischer Prozeßmodelle erfüllen. Anhand der Problematik des Wiederaufarbeitungsprozesses sollen die Lösungsmöglichkeiten mit Hilfe der Simulationstechnik dargelegt werden.

2.3 Einsatzmöglichkeiten der Simulationstechnik

2.3.1 Prozeßbeobachtung

Eine Optimierung der Prozeßführung setzt die Verfügbarkeit aller prozeßrelevanten Informationen voraus. Im nuklear-chemischen Einsatzbereich bestehen jedoch meßtechnische Probleme. Teilweise gibt es keine Möglichkeiten zur Messung der notwendigen Größen, die prinzipiell verwendbaren Meßgeräte können aufgrund der extremen Bedingungen nicht eingesetzt werden (Wartungsfreiheit); wo Meßgeräte zur Verfügung stehen, sind die entsprechenden Meßpunkte aus sicherheitstechnischen oder apparativen Gründen nicht zugänglich oder Meßwerte aus dem Analysenlabor sind nur verzögert verfügbar. (Der finanzielle Aspekt bei der Entwicklung komplizierter meßtechnischer Apparate sollte ebenfalls beachtet werden.) Deshalb sind nicht alle für die Prozeßführung relevanten Prozeßdaten verfügbar. Der Operateur hat also keine direkte bzw. nur eingeschränkte Kenntnis über wesentliche Prozeßbereiche. Die Simulation (digitale) erlaubt es, die Prozeßzustände und ihre Dynamik nachzubilden. Die zur Prozeßführung notwendigen Daten können also durch die Simulation erzeugt werden. Dies setzt aber den Einsatz von qualitativ hochwertigen Modellen voraus, welche den Prozeß exakt beschreiben und Zustandsinkonsistenzen zwischen Prozeß und Modell ausschließen.

Das chemisch-physikalische Wirkungsgefüge von Teilbereichen des PUREX-Prozesses ist derzeit aufgrund der Komplexität nicht exakt bekannt und eindeutig beschreibbar. Es ist davon auszugehen, daß das mathematische Modell qualitative Fehler (Strukturfehler) aufweist. Erschwerend kommt hinzu, daß von der gesamten Anzahl der Modellparameter wegen fehlender theoretischer Kenntnisse nur wenige exakt berechenbar sind.

Im Prozeß unterliegen einige Parameter Schwankungen infolge nicht oder nur teilweise modellierbarer Vorgänge oder Störungen (z.B. Verschmut-

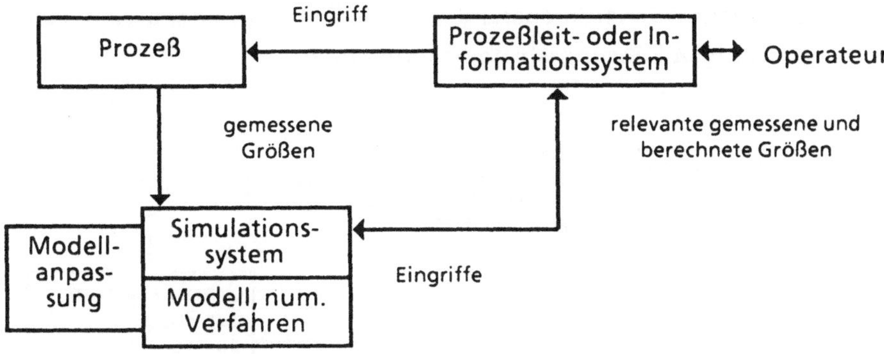

Bild 2.1: Prozeßbeobachtung

zungserscheinungen). Um Konsistenz zwischen Prozeß- und Modellzustand zu erreichen, müssen deshalb die Werte von meßbaren Prozeßgrößen in die Simulation einfließen. Anhand dieser Meßwerte ist das Modell (Struktur und Parameter) an den aktuellen Prozeßzustand fortlaufend anzupassen (Bild 2.1). Eine Anpassung der Modellstruktur und -parameter erfordert aber umfangreiche a priori Untersuchungen während der Modellierungsphase zum Festlegen der zu messenden Prozeßgrößen, der anzupassenden Parameter usw., sowie Redundanz in den Meßgrößen (Plausibilitätstest) und den Meßwerten (Meßfehlerkorrektur). Durch On-Line-Analysen sind die Modellansätze fortlaufend zu verifizieren.

2.3.2 Prozeßprognose

Das zukünftige Prozeßverhalten bei Störungen und die Auswirkungen eines Eingriffes des Operateurs in den momentanen Prozeßablauf sollten vorhersehbar sein. Dies bedeutet, daß ausgehend vom aktuellen Prozeßzustand unter Berücksichtigung eventueller Eingriffe das Prozeßverhalten zeitlich voraus simuliert werden muß. Die Zeitkonstanten des WA-Prozesses liegen im Bereich von Minuten bis zu mehreren Stunden (/Bühler 1980/). Für eine sinnvolle Prognose dieser Prozeßabläufe muß die Voraussimulation etwa um den Faktor 30 schneller als in der Realzeit ablaufen. Der Operateur sollte dabei die Möglichkeit haben, bestimmte Prozeßbereiche auszuwählen und zurückliegende Prognosewerte ohne einen erneuten Prognoselauf noch einmal anzuschauen (Prognose = Vorausberechnung des Prozeßverhaltens

bis zu einem (quasi)stationären Zustand). Der Bediener wird dadurch bei der
Auswahl der richtigen Führungsstrategie unterstützt.

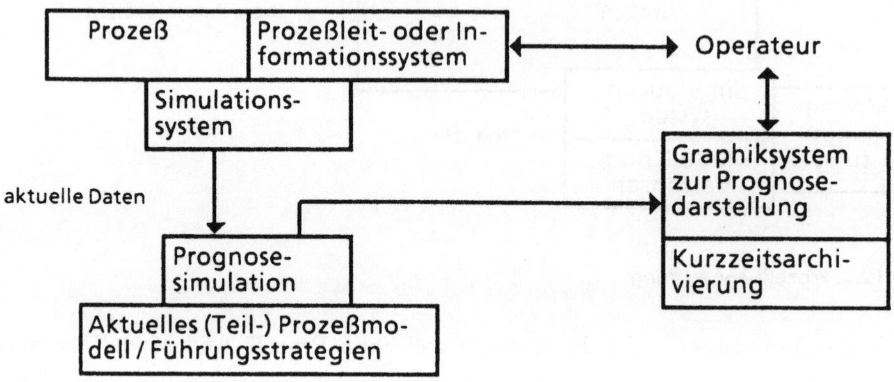

Bild 2.2: Prozeßprognose

Die Prognosedaten sind parallel zu den realen Prozeßdaten darzustellen. Um
eine optimale Übersicht zu garantieren, sind Prognosewerte und aktuelle
Prozeßwerte nicht zu vermischen. Die prognostizierten Prozeßwerte sind also
unter Verwendung eines zusätzlichen graphischen Systems darzustellen.
Entsprechend der Bedienerhierarchie in einer Warte sind diese Informationen möglicherweise nur dem Schichtführer außerhalb der direkten Warte zur
Verfügung zu stellen (Bild 2.2). Die Prozeßprognose erlaubt auch das logische
Verriegeln von vom Rechner als falsch erkannten Eingriffen (eventuell auch
nur Warnung), die rechnerseitige Auswahl und den Vorschlag von erforderlichen Eingriffen sowie letztendlich im on-line closed-loop Betrieb den direkten Prozeßeingriff mit Überwachung durch den Bediener.

2.3.3 Störungsvorhersage und Störungsdiagnose

Durch die Analyse der aktuellen Prozeßdaten und der durch die Modelle faß-
baren Prozeßdynamik ist frühzeitig erkennbar, ob der Prozeß die zulässigen
Betriebsbereiche verläßt und in kritische Zustandsbereiche hineinläuft.
Voraussetzung für diese Analyse ist allerdings die exakte Kenntnis der
Prozeßgrößen in den entsprechenden Zeitabständen. Ist der Eintritt von einer
Störung erkennbar bzw. die Störung in Form von signifikanten Abweichun-

gen von den Sollwerten (Tendenz zur Grenze des Betriebsbereiches) einge-
treten, so muß eine Analyse durchgeführt werden, um Fehlerart und -ort festzustellen. Abweichungen der Prozeßgrößen aufgrund von Störungsverschlep-
pungen müssen zurückverfolgt werden, um den Ausgangspunkt der Störung
zu lokalisieren (Bild 2.3). Prozeßzustände sind grundsätzlich mit Status-
signalen der Stellglieder zu vergleichen, bei Abweichungen müssen Überprüfungen im Prozeß jeweils danach und davor durchgeführt werden, um
falsche Signalwerte oder Prozeßwerte zu erkennen (Plausibilitätsprüfung,
Einleitung von Reparaturmaßnahmen).

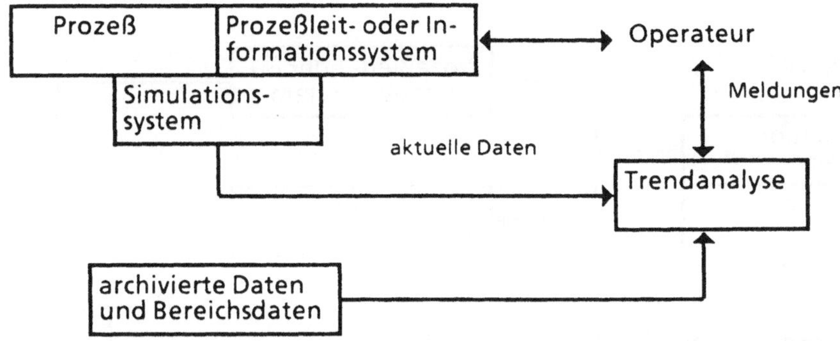

Bild 2.3: Störungsfrühdiagnose

2.3.4 Operateur-Schulung

Die Führung komplexer technischer Prozesse stellt hohe Anforderungen vor
allem auch an die Operateure. Ihre Entscheidungsprozesse basieren auf Vor-
schriften des Betriebshandbuches und zusätzlich auf eigenen Abstraktionen
des Prozeßgeschehens, die aber weder nachprüfbar noch umfassend sind.
Damit diese Entscheidungsprozesse bzgl. der notwendigen Prozeßeingriffe
beschleunigt und informationsmäßig über die dargestellten Daten abgesichert werden können, muß das komplexe Wirkungsgefüge des gesamten
Prozesses den Operateuren durch eine optimale Aufbereitung und Darstellung der Prozeßdaten transparent gemacht werden. Das operateureigene
abstrahierte Prozeßmodell (gedankliche Vorstellung) muß korrigiert bzw.
erweitert werden.

Eine Schulung der Operateure am realen Prozeß zur Vermittlung eines
besseren Prozeßverständnisses oder zur Überprüfung der durch die Visuali-
sierung der Prozeßdaten bei den Operateuren erzeugten Assoziationen,

welche die Grundlage für die Auswahl der notwendigen Prozeßeingriffe darstellen, ist aus prozeßtechnischen Gründen ausgeschlossen. Der Prozeß kann aber auf einem Rechner nachgebildet werden. Die so erzeugten Daten sind dem Operateur mit Hilfe eines Prozeßleitsystems oder eines anderen Rechnersystems in einer Leitwarte unter möglichst realistischen Bedingungen darzustellen. Er muß Eingriffe wie beim realen Prozeß tätigen können (Bild 2.4). Um Situationen zu schaffen, in denen Eingriffe vom Operateur notwendig sind, können Störungen (kurzzeitige Zustands- oder Parameteränderungen) stochastisch, von einer höheren Verantwortungsebene gezielt oder anhand von im Betrieb aufgetretenen Störungen erzeugt werden.

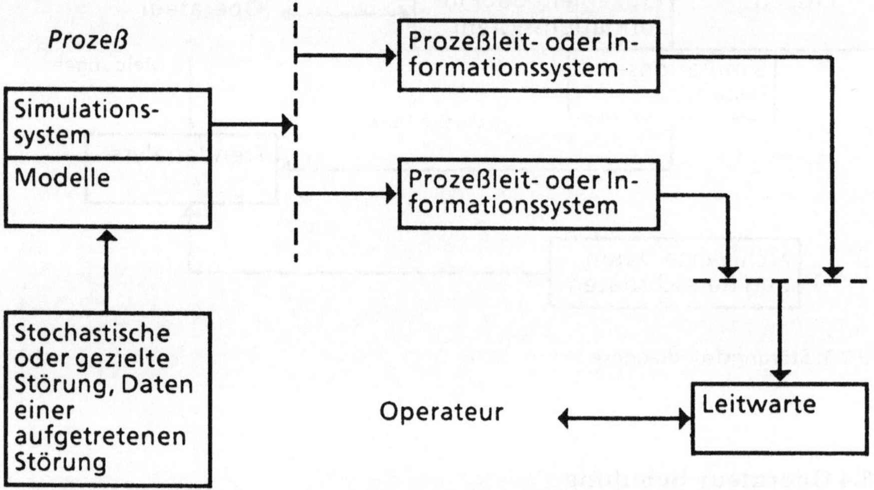

Bild 2.4: Bedienerschulung

2.3.5 Weiterentwicklung von Prozeßführungssystemen

Das komplexe Wirkungsgefüge des gesamten Prozesses muß dem Bediener visuell und mit Hilfe einer prozeßkonsistenten Datenbasis transparent gemacht werden, damit die Entscheidungsprozesse bzgl. Prozeßeingriffe beschleunigt und informationsmäßig abgesichert werden. Die bestehenden Prozeßleit- bzw. Prozeßinformationssysteme müssen daher bzgl. Erfassung, Aufbereitung und Darstellung der Prozeßdaten unter Berücksichtigung des menschlichen Abstraktionsvorganges weiterentwickelt werden. Diese Weiterentwicklung erfordert aber vom Datenaufkommen (Umfang, Zeitbedingungen, Prozeßverhalten) realitätsnahe Bedingungen.

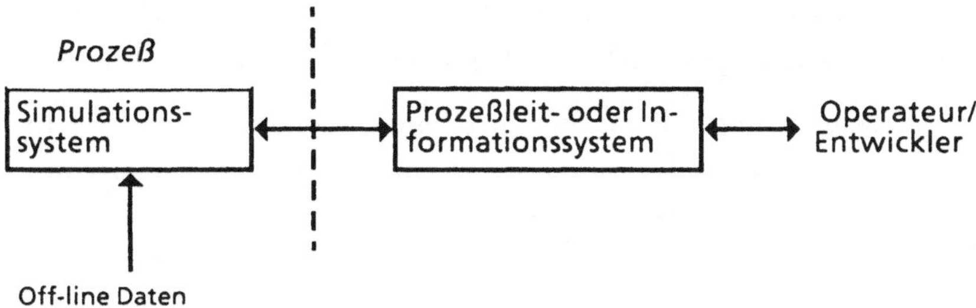

Bild 2.5: Weiterentwicklung von Prozeßführungssystemen

Eine Kopplung an den Prozeß, um die Semantik von abgeleiteten Reaktionen seitens des Prozeßleitsystems oder die durch die graphische Darstellung der primären und der davon abgeleiteten Prozeßdaten beim Bediener erzeugten Assoziationen (sie sind Grundlage für die Auswahl von Prozeßeingriffen) überprüfen zu können, ist aus prozeßtechnischen Gründen nicht möglich. Der reale Prozeß darf in keiner Weise beeinflußt werden. Durch die Simulation des Prozesses können die erforderlichen Daten und das entsprechende Prozeßverhalten erzeugt werden. Der Datenaustausch (Übergabe von erzeugten Daten, Übernahme von Eingriffen in den *Prozeß*) erfolgt unter prozeßgleichen zeitlichen Bedingungen.

2.4 Zusammenfassung

Der Einsatz der Simulationstechnik in Form von dynamischen Simulationsstudien hat sich als überaus sinnvoll erwiesen /Fasol 1983/. Die Auswirkungen von Prozeßverkopplungen konnten besser erkannt und frühzeitig berücksichtigt werden.Eine optimale Prozeßführung, im Sinne der dargestellten Kriterien bei der obig skizzierten Prozeßproblematik, ist nur durch den Einsatz wissenschaftlicher Methoden möglich. Dabei kommt der Simulationstechnik eine zentrale Rolle zu. Existierende Prozeßleitsysteme besitzen für allgemeine Prozeßleitaufgaben einen hohen Stand. Dennoch sind die angesprochenen Anforderungen für eine Optimierung der Prozeßführung auf der Basis mathematischer Prozeßmodelle im Rahmen der existierenden Prozeßleitsysteme nicht oder nur mit nicht vertretbarem Aufwand und ersichtlicher Ineffizienz zu erfüllen. Auch sind die Systeme der Prozeßleittechnik bzgl. der Mensch-Maschine-Schnittstelle weiter zu entwickeln, um dem Operateur das dynamische Verhalten komplexer technischer Prozesse visuell eindeutig transparent zu machen. Dies ist eine Vorraussetzung für eine informationsmäßig abgesicherte und situationsgerechte Entscheidungsfindung bzgl. der Auswahl der notwendigen und hinreichenden Prozeßeingriffe.

Die Prozeßbeobachtung mit mathematischen Modellen, Redundanz in den Prozeßgrößen und in den Messungen, löst vorhandene meßtechnische Probleme. Sie liefert die notwendige prozeßkonsistente Datenbasis zu allen weiteren Operationen innerhalb eines hierarchisch angeordneten Prozeßführungskonzeptes. Die angesprochenen unterschiedlichen Einsatzbereiche stellen funktionsmäßig hohe Anforderungen an ein einzusetzendes System. Außerdem kann die Erstellung der notwendigen Prozeßmodelle aufgrund der Prozeßkomplexität nur durch eine Rechnerunterstützung mit vertretbarem Aufwand durchgeführt werden. Da die Simulation auch für die Modellierung technischer Prozesse zur Modellverifikation das wesentliche Instrument darstellt, ist die grundlegende Forderung zur Erfüllung aller bisher angesprochenen Aspekte der Einsatz eines Realzeit-Simulationssystems für die Prozeßführung, das die rechnerunterstützte Modellierung (evtl. Expertensysteme) von komplexen technischen Systemen integriert. Die Anwendbarkeit bzw. die Integrationsmöglichkeit existierender Simulationssysteme und ihre Leistungsfähigkeit wird im nächsten Kapitel untersucht.

3 Analyse existierender Simulationssysteme

3.1 Prinzipien existierender Simulationssysteme

3.1.1 Allgemeines

Die wesentlichen Schritte zur Durchführung einer Simulation auf dem Digitalrechner sind:
- die anwendungsorientierte Abstraktion vom realen System,
- die simulationsorientierte Beschreibung des Modells,
- die Übertragung auf den Digitalrechner, d.h. die algorithmische Beschreibung des Modells,
- die Ausführung des Modells (Simulation) mit Ergebnisdarstellung,
- die Bewertung der Ergebnisse und möglicherweise
- eine Korrektur des Modells.

Parallel dazu sind Schritte auszuführen, die in der Verwendung des Digitalrechners zur Ausführung des Modells begründet liegen:
- Entwurf eines Simulationsalgorithmus (Ablaufprogramm, numerisches Integrationsverfahren),
- Implementierung dieses Programms mit Berücksichtigung der Ein-/Ausgabe,
- Validierung des Programms mit eventueller Korrektur.

Simulationssysteme sind Werkzeuge, die es ihrem Benutzer ermöglichen sollen, seine kontinuierlichen und/oder diskreten Modelle einfach und sicher auf den Rechner zu übertragen und mit dessen Hilfe diese Modelle zu analysieren oder einfach auszuführen. Sie automatisieren also bestimmte Schritte der obigen Aufzählung. Hierzu verfügen diese Systeme entweder über sprachliche Hilfsmittel zur Modellbeschreibung und zur Simulationsablaufbeschreibung oder über vordefinierte Programmbausteine. Die zweckorientierten Sprachen (*special purpose languages*) mit Precompiler und speziellem Laufzeitsystem oder die Programmpakete basieren fast ausschließlich auf einer problemorientierten Programmiersprache (z. B. Fortran). Innerhalb der Phase der Modellausführung (Simulation) sind die Systeminitialisierung, die Berechnung der zeitlichen und räumlichen Zustände eines Modells, die Darstellung der Daten oder eines ausgewählten Bereiches in zeitlicher und räumlicher Hinsicht und eine eventuelle Interaktion mit der Umgebung (Benutzer, technisches System) zur Variation bestimmter Modell- oder Systemgrößen oder zur Übernahme von Meßwerten durchzuführen. Die Auswirkungen der Interaktionen können z. B. den gesamten Simulationsablauf (globale Beeinflussung des Systems) oder aber auch nur die Darstellung der Daten (lokale Beeinflussung einer Systemkomponente) betreffen. Es ist nun zu untersuchen, inwieweit diese Sprachen oder Simulationssysteme den im vorherigen Kapitel angeführten Forderungen entsprechen oder inwieweit Teile dieser Systeme in den Entwurf eines den Anforderungen funktional entsprechenden Systems integriert werden können.

3.1.2 Bewertungsfaktoren

Die Simulationssysteme lassen sich anhand zweier Kriterien vollständig erfassen und einteilen. Diese zwei Kriterien sind
- die funktionale oder operationale Leistungsfähigkeit und
- der Modus der Interaktion des Simulationssystems mit der Umgebung.

Die operationale Leistungsfähigkeit bezieht sich sowohl auf die einzelnen Schritte bei einer Simulation, welche die jeweiligen Systeme abdecken, als auch auf die Mächtigkeit der modellbeschreibenden und ablauforientierten Sprachelemente oder auch der Unterprogramme bei Programmpaketen und auf die Art der Ausführung der einzelnen Modellkomponenten (sequentiell / parallel). Die Handhabung des Modells und der erzeugten Daten für weitergehende Analysen ist ebenfalls von der operationalen Leistungsfähigkeit abhängig. Der Interaktionsmodus berücksichtigt alle möglichen, von der Systemumgebung kommenden Ereignisse und die Systemumgebung betreffenden Nachrichten oder Daten. Hierzu wird der Begriff *interaktiv* in simulationstechnischer Sicht definiert:

> Die systeminhärente Eigenschaft *interaktiv* muß systemglobal sein und die Fähigkeit des Systems charakterisieren, sowohl eine zeitlich nicht vorherbestimmte, vom Benutzer ad hoc entschiedene Interaktion sinnvoll in den Systemablauf zu integrieren, als auch mit einem anderen System zu interagieren.

Eine sinnvolle Integration aller Benutzerinteraktionen, die während des Simulationsablaufes auftreten können, ist nur auf der Basis eines nebenläufigen Dialogprozesses möglich. Betrachtet man ein Simulationssystem als endlichen Automaten, so ermöglicht der nebenläufige Dialogprozeß dem Benutzer, ausgehend vom momentanen Systemzustand, einen semantisch korrekten Zustandsübergang in Abhängigkeit von den zulässigen Übergängen mit bestimmbarem Auswirkungsgrad bzgl. des Gesamtsystems herbeizuführen (z. B. Neuparametrisierung des Ausschnittes der dargestellten Daten). Interaktionsmöglichkeiten aufgrund vordefinierter Stoppunkte im Simulationsablauf oder irregulärem Abbruch des Simulationslaufes durch Break-Tasten können nicht als interaktiv bezeichnet werden, da die obige Definition den Mensch als ein mit dem Simulationssystem interagierendes weiteres System auffaßt. Eine optimale Interaktionsfähigkeit ist dann gegeben, wenn der Benutzer bis auf die Ebene von simulationstechnisch elementaren Operationen (sinnvoll definiert bzgl. der funktionalen Sicht) in den Ablauf eingreifen kann. Ein Beispiel soll dies verdeutlichen: Der Term *interaktiv* beinhaltet hier die Möglichkeit bei laufender Simulation (zeitliche Integration) die Darstellung der Modellgrößen als autonomen logischen Prozeß bzgl. des zeitlichen und modellräumlichen Ausschnittes ohne direkte Beeinflussung des Simulationslaufes zu verändern. Oft werden Systeme im Gesamten schon als interaktiv bezeichnet, obwohl sie nur eine interaktive Initialisierung (Parametrisierung des Systems) zu Beginn des Simulationslaufes erlauben. Die Bezeichung interaktiv muß aber in Bezug zur gesamten Systembenutzung gesehen werden.

Interpretative und sequentiell arbeitende Systeme sind nach obiger Definition nicht interaktiv. Sie erlauben zwar eine flexiblere Handhabung der vorhandenen Ressourcen (simulationsspezifische Operatoren) als übersetzerbasierende Systeme, sie führen aber als abstrakte Maschine die vorübersetzten Operationen auch sequentiell aus. Eine im Interpretermodus gestartete Simulation kann ebenfalls nur durch einen Interrupt (Control-C) gestoppt und modifiziert werden. Bezüglich der autonomen und nebenläufig ausführbaren Operationen (simulationsspezifische Funktionen) innerhalb der Simulationsausführung ist ein Interpretersystem auch nicht interaktiv. Modelländerungen innerhalb eines Simulationsexperimentes können allerdings mit dem Editor einfach und schnell erfolgen, da die simulationsspezifischen Operationen auf vorübersetzte Interpreteroperationen abgebildet werden.

3.1.3 Evolutionsschritte bei Simulationssystemen

Anhand der operationalen Leistungsfähigkeit läßt sich die Evolution der Simulationssoftware für den Digitalrechner bzgl. der dem Benutzer zur Verfügung gestellten Funktionen für die kontiniuerliche Simulation darstellen:

1. Lösung des Simulationsproblems durch Verwendung einer problemorientierten Programmiersprache (bei kontinuierlichen Systemen meist Fortran-Programmierung).

2. Bereitstellung numerischer Integrationsverfahren in Form einer Unterprogrammbibliothek. Einbau dieser Unterprogramme vom Anwender in ein Hauptprogramm. Die Ablaufsteuerung wird vom Anwender realisiert. Die Modellbeschreibung erfolgt zwingend algorithmisch.

3. Programmsysteme auf der Basis des CSSL 67 Standards (Veröffentlichung 1967 in der Zeitschrift *Simulation*) mit Unterteilung des Simulationsvorganges in die Phasen *Initial*, *Dynamic* und *Terminate*. Bereitstellung von simulationsspezifischen Operatoren wie Integrierer und vordefinierten Modellteilen wie Totzeit, Hysteresefunktionen usw.. Die Möglichkeit der blockorientierten Modellbeschreibung mit analogrechnergleichen Blöcken besitzt den Nachteil einer schlechten Übersicht durch die Aufspaltung einer Gleichung in viele Einzelblöcke mit gegenseitiger Kopplung. Die gleichungsorientierte Beschreibung (algorithmisch) vermeidet diesen Nachteil. Die Ausgabe erfolgt in Form von umfangreichen Tabellen oder in primitiver Graphik. Als Implementierungssprache wird oft Fortran gewählt. Das automatische Sortieren der Gleichungen in eine für den Rechner ausführbare Reihenfolge ermöglicht eine deskriptive Modellbeschreibung (nicht algorithmisch). Probleme ergeben sich durch algebraische Schleifen (implizite Gleichungen).

4. Erweiterung der existierenden Systeme durch spezielle Postprozessoren für graphische Darstellung und sonstige Analysen in Form von nicht integrierten Komponenten.

5. Versuch der Festschreibung eines neuen CSSL-Standards: CSSL-81 /Crosbie 1982/. Möglichkeit der modularen Modellierung, Berücksichtigung von state-crossings und Unstetigkeiten, graphischem Interface, mehrfach benutzbaren Submodellen (elementare Funktionen), compiler- und interpreterorientierte Systeme, Trennung von Modellbeschreibung und den Operationen auf den Modellen (Simulationsexperiment). Keine Integration der Simulation von zeitdiskreten und zeitkontinuierlichen Systemen. Bis dato ist ein neuer Standard noch nicht festgeschrieben. Die Entwicklung neuerer Systeme orientiert sich allerdings an diesem Quasistandard.

6. Ansatz zur Integration der bisher reinen Simulationssysteme und der einzelnen unabhängigen Komponenten (Pre- und Postprozessoren) zur komfortablen Behandlung der erzeugten Simulationsdaten mit umfangreichen graphischen Möglichkeiten (nicht bei CSSLs). Dies ergab sich aus der Anwendung der diskreten Simulation für entscheidungsunterstützende Systeme, wo eine optimale Aufbereitung der Daten verlangt wird (siehe z. B. /Pritsker 1984/).

Die zukünftige Entwicklung muß versuchen, eine Integration der rechnerunterstützten Modellierung und von Echtzeit-Anwendungen zu erreichen. Dies kann auf der Basis von Modellentwicklungsumgebungen mit der Möglichkeit der anwendungsspezifischen Konfigurierung von Zielsystemen aus der Modellentwicklungsumgebung als Basissystem realisiert werden. Es ist bei den verschiedenen Sytemen zu beachten, daß die Integration von diskreter und kontinuierlicher Simulation in einer Sprache bei bestimmten Anwendungen (z. B. rein kontinuierliches System) zu einer Laufzeitineffizienz infolge des Programm-Overheads führt.

3.1.4 Interaktionsfähigkeit

Bezüglich der Interaktionsfähigkeit kann man die existierenden Systeme unterscheiden in

- Stapel- oder batchorientierte Systeme (batch processing),
- Systeme mit interaktiver Initialisierung, also Dialogsysteme im Time-sharing-Betrieb (interactive time sharing),
- interpreterbasierende Systeme,
- interaktive Simulationssyteme basierend auf einem parallelen Dialogprozeß (nichtprozedurale, nicht deterministische Interaktion),
- Echtzeitsysteme (real time processing) mit externen events (technischer Prozeß).

Alle aufgeführten Systemklassen außer der ersten werden als "*interactive data processing systems*" bezeichnet. Realzeit-Systeme stellen dabei eine Sonderform der interaktiven Systeme dar /Spruth 1977/.

Die existierenden Systeme unterstützen den Benutzer ab der Phase der Modellbeschreibung (Modellübertragung). Eine Unterstützung etwa in der Modellierungsphase direkt bieten sie nicht. Die rechnerunterstützte Modellierung und die interaktive Benutzerschnittstelle sind daher Gegenstand zahlreicher internationaler Forschungsaktivitäten wie auch des EG-weiten

ESPRIT-Programmes *Advanced Information Processing in Simulation* (AIPS). Schwerpunkt im *AIPS* Programm ist allerdings die formalisierbare rechnerunterstützte Modellierung (evtl. Expertensysteme) komplexer Systeme. Untersuchungen bzgl. der Integration von Realzeitproblemen stehen erst am Anfang und werden momentan nicht favorisiert /AIPS 1985/. Potentielle Einsatzmöglichkeiten für Realzeit-Simulationssysteme neben den speziellen Anwendungen, wie z. B. Flugsimulatoren existieren jedoch im Bereich der Prozeßautomatisierung gerade auch durch die Erhöhung der Prozeßrechnerwortlänge (Speicheradressierbarkeit, bitparallele Verarbeitungsleistung) bzw. durch die Kostenreduzierung bei Hochleistungsmikroprozessoren in hohem Umfang.

3.2 Allgemeine Simulationssysteme

Nachfolgend sollen die wichtigsten, primär kontinuierlichen Simulationssysteme charakterisiert und ihre Schwachstellen kurz dargestellt werden.

3.2.1 MARSYAS

MARSYAS - Marschall System for Aerospace Systems Simulation

Marschall Space Flight Center, NASA, USA
Literatur: Users Manual (/Trauboth et al. 1973/), /Trauboth et al. 1973/

MARSYAS ist ein frühes, aber leistungsfähiges Simulationssystem. Es besteht aus einer Simulationssprache mit einer entsprechenden Laufzeitumgebung. Die Eigenschaften gehen weit über die im CSSL-67 Standard definierten Anforderungen hinaus. Das System ist in Fortran V implementiert und benutzt in hohem Umfang spezifische Merkmale des UNIVAC 1108 Betriebssystems. Durch die daraus resultierende schlechte Portierbarkeit ist MARSYAS nicht mehr verfügbar. Die Leistungsfähigkeit dieses Systems soll dennoch kurz charakterisiert werden.

Leistungscharakteristika:

MARSYAS wurde mit dem Ziel entwickelt große technische Systeme (z. B. Space-Shuttle, Transportsysteme usw., siehe /Trauboth et al. 1974/) ohne direkte Programmierkenntnisse des Benutzers zu simulieren. Der wesentliche Ansatz war ein hierarchischer Modellaufbau mit einer internen Zustandsraumdarstellung des mathematischen Modells. MARSYAS besteht aus mehreren stark autonomen Modulen, die bestimmte Bereiche im Simulationsablauf abdecken.

Description Module:
Der Description Module dient zur Modellbeschreibung durch Blockdiagramme, Gleichungen, Fortran-Unterprogrammen oder Funktionen anderer Sprachen. Der Benutzer kann vordefinierte Elemente aus einer Standardbibliothek zum Aufbau seines Modells verwenden. Der Aufbau des Modells erfolgt hierarchisch aus benutzerdefinierten Submodellen oder vordefinierten Elementen. Die Struktur des Modells wird durch die Angabe der Verbindungen zwischen den Modellkomponenten definiert, wobei Komponenten mehrere Ein- und Ausgänge haben können. Ein bebnutzerdefiniertes Modell kann bei entsprechender Zugriffsberechtigung in der Standardbibliothek zur allgemeinen Verwendung archiviert werden.

Modification Module:
Dieser Modul dient zur Änderung von bestehenden Modellen, indem Teilmodelle umbenannt, ersetzt, gelöscht, hinzugefügt oder umparametrisiert werden. Die Änderunen können nur den nachfolgenden Simulationslauf oder ein Element der Standardbibliothek betreffen.

Simulation Module:
In diesem Modul erfolgt die eigentliche Simulation. Hierzu sind das verwendete Integrationsverfahren, die Anfangswerte, die Eingangsgrößen und die Simulationsabbruchkriterien zu spezifizieren. Algebraische Schleifen werden mit dem Newton-Raphson -Verfahren gelöst.

Post-Processing Module:
Der PP-Modul dient zur nachträglichen Analyse der Simulationsergebnisse. Die Ergebnisse können ausgedruckt oder als Kurven ausgegeben werden. Eben-so besteht die Möglichkeit den Frequenzgang zu zeichnen.

Ein definiertes Modell wird vom MARSYAS-System in ein Fortranprogramm übersetzt, das auch den Modul zur Ablaufsteuerung der Simulation beinhaltet. Die interne mathematische Darstellung des Modells erfolgt nach der Zustandsraummethode, eine Sortierung der Gleichungen entfällt somit. Für die Ausführung wird in dynamische und nichtdynamische Komponenten unterschieden. Durch die Analyse der Verbindungspfade werden lineare oder nichtlineare algebraische Schleifen erkannt. Für die numerische Integration stehen mehrere Verfahren zur Verfügung. Beim Auftreten von Unstetigkeiten wird das Euler-Verfahren verwendet, danach erfolgt wieder eine Umschaltung zum benutzerdefinierten Verfahren.

Schwachstellen:

Trotz der hohen Leistungsfähigkeit von MARSYAS (siehe auch /Garzia 1976/) besitzt es einige wenige, aber gravierende Mängel. MARSYAS ist nur für den Stapel-Betrieb ausgelegt. Außerdem wurde bei der Implementierung stark auf spezifische Eigenheiten des UNIVAC 1108 Betriebssystems aufgebaut , so daß eine Übertragung auf andere Rechner äußerst schwierig ist. Außerdem ist MARSYAS nicht für Echtzeitsimulationen einsetzbar.

3.2.2 ACSL

Eine oft eingesetzte und leistungsfähige Simulationssprache für die Simulation kontinuierlicher Systeme ist ACSL. Anhand dieser Sprache werden stellvertretend die anderen CSSL-orientierten existierenden Sprachen untersucht.

ACSL - Advanced Continuous Simulation Language

Mitchell and Gauthier, Assoc., Inc.
Concord, Mass. , USA

Literatur: User Guide/Reference Manual /ACSL 1981/, /ACSL 1985/, /Cellier 1983/, /Gauthier 1983/

Leistungscharakteristika:

Allgemeines:

Die Simulationssprache (Programmsystem) ACSL wird seit 1975 vertrieben und hält sich weitgehend an den CSSL-67 Standard für kontinuierliche Simulationssprachen. Die aktuelle Version ermöglicht in gewissem Umfang die Berücksichtigung diskreter Ereignisse. Dennoch sollte ACSL als primär kontinuierliche Simulationssprache betrachtet werden. Die Anwenderzielgruppe liegt im wissenschaftlichen und technischen Bereich. Die Einsatzgebiete sind regelungstechnische Analysen (Reglersynthese), Flugsimulationen, fluiddynamische Analysen und Untersuchungen zur Wärmeübertragung. Beim Anwender ist eine Programmiererfahrung vorauszusetzen (Fortran-ähnliches Arbeiten). ACSL ist ein kommerziell vertriebenes und gewartetes Produkt für fast alle gängigen Mini- und Großrechner. Der Quellcode ist nicht verfügbar und Kenntnis über den strukturellen Aufbau des Programmsystems haben nur wenige Fachleute. Veränderungen im Programmsystem sind daher äußerst schwierig durchzuführen. ACSL ist von der Konzeption sowohl dialog- als auch stapelorientiert. Eine Stapelverarbeitung erfordert eine Fortran-ähnliche und unkomfortable Kartenprogrammierung. Hier wird deshalb nur der Dialogbetrieb betrachtet. ACSL basiert auf Fortran 66/77 und wird als komplettes Programmsystem mit Fortrancompiler angeboten. Das System ist als Fortran-basierend sequentiell bzgl. der Ausführung. Eine funktionale Erweiterung kann auf unterster Ebene in Form von Makros erreicht werden.

Programmierung:

Die Programmierung mit ACSL ist in zwei Phasen aufteilbar. Die erste Phase ist die Modellbeschreibung, die zweite Phase stellen Steuerbefehle dar, die die Ausführung (numerische Berechnung, Datenausgabe) des Modells auf der jeweiligen Rechenanlage steuern.

Der Modellbeschreibungsteil besteht aus drei Teilen, dem *Initial-*, dem *Dynamic-* und dem *Termination-Teil*. Innerhalb des Dynamic-Teil befindet sich der *Derivative-* und der *Discrete*-Abschnitt. Der Initial-Teil beinhaltet Berechnungen, die zum Beginn der Simulation ausgeführt werden. Dies sind im Regelfall die Berechnungen der Initialisierungswerte (Anfangswerte) des kontinuierlichen Modellteiles. Der Dynamic-Teil wird entsprechend der zeitlichen Diskretisierung (Integrationsschrittweite) wiederholt. Der Derivative-Abschnitt dient zur mathematischen Beschreibung des kontinuierlichen Modellteils. ACSL erlaubt eine deskriptive und gleichungsorientierte Modellbeschreibung innerhalb des Derivative-Abschnittes. Die Gleichungen werden vom ACSL-Übersetzer entsprechend sortiert.

Allgemein sind die kontinuierlichen Modellteile durch Übertragungsfunktionen, Differenzengleichungen, gewöhnlichen Differentialgleichungen (auch nichtlinear) und durch algebraische Gleichungen beschreibbar. Wertetabellen ermöglichen die diskrete Beschreibung von Funktionen mit bis zu drei abhängigen Variablen. Durch eine Extrapolation sind Wertebereichsüberschreitungen noch berechenbar. Durch spezifische Operatoren werden modellbildende Teile wie Totzeit usw. angeboten. Die Makrofähigkeit erlaubt die Definition eigener zusätzlicher Operatoren. Diese Möglichkeit ist aber nur von einem erfahrenen Benutzer fehlerfrei einzusetzen. Es werden sechs numerische Integrationsverfahren angeboten. Ein benutzerdefiniertes Verfahren kann hinzugefügt werden. Für steife Systeme steht der *GEAR-*Algorithmus zur Verfügung. Algebraische Schleifen werden mit dem *IMPL-*Operator bearbeitet. Zufallszahlen können mit einer Gauß-Verteilung oder auch normal verteilt erzeugt werden. Im Derivate-Abschnitt können diskrete Ereignisse in Form von *state events*, z. B. Grenzwertüberschreitungen, und *time events*, also zeitlich bestimmbare Ereignisse, behandelt werden. Beim Auftreten von state events im Derivative-Teil wird in den Discrete-Teil verzweigt. Die state events werden durch Überprüfen der jeweiligen Bedingungen erkannt. Durch Iteration wird bei zu großer Integrationsschrittweite der entsprechende Schrittweitenwert berechnet. Tritt ein Nulldurchdgang auf, so wird der zugehörige Discrete-Teil abgearbeitet. Bei *time events* wird der jeweils nächste Zeitpunkt betrachtet, bei dem in einen Discrete-Teil verzweigt werden muß. Die time events müssen äquidistant definiert werden. Diese äquidistanten time events ermöglichen die Beschreibung von digitalen Reglern. Es können mehrere time events definiert werden.

Der Modellbeschreibungsteil wird vom ACSL-Programmsystem in einen intermediate Fortrancode übersetzt und anschließend compiliert. Der ACSL-Übersetzer überprüft dabei Syntaxfehler, nicht sortierbaren Code usw.. Er legt eine Liste aller Variablen an, über die während der Laufzeit auf diese Größen zugegriffen werden kann. Durch die dynamische Speicherplatzverwaltung von ACSL bestehen keine Fortran-spezifische Beschränkungen. Das übersetzte Programm wird dann mit den Routinen des ACSL-Laufzeitsystems gebunden und kann dann am Bildschirm ausgeführt werden. Die Modellausführung erfolgt mit den *RUN TIME COMMANDS*. Durch *START* wird die Simulation gestartet. Das normale Ende eines Simulationslaufes erfolgt durch Abbruchkriterien des Benutzers, welche vorher festzulegen sind (z. B. maximale Integrationszeit). Einen Abbruch zur Ausführungszeit kann nur irregulär über einen Interrupt erfolgen. ACSL erlaubt eine Reinitialisierung nach irregulärem Abbruch (*REINIT*), eine Fortsetzung nach normaler Beendigung (*CONTIN*), Auswahl der darzustellenden und auszugebenden Daten (*OUTPUT, PREPARE* usw.) wie auch die Zusammenfassung von Kommandos zu einer Folge (*PROCED*). Variablen und Parameter können nach Beendigung eines Simulationslaufes durch das *SET*-Kommando variiert werden. Eine iterative Simulation ist nur durch die vom Benutzer zu programmierenden Abbruchkriterien realisierbar. Durch die relative Freiheit bei der Operatorenauswahl kann die Effizienz sehr schlecht werden (schlechte Plazierung des *INTEG* -Operators). Die Datenausgabe ist über *DISPLAY* am Bildschirm oder über Plots oder Tabellen auf Standardperipherie möglich.

Schwachstellen:

ACSL ist unter den verfügbaren kontinuierlichen Simulationssprachen sicherlich eine der leistungsfähigsten. Dennoch weist sie schon im reinen Dialogbetrieb mehrere Schwachstellen auf:

- vom Benutzer wird eine Erfahrung in der Fortranprogrammierung erwartet, der unerfahrene Benutzer wird viel Zeit für die Fehlersuche investieren müssen (Makroanwendung),
- ACSL stellt keinen menü- oder maskenorientierten Dialog zur Verfügung,
- eine Benutzerinteraktion ist nur auf der hohen Ebene der *Run Time Commands* möglich, Eingriffe während dem Simulationslauf erfordern einen irregulären Abbruch ,
- Modelländerungen bedingen eine komplette Neuübersetzung des gesamten Codes,
- eine Verknüpfung von vorübersetzten Modellteilen ist nicht möglich,
- es werden keine Verfahren zu Parameteroptimierung angeboten,
- es gibt keine Verfahren zur statistischen Analyse,
- die Fortranbasis gewährleistet zwar eine Portabilität, die zugrunde-liegende Rechnerwortlänge ist aber dennoch rechnerabhängig,
- die Daten sind nur zur Laufzeit existent, eine Datenarchivierung erfolgt außer auf dem Drucker- oder Plotterfile nicht,
- die Datenerzeugung (Simulation) und die Datendarstellung (Monitor) sind nicht operational entkoppelt,
- die Numerik ermöglicht keine Behandlung von partiellen Differential-gleichungen mit variabler Diskretisierung,
- eine automatische Verfahrensselektion oder -adaption für die numerische Integration erfolgt nicht,
- es gibt keine Möglichkeit numerische Verfahren über Tabellen ö. ä. mit-einander zu vergleichen,
- vom Benutzer durchgeführte Modifikationen werden nicht protokolliert (bzgl. einer Modellbasis).

ACSL ermöglicht als fortranbasierendes, sequentielles Programmsystem keine Realzeit-Datenverarbeitung, d. h.
- keine Echtzeitbasis,
- keine Berücksichtigung von externen Ereignissen,
- keine Integration von Meßwerten (On-line Simulation),
- keine nebenläufige Ausführung von Programmteilen.

Für den off-line Simulationseinsatz zur Planung und Analyse technischer Systeme eignet sich ACSL gut, da auch Modellierungssysteme als ACSL-Preprozessoren vorhanden sind. Eine Erweiterung oder Modifikation von ACSL (Sprachelemente, ACSL-Übersetzer, Laufzeitsystem), um eine Realzeitsimulation zu ermöglichen, ist auch bei Vorliegen des Quellcodes schwierig.

3.2.3 Early Desire

Early Desire

Granino A. Korn
Dep. of Electrical Engineering
University of Arizona
Tucson, Arizona, USA

Literatur: /Korn 1982/

Leistungscharakteristika:

Dies ist eine weitere erwähnenswerte Simulationssprache (Programmsystem) zur Simulation kontinuierlicher Systeme, obwohl es für die skizzierten Anwendungen allerdings nicht in Frage kommt.

Das interessante an diesem System ist, daß es aus einem interaktiven Job Control Interpreter, einem sehr schnellen Fortran-Compiler zur Übersetzung zeitkritischer Modellteile und einer Fortranbibliothek mit vorübersetzten Routinen besteht. Zeitkritische Modellteile werden interaktiv eingegeben und über ein Kommando durch den sehr schnellen Compiler übersetzt. Die restlichen Modellteile werden dann interpretierend unter Zugriff auf den übersetzten Code des zeitkritischen Modellteils ausgeführt. Die Nachteile der rein übersetzerbasierenden Sprachen bzgl. den Modelländerungen und der rein interpreterbasierenen Sprachen bzgl. der Ausführungsgeschwindigkeit sind hier also vermieden worden. Für einen Teil der bisherigen Anwendungen der Simulation, z. B. für regelungstechnische Analysen stellt dieses Systemkonzept zur schnellen Modellentwicklung und -änderung eine interessante Entwicklung dar. Ein Nachteil dieses Systems ist allerdings, daß es vollständig in PDP-11 Assembler geschrieben ist. Eine zukünftige Version soll in Pascal oder C implementiert werden.

3.2.4 ESL

ESL - ESA Simulation Language

European Space Agency

Entwickelt von J.L. Hay
                Computer Simulation Centre
                Dept. of Electronic and Electrical Engineering,
                University of Salford
                Salford, England

Literatur: /Hay 1984/

Leistungscharakteristika:

ESL ist eine kontinuierliche Simulationssprache mit ebenfalls sehr interessanten Eigenschaften. Sie orientiert sich am neuen Quasistandard CSSL 81 /Crosbie 1982/. Als Implementierungssprache und als Zielsprache des ESL-Übersetzters wurde Fortran gewählt. Die Zielmaschine ist ein SEL32 - Rechner. Die wesentlichen Erweiterungen gegenüber den bisherigen CSSL's sind:
- eine Aufteilung des Programmsystems in einen Teil für reine Modellbeschreibung und in einen Teil für das Experimentieren mit dem Modell,
- Übernahme des Konzeptes der modularen Modellierung mit Submodellen,
- eine optimierte Behandlung von Unstetigkeiten,
- die Verwendung moderner Programmiertechniken,
- ein Interpretersystem für die schnelle Programmentwicklung und
- ein Übersetzersystem, das auf dem interpretierbaren Code aufbaut und effizienten Maschinencode erzeugt.

Erläuterung:

Bei den existiernden Simulationssprachen waren die Modellbeschreibung und die eigentliche Simulation nicht voneinander getrennt. ESL versucht hier, wie auch MARSYAS, strikt zwischen diesen Schritten zu trennen. Die bisherige Unterteilung in die Phasen Initial, Dynamic und Terminal wurden beibehalten. Submodelle als Grundlage der modularen Modellierung ähneln sehr stark dem Konzept der modularen Programmierung. Diese Submodelle haben lokale und globale Objekte, der Datenaustausch erfolgt über Argumente beim Aufruf. Der Benutzer kann zu den vorhandenen Submodellen der Bibliothek seine eigenen hinzufügen. Für die Behandlung von Unstetigkeiten bietet ESL ein Verfahren mit spezifizierbarer Genauigkeit. Die bisherige deskriptive Modellbeschreibung ist entfallen, da durch die Einführung von Submodellen das Sortieren der Gleichungen des mathematischen Modells zu aufwendig ist. Die Anordnung der Gleichungen und der Aufbau und Aufruf von Submodellen muß deshalb algoritmisch korrekt erfolgen.

Das ESL-Programmsystem besteht aus vier Komponenten:
- einem Übersetzer zur Erzeugung einer Zwischensprache (intermediate H-Code),
- einem Linker zur Erzeugung interpretierbaren Codes,
- dem Interpreter für den H-Code und
- einem Compiler zur Erzeugung eines effizient ablauffähigen Maschinen-codes.

Beide Übersetzer sind aufeinander abgestimmt, so daß Mehrfachüberprüfungen nicht auftreten. Der intermediate H-Code wird vom Run Time System (Run Time Interpreter) als virtuelle Maschine (Polish stack based machine) interpretiert. Für Realzeitanwendungen eignet sich ESL allerdings ebensowenig wie ACSL, da ESL hier die gleichen Schwachstellen hat. Die Erweiterungen anhand des CSSL81 Standards zu einer Sprache wie ESL zeigen dennoch klar den Trend für zukünftige interaktive Simulationssysteme auf. Dieses sowohl interpreter- als auch übersetzerbasierende System ist zur schnellen Modellierung über Submodelle, zur interaktiven Modellanpassung und auch zur Erzeugung eines effizienten Codes ein wichtiger Schritt in Richtung einer Modellentwicklungsumgebung.

Weitere existierende allgemeine Simulationssoftware (Sprachen, Systeme) sind in /Keller 1985/ aufgeführt. Sie werden hier nicht näher besprochen, da sie insgesamt keinen anderen Leistungsumfang (eher geringer) als die dargestellten Systeme haben.

3.3 Verfahrenstechnisch orientierte Systeme

Neben den allgemeinen Simulationssystemen stellen die verfahrenstechnisch orientierten Systeme für den Einsatz in der chemischen Industrie eine weitere Klasse von Simulationssoftware dar. Stand der Technik in der chemischen Industrie ist der Einsatz sogenannter "Flowsheeting"-Programme zur stationären Auslegung von chemischen Anlagen. Obwohl die Prozesse der chemischen Industrie immer komplexer werden, ist die dynamische Simulation nur in einem geringen Umfang im Einsatz. Die noch etwas kleine Anzahl der vorhandenen dynamischen Simulationssysteme dürfte wohl mit ein Grund hierfür sein. Nachfolgend sollen einige verfahrenstechnisch orientierte Simulationssysteme, sowohl zur rein stationären als auch zur dynamischen Simulation, dargestellt werden.

3.3.1 Aspen Plus

Aspen Plus

Aspen Technology, Inc.
Cambridge,Mass., USA

Literatur: /Aspen 1984/

Beschreibung:

ASPEN PLUS ist ein "Flowsheeting"-Programm zur stationären Auslegung von Anlagen der chemischen Industrie. Aspen Plus bietet Module für verfahrenstechnische Einheitsoperationen, sowie eine Bibliothek thermodynamischer Modelle (z. B. UNIQUAC). Das Programmsystem wurde in Fortran 77 geschrieben. Der Benutzer überträgt sein Flowsheet (Fließschema) in eine Blockdarstellung, wobei je Einheitsoperation ein Block benannt wird. Die Ein- und Ausgänge der einzelnen Blöcke werden mit Namen bezeichnet, deren Werte in einem Flußprotokoll (Ströme) und in einem Blockprotokoll ausgegeben werden. Die einzelnen Module werden simultan durchgerechnet, das gesamte Modell jedoch sequentiell. Durch diese modulsequentielle Berechnung (iterativ) können bei Rückführungen Konvergenzprobleme auftreten. Ebenso wird bei vielen Rückführungen die Rechenzeit hoch. Dynamische Simulationen sind mit Aspen Plus nicht möglich!

3.3.2 DPS

DPS - Dynamic Process Simulator

CADCentre Ltd.
Cambridge, England

Literatur: /DPS 1983/, /Wood et al. 1984/

Beschreibung:

DPS ist ein Programmsystem (Simulationssprache und Laufzeitsystem) für die dynamische Simulation chemischer Prozesse. DPS orientiert sich an den CSSLs und bietet eine Vielzahl allgemeiner simulationsspezifischer Operatoren an. Sie kann auch zur Simulation allgemeiner Systeme eingesetzt werden. DPS teilt die Simulation in zwei Phasen auf:
- die Modellbeschreibung (*model processor*) und
- die Modellausführung (*problem processor*).

Model processor:

Dieses Programm wird im Batchbetrieb ausgeführt. Die Modellbeschreibung erfolgt anhand von Elementen (elements) oder anhand von Einheiten (units). Elemente werden durch einen Satz algebraischer Gleichungen oder gewöhnlicher Differentialgleichungen beschrieben. Die Standardbibliothek enthält z. B. Wärmeübertrager, PID-Regler usw. als Elemente. Einheiten sind eine Sammlung von Elementen mit einer internen Topologie, z. B. eine Destillationskolonne aus den Elementen Kolonne, Kondensator, Erhitzer, Ventile und Regler. Die bestehenden 80 Modelle (Elemente) der Bibliothek können durch benutzereigene Modelle erweitert werden. Der "model processor" besteht aus zwei Teilen, dem "input processor" zur lexikalischen und syntaktischen Analyse der Modellbeschreibung und aus einem Programmteil zur Konsistenzprüfung und Abspeicherung des Modells in die Bibliothek.

Problem processor:

Im *problem processor* definiert der Benutzer ein Flowsheet durch die Benennung der zu verwendenden Modelle und deren Verknüpfungen (Ströme). Der "problem processor" besteht aus mehreren Modulen, welche miteinander über Dateien kommunizieren. Der Modul "problem level" dient zur Eingabe der Problemdaten, der Komponentenwerte, der physikalischen Werte und zur Definition des Flowsheets. Im Modul "case level" werden die Ausgabe spezifiziert, die numerischen Methoden ausgewählt und variablenspezifische Daten eingegeben. Der Modul "event level" erlaubt die Definition simulationsabhängiger Ereignisse (z. B. Ventil zu). Dies ermöglicht die Nachbildung von Regelalgorithmen innerhalb der Simulation. Der nächste Schritt in diesem Modul ist die eigentliche Simulation. Die numerische Berechnung des gesamten Modells erfolgt dabei simultan. Hierzu verfügt DPS über drei numerische Integrationsverfahren.

3.3.3 Dyflo 2

Dyflo 2

R.G.E. Franks
E. I. du Pont de Nemours & Co., Inc.

Literatur: /Franks 1972/, /Franks 1982/

Beschreibung:

Dyflo ist ein Programmsystem zur dynamischen Simulation chemischer Anlagen. Es ist die verbesserte und erweiterte Version von Dyflo (1972). Dyflo, für die UNIVAC 1108 in Fortran entwickelt, war nicht mehr auf dem neuesten mathematischen Stand /Franks 1972/. Dyflo 2 besteht aus zwei Teilen, der Bibliothek "INT" mit den simulationsspezifischen Operatoren und dem Simulationsprogramm mit den Routinen zur Modellierung der gängigen verfahrenstechnischen Einheitsoperationen. Dyflo 2 bietet einen impliziten Algorithmus für die Integration steifer Systeme, eine Prozedur für die analytische Lösung einer bestimmten Sorte von Differentialgleichungen, drei explizite Methoden und einen Prediktor-Korrektor-Algorithmus. Dyflo 2 bietet außerdem die Möglichkeit, verschiedene Integrationsverfahren miteinander zu vergleichen.

3.3.4 Muds

MUDS- Maryland Universiy Dynamic Simulator

Dep. of Chemical and Nuclear Engineering
University of Maryland
College Park, Maryland, USA

Literatur: /Chen 1984/

Beschreibung:

MUDS ist ebenfalls ein Programmsystem zur dynamischen Simulation chemischer Anlagen. Die der Entwicklung zugrundegelegten Einsatzziele waren die Störfallanalyse, der Einfluß von Störungen, das An- und Abfahren, der Entwurf von Regelungen, das Verhalten bei Apparateausfall, die Analyse von Batchprozessen und die Operatorschulung. MUDS soll in der Forschung und in der Lehre verwendet werden. Als Zielrechner wird eine UNIVAC 1100/80 eingesetzt. Das besondere bei diesem Programm ist, daß es auf der kontinuierlichen Simulationssprache ACSL aufbaut.

MUDS beinhaltet eine Modellbibliothek für einzelne verfahrenstechnische Apparate in Form von ACSL-Makros. Eine Simulation mit MUDS läuft in den folgenden Schritten ab:

- Definition eines Flowsheets,
- Übertragung dieses Flowsheets mit Hilfe eines Konvertierungsprogrammes,
- Aufbau des Modells aus den Makros anhand der eingegebenen Daten,
- Initialisierung, Erzeugung eines ACSL-Programmes, Übersetzung in ein Fortranprogramm mit dem ACSL-Übersetzer und die Compilierung,
- die dynamische Simulation und
- die Ergebnisdarstellung.

MUDS befindet sich gegenwärtig noch in Entwicklung. Ob es jemals als kommerzielles Produkt auf den Markt kommen wird, läßt sich nicht sagen.

Die in diesem Kapitel beschriebenen verfahrenstechnisch orientierten Simulationssysteme bieten dem Anwender, ausgehend vom Fließschema einer chemischen Anlage, durch die Bereitstellung von speziellen Modellteilen eine seinen Bedürfnissen angepaßte Schnittstelle. In diesem Punkt sind diese Systeme den allgemeinen Simulationsprogrammen überlegen. Für die Realzeitsimulation ohne oder mit einer Prozeßkopplung sind diese Systeme aber auch nicht einsetzbar. Für weitere Simulationssysteme dieser Klasse sei auf /Keller 1985/ verwiesen.

3.4 Spezielle Systeme

Neben den bisher beschriebenen Systemen existieren noch andere spezielle Simulationssysteme oder auch Systeme, die in Zusammenhang mit der Simulation stehen. Diese speziellen Systeme benutzen entweder die Simulation als wesentliche Methode für ihren grundsätzlichen Zweck, oder sie bereiten die Simulation als Modellentwicklungssysteme vor. Der Bereich der hier zu nennenden Programme reicht von firmen- und rechnerspezifischen Simulationssystemen über Programme zur Modellierung von Mehrkörpersystemen in der Mechanik, sowie Entwurfssystemen in der Mikroelektronik und Systemen zur Reglersynthese bis zu Prognosesystemen in der Gasversorgung. Alle diese Systeme haben ihren ganz spezifischen Anwendungsbereich, für den sie ausschließlich konzipiert wurden. Einen großen Schritt vorwärts haben in letzter Zeit die sogenannten "CACSD"-Systeme (*Computer Aided Control Systems Design*) gemacht. Mit diesen Systemen wird versucht, dem Ingenieur ein wirklich mächtiges Werkzeug für den Entwurf von Regelalgorithmen an die Hand zu geben (/Rimvall 1985/).

Eine weitere Besprechung dieser speziellen Systeme und ihr Anwendungsgebiet soll hier nicht durchgeführt werden. Die wichtigsten dieser Systeme sind in /Keller 1985/ aufgeführt.

3.5 Zusammenfassung

Die Analyse der existierenden Simulationssysteme in diesem Kapitel zeigt, daß die allgemeinen Simulationssysteme zwar sehr leistungsfähig sind, aber bzgl. der vorhandenen Benutzerschnittstelle noch erheblicher Weiterentwicklung bedürfen. Eine besser an den Bedürfnissen des Benutzers angepaßte Schnittstelle bieten die verfahrenstechnisch orientierten Systeme. Durch eine graphische Oberfläche mit vordefinierten Modellen, welche symbolhaft repräsentiert werden, kann der Benutzer einfach und eindeutig seine Modelle aus Bausteinen erstellen. Die Numerik vieler verfahrenstechnisch orientierter Systeme basiert allerdings noch auf den sequentiellen oder modular sequentiellen Methoden für stationäre Auslegungsrechnungen. Dies kann bei vielen Rückführungen zu langen iterativen Lösungsberechnungen und auch zu numerischen Problemen führen. Die simultane Lösung von gekoppelten Differentialgleichungssystemen wird nur vereinzelt eingesetzt. Der Grund hierfür ist, daß anfänglich die für eine rein stationäre Rechnung ausgelegten Systeme quasi dynamisiert wurden. Bei den neueren Systemen ist die simultane Lösung Standard. Bei den speziellen Systemen ist auf der einen Seite eine Kompensation der Schwachstellen der allgemeinen Simulationssoftware durch Pre- und Postprozessoren und auf der anderen Seite die Einsetzbarkeit der Simulationstechnik in nichtkonventionellen Bereichen ersichtlich. Insgesamt ergeben sich allerdings in keinen Bereichen weder echt integrierte noch vollständig interakitve Systeme. Für den in dieser Arbeit betrachteten Simulationsanwendungsbereich existieren keine einsetzbare Systeme. Im weiteren werden die detaillierten Anforderungen an ein Echtzeitsimulationsystem für den Einsatz im Bereich der Prozeßführung definiert.

4 Anforderungen zur Prozeßführung

Die Prozeßführung von komplexen technischen Systemen stellt für die Bediener allgemein eine hohe Belastung dar (siehe z. B. /Geyer 1985/). Die Simulation kann neben ihrem klassischen Einsatzgebiet (Synthese und Analyse) gerade auch im Bereich der Prozeßführung solcher Systeme zur Unterstützung der Prozeßführung eingesetzt werden. Dies kann z. B. in Form von modellgestützten Meßmethoden auf der Basis dynamischer Beobachtermodelle /Gilles 1979/, /Gilles 1983/ oder in Form von einer Zustandsprädiktion des Prozeßverhaltens erfolgen. Diese Simulationsanwendungen wurden bisher allerdings nur für Einzelapparate (Beobachter) oder für Teilprozesse aus dynamisch gleichartigen Komponenten (Prognose z. B. /Lappus 1983/) realisiert. Außerdem ist sie auch als Hilfsfunktion in Form von modellbasierender Fehlerdiagnose durch Modellergebnisvergleiche /Kraiss 1985/ einsetzbar. Es gibt allerdings weder ein Werkzeug, das einen prozeßinformationstechnisch orientierten Aufbau von Modellen oder den umfassenden Einsatz der Simulation im Bereich der Prozeßautomatisierung ermöglichen würde, noch ein existierendes Prozeßleitsystem, das von seinem software- oder hardwaretechnischen Konzept den integralen Einsatz dieser Möglichkeiten bietet. Aus diesem Grund werden in diesem Kapitel die Anforderungen an ein solches Werkzeug für den Bereich der Prozeßführung definiert. Zum Stand der Prozeßleittechnik siehe etwa /Brost 1985/, /Färber 1984/, /Fischer 1986/, /Fröhling 1986/, /GRS 1985/, /Hüllemann 1983/, /Polke 1985/ und /Zimmermann 1986/.

4.1 Prozeßbeobachtung

Eine optimale Prozeßführung erfordert die Kenntnis der wesentlichen Prozeßgrößen. Um meßtechnisch nichtzugängliche, aber für die Prozeßführung wichtige Prozeßgrößen zu erhalten, wird ein mathematisches Prozeßmodell parallel zum realen Prozeß in Echtzeit ausgeführt. Die so erzeugten Prozeßgrößen werden neben den direkt gemessenen Prozeßgrößen als Informationsbasis zur Prozeßführung eingesetzt. Die Ausführung des Modells auf dem Digitalrechner ist zeitlich mit der Dynamik des Prozesses synchronisiert. Da die Aussagen des Modells zur Führung des realen technischen Prozesses eingesetzt werden, muß die Konsistenz zwischen Modell und Prozeß gewährleistet sein. Ebenso ergeben sich aus obiger Zielsetzung bestimmte Anforderungen an das Modell (z. B. Umfang an Modellgrößen), die auch Auswirkungen auf die meßtechnische Geräteausstattung und Geräteanordnung haben. Bild 4.1 zeigt diesen Zusammenhang zwischen Prozeß und Modell.

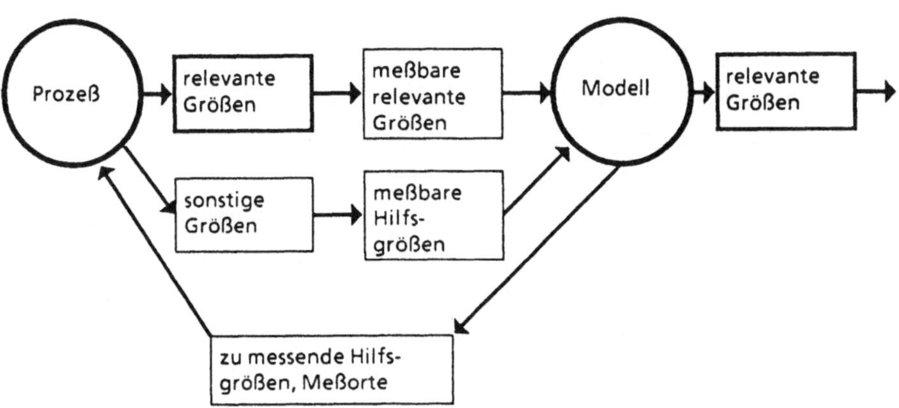

Bild 4.1: Modelleinsatz und Rückwirkungen

Zur Konsistenzsicherung von Modell und Prozeß sind drei Maßnahmen notwendig. Die erste Maßnahme ist die Adaption der Modellparameter entsprechend dem aktuellen Prozeßzustand über eine Parameteranpassung. Die zweite Maßnahme muß sicherstellen, daß alle im Prozeß auftretenden Ereignisse (*process events*) sofort in das Modell übernommen und bei der Ausführung zeitlich entsprechend berücksichtigt werden. Als dritte Maßnahme sind etwaige strukturelle Defekte des mathematischen Modells zu erkennen und zu beheben. Die mit dem realen Prozeß zeitlich synchronisierte Ausführung des Modells ist bei einer on-line-Simulation eine Grundvoraussetzung.

4.1.1 Parameteranpassung

Die Anpassung der Modellparameter erfolgt anhand der Abweichungen der Modellgrößen von den tatsächlichen Prozeßgrößen. Voraussetzung zur Parameteranpassung ist die Verfügbarkeit von fehlerfreien oder korrigierbaren Werten der meßbaren Prozeßgrößen. Anhand der Differenzen dieser Werte und den entsprechenden Simulationswerten der berechneten meßbaren Größen werden die Modellparameter durch Korrekturterme oder Identifikationsverfahren wertemäßig so verändert, daß das Modell immer dem momentan aktuellen Prozeßzustand entspricht (siehe z. B. /Föllinger 1979/, /Isermann 1982/, /Isermann 1984/). Um weit zurückliegende Werte auszublenden bzw. deren Einfluß abzuschwächen, kann über die Meßreihe der einzelnen Größen ein gewichtetes Zeitfenster gelegt werden. Damit wird eine Überbewertung momentaner Einflüsse verhindert (Filterung). Die Länge des Zeitfensters hängt von der Dynamik der jeweiligen Größe ab. Sollen Transienten durch das Modell erfaßt werden, so muß das Zeitfenster entsprechend reduziert werden. Bei der Anpassung von Parametern ist allerdings zu beachten, daß deren Werte in festzulegenden zulässigen, physikalisch sinnvollen Bereichen liegen (Problem der Modellverifikation). Ein Prozeßmodell besteht entsprechend der verfahrenstechnischen Operationen aus Komponenten mit unterschiedlichen dynamischen Eigenschaften. Die Anpassung der Parameter erfolgt aufgrund dieser unterschiedlichen Dynamik teilmodell-orientiert. Bei der Parameteranpassung können zwei Fälle unterschieden werden, die eine spezifische Behandlungsweise erfordern. Einmal können Parameterwertänderungen *sehr viel langsamer* als die Zustandswertänderungen und zum anderen können die Parameterwertänderungen *nur wesentlich langsamer* als die Zustandswertänderungen erfolgen. Im Ablauf der Modellausführung sind beide Fälle unterschiedlich zu behandeln. (Anmerkung: Liegen die Änderungen der Parameter in der gleichen Größenordnung wie die Änderung der Zustände, so ist das Modell falsch. Diese Parameter sind dann selbst als Zustände im Modell zu berücksichtigen.)

4.1.1.1 Modellinterne Parameteranpassung

Sind die Änderungen der Parameterwerte deutlich langsamer als die Zustandswertänderungen, so erfolgt die Adaption der Modellparameter durch einen im Modell selbst enthaltenen Korrekturterm (siehe Bild 4.2 und Abschnitt 4.1.4.6). Dieser Korrekturterm wird bei jedem Integrationsschritt mitgerechnet. Im einfachsten Falle ist dies eine Fehlerdifferentialgleichung, deren Zeitkonstante kleiner als jene des Teilsystemmodells gewählt wird /Ray 1981/, /Zeitz 1979/. Im regelungstechnischen Sinne wird ein solches mathematisch geschlossen formuliertes Gleichungssystem als Beobachter (deterministisch: Luenberger-Beobachter) oder Filter (stochastisch: Kalmanfilter) bezeichnet /Brammer 1985/. Bei einem Prozeß in der Größenordnung einer Wiederaufarbeitungsanlage sind den gesamten Prozeß umfassende Formulierungen nicht realisierbar. Für einzelne Teilbereiche (Apparate) ist es jedoch physikalisch, chemisch und mathematisch möglich, eine geschlossene Formulierung obiger Art zu erstellen. Die sich aus der Kopplung dieser Einzelbeobachter ergebende Problematik wird im Abschnitt 4.1.3 detailliert erläutert. Bei der Parameteranpassung ist zu beachten, daß sowohl die Messungen als auch die Berechnungen zeitdiskrete Ergebnisse erzeugen. Bei allen nachfolgenden Rechnungen, die von Messungen und errechneten Werten ausgehen, müssen diese Werte zum gleichen Zeitpunkt (diskrete Zeitachse) vorliegen. Beim mathematisch geschlossen formulierten Beobachter sind die Meßwerte dem entsprechenden Beobachtermodell direkt zur Verfügung zu stellen. Dies bedingt auch eine Erfassung der Meßwerte im gleichen teilmodellspezifischen Zeitraster.

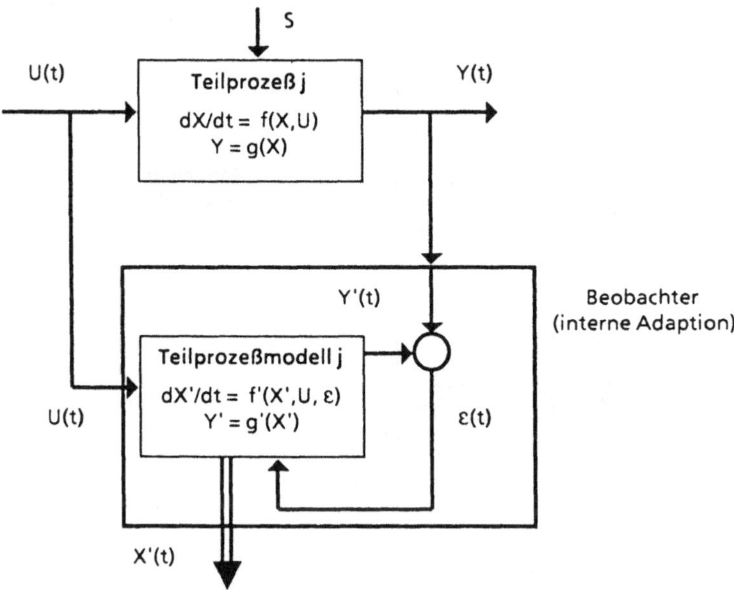

Bild 4.2: Interne Modelladaption

4.1.1.2 Modellexterne Parameteranpassung

Für den zweiten Fall ist die Parameteranpassung auch als teilmodellzuge-ordneter Vorgang zu betrachten. Aufgrund der sehr viel langsameren Para-meteränderungen muß aber nicht bei jedem Integrationsschritt auch die Parameteranpassung durchgeführt werden. Diese ist deshalb operational von der Echtzeitsimulation zu entkoppeln und ermöglicht so eine effizientere Ausführung des Modells und der damit zusammenhängenden Parameteran-passung. Die Anpassung muß allerdings so durchgeführt werden, daß die Konsistenz zwischen Modell und Prozeß im Rahmen der Meßgenauigkeit optimal gesichert ist. Bei Vorliegen von off-line-Meßwerten läßt sich eine

42

entkoppelte Parameteradaption in der Phase der Modellerstellung auch sehr
einfach zur Modellkalibrierung bzw. -validierung einsetzen. Für externe
Parameteranpassungen sind jeweils nur eine begrenzte und vordefinierte Anzahl von Parametern in die Rechnungen einzubeziehen.

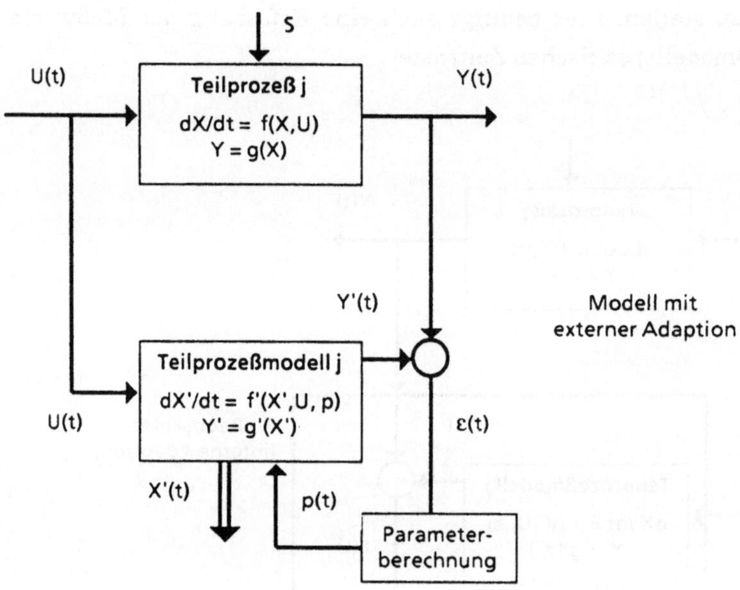

Bild 4.3: Externe Modelladaption

4.1.1.3 Meßwertausfälle

Bei der Parameteranpassung muß berücksichtigt werden, daß Meßwerte aus-
fallen können, d. h. die betreffende Größe steht nicht für die entsprechenden
Berechnungen zur Verfügung. Der oder die zugehörigen Parameter können
für einen gewissen Zeitraum möglicherweise nicht optimal angepaßt werden.
Ausgefallene Werte können allerdings in einem der Dynamik der betreffenden Größe entsprechenden Zeitrahmen extrapoliert werden. Extrapolierte
oder ausgefallene Meßwerte sind als solche zu kennzeichnen, um eventuell
eine spätere Interpolation des ausgefallenen Meßwertes zur Verifikation der
durchgeführten Parameteranpasssung zu ermöglichen. Eine Extrapolation
von Werten kann innerhalb der Meßwertvorverarbeitung oder auch in dem
Teil stattfinden, in welchem der extrapolierte Wert verwendet wird (lokale
Entscheidung).

4.1.2 Ereignisse

Die Abtastrate für die Messung einer bestimmten Prozeßgröße richtet sich
nach dem höchsten noch interessierenden Spektralanteil. Bis zu diesem Spektralanteil kann die erhaltene Zeitreihe als quasikontinuierlich und konsistent zum realen Signal bezeichnet werden. Entsprechend kann eine Parameteranpassung anhand der gemessenen und der berechneten Größen auch
nur Änderungen im Prozeß bis zu diesem Anteil korrekt in das Modell übernehmen. Jeder dynamische Vorgang oberhalb diesem Spektralanteil ist nach
dem Shannonschen Abtasttheorem von der Parameteranpassung nicht mehr
korrekt berücksichtigbar. Systemgrößen, die solche Änderungen verursachen, werden deshalb als externe zeitdiskrete Ereignisse im Modell nachgebildet.

4.1.2.1 Erläuterung des Ereignisbegriffs

Alle zeitdiskreten, modellmäßig von außen kommenden Ereignisse, die für
die Konsistenz des mathematischen Modells wichtig sind, werden als Umgebungsereignisse (*environmental events*) bezeichnet. Ereignisse aus dem
Prozeß (*process events*) bilden eine Untermenge hiervon. Sie entstehen durch
Eingriffe des Bedienungspersonals oder des Leitsystems in den Prozeß, durch
digitale Regler mit hohen Stellwertänderungen oder durch Grenzwertmeldungen aus dem Prozeß. Bei den Prozeßereignissen kann in Ereignisse unterschieden werden, die sich direkt nur auf Modellparameter oder aber nur auf
Modellvariable auswirken. Eingriffe des Personals oder des Leitsystems, die
das Öffnen, Schließen oder Umschalten von Komponenten zur Folge haben,
ändern logische Größen (z. B. Ventil auf / zu) und wirken sich direkt nur auf
Modellparameter (Struktur) aus. Diese Eingriffe sind nicht vorhersehbar,
werden aber an das Simulationssystem zur Berücksichtigung bei der numerischen Integration gemeldet.

Eine besondere Problematik ergibt sich bei der Simulation von Komponenten, die zur Entkopplung von Teilprozessen eingesetzt werden. Solche Komponenten sind z. B. umschaltbare Pufferbehälter zwischen zwei Prozeßbereichen. Entkoppelte Teilprozesse werden entkoppelt simuliert (entkoppelte
numerische Integration der Teilmodelle). Werden nun solche Entkopplungskomponenten beispielsweise vom zuführenden Teilprozeß auf den nachfolgenden Teilprozeß umgeschaltet, erfordert dies auch eine Umordnung des ent-

sprechenden Komponentenmodells bzgl. der numerischen Integration (prozeßbereichsspezifische Modellverwaltung). Modelle von Entkopplungskomponenten sind bzgl. Prozeßereignissen deshalb gesondert zu verwalten (aktivierte, bzw. deaktivierte Kopien oder Umordnen der zugehörigen Teilmodelle). Digitale Regler verändern Stellgrößen in diskreten Raten. Diese Stellgrößen sind gleichzeitig Eingangsgrößen für die den jeweiligen Anlagenteil nachbildenden Modelle und verändern damit deren Eingangsvariablen. Im Normalfall reicht die Messung der Prozeßgröße nach dem Stellglied zur Bestimmung der Modelleingangsgrößen aus (z. B. Volumenfluß nach Ventil bei kontinuierlichem Verlauf). Bei hohen Stellgrößenänderungen oder bei Stellgliedern hoher Dynamik (hoch bzgl. der Prozeßdynamik) kann sich ein diskontinuierlicher Verlauf (Sprungstellen) der Stellgröße ergeben. Diese Änderungen sind auf zwei Arten berücksichtigbar. Durch die Nachbildung der Regelalgorithmen und Stellglieder im mathematischen Modell müssen solche Änderungen der Stellgrößen nicht meßtechnisch erfaßt (Messung nach Stellglied) und als Prozeßereignisse verarbeitet werden (*1*). Diese Ereignisse werden als zeitlich vorherbestimmte Ereignisse (*time events*) über eine *time-event-Liste* berücksichtigt. Der zur Nachbildung der Regelalgorithmen notwendige Rechenaufwand (Nachbildung des Teilprozesses und des Reglers) ist kleiner als der Aufwand bei meßtechnischer Erfassung und Verarbeitung als Prozeßereignis (2). Prozeßzustandsänderungen, deren Ursachen nicht im Modell nachgebildet sind (Störungen), bewirken Abweichungen, die normalerweise durch die Parameteradaption berücksichtigt werden. Grenzwertmeldungen aus dem Prozeß sind aber zur direkten Konsistenzprüfung des Modells verwendbar und verändern bei Abweichung vom Istzustand die zugehörige Modellvariable. Ein Tank, der im Modell als noch nicht voll beschrieben wird und in der Realität schon voll ist (Prozeßmeldung), führt beispielsweise zu einem solchen Ereignis.

Die obigen Ausführungen zeigen, daß die mathematischen Modelle auch stark mit der jeweiligen meßtechnischen Ausstattung verknüpft sind. Zur Formulierung solcher Modelle ist deshalb eine Unterstützung in Form spezieller simulationstechnischer Operatoren notwendig. Diese ermöglichen die Beschreibung von hardwarespezifischen Kopplungen des Modells, ohne den grundsätzlichen Simulationsablauf (numerische Integration) zu beeinflußen. Dabei kann von hardwarespezifischen Gegebenheiten (Vektoradressen usw.) abstrahiert werden. Beispielsweise wird zur Abbildung von Prozeßmeldungen auf Modellgrößen ein solcher Operator gebraucht (Definition im Simulationssystem, nicht über das Betriebssystem).

4.1.2.2 Ereignisberücksichtigung und Modellausführung

Die Simulation technischer Prozesse mit dynamischen Modellen bedeutet die Berechnung des nächsten Systemzustandes ausgehend vom momentanen Zeitpunkt. Unter Echtzeitbedingungen erfolgt diese Berechnung zeitsynchron zum Prozeß. Dies bedeutet aber, daß erst nach dem Zeitpunkt t_0 begonnen werden kann, den Zustand zum Zeitpunkt $(t_0 + dt)$ zu berechnen. Die Basis dieser Berechnung ist das Modell zum Zeitpunkt t_0. Es kann jedoch nicht angenommen werden, daß sich innerhalb der Extrapolationsweite im Prozeß nichts ereignet, was die zugrundeliegenden Modellvoraussetzungen ändert. Tritt ein Prozeßereignis ein, so sind in der Regel die davon betroffenen Modellzustandswerte inkorrekt. Es muß dann vom Zeitpunkt t_0 bis zum Ereigniseintrittszeitpunkt der Systemzustand neu berechnet werden. Von diesem Zeitpunkt aus kann dann wieder normal weitergerechnet werden. Das Problem ist aber, daß zum Ereigniseintrittszeitpunkt die neuen Zustandswerte aufgrund der zeitlichen Synchronisierung schon vorhanden sein sollten. Ab diesem Zeitpunkt können die Berechnungen aber erst initiiert werden. Die Zeit, die nun für die beiden Berechnungen (von t_e bis t_e und von t_e bis $(t_0 + dt)$) notwendig ist, hängt vom Modellumfang ab. Sie kann größer sein, als die zur Verfügung stehende Zeitspanne $(t_0 + dt - t_e)$. Tritt das Ereignis nur in zeitlicher Nähe vor dem extrapolierten Zustand auf, so kann es prinzipiell erst bei der nächsten Extrapolation berücksichtigt werden. Im Mittel wird aber zu jedem möglichen Zeitpunkt innerhalb der Extrapolationsweite ein Prozeßereignis auftreten können.

Die Modellierung großer technischer Systeme (*large scale systems*) führt in aller Regel zu einem großen System von gekoppelten Differentialgleichungssystemen. Dabei besitzen die einzelnen Teilsysteme meist eine unterschiedliche Dynamik, d. h. es handelt sich beim Gesamtsystem um sogenannte steife Systeme (ansatzweise immer). Zur Integration großer Systeme mit zusätzlich stark unterschiedlichen dynamischen Eigenschaften bieten sich zwei alternative Möglichkeiten an.

Gesamtmodellansatz:

Bei der bisher allgemein angewandten Methode wird das mathematische Modell (verkoppelte Gleichungssysteme) als eine Einheit betrachtet. Alle Gleichungen werden simultan gerechnet (Skalar- / Vektorrechner). Dies bedeutet aber, daß die sich aus dem jeweiligen numerischen Verfahren ergebende Rechenschrittweite für das gesamte Modell (Gleichungssystem) gilt. Bei einer Zerlegung des Gleichungssystems (*model partitioning*) in einen schnellen und langsamen Teil ergeben sich zwei spezifische Schrittweiten, der wesentliche Nachteil des Gesamtmodellansatzes bzgl. der zwei Teilsysteme bleibt aber erhalten (/Palusinski 1981/, /Schmidt 1980/). (*Anmerkung:* Ein *model partitioning* nach dynamischen Kriterien ist bei der Echtzeitsimulation mit teilmodellorientierten Operationen, wie z. B. Parameteranpassung, nicht möglich. Außerdem sind definierte Aussagen bzgl. einer statischen Zerlegung nur bei linearen Systemen möglich.) Bei impliziten Verfahren ergibt sich normalerweise eine Rechenzeiteinsparung aufgrund einer größeren Rechenschrittweite gegenüber expliziten Verfahren (Genauigkeitsverlust bei den schnellen Anteilen (/Schmidt 1980/)). Sind aber Meßwerte oder aufgetretene Prozeßereignisse zeitsynchron im Modell zu berücksichtigen, so muß sich die Rechenschrittweite an der kleinsten Gesamtsystemzeitkonstante orientieren, um die Konsistenz des Modells zum Prozeß zu gewährleisten (analog zu expliziten Verfahren). Aufgetretene Ereignisse können somit für den laufenden Rechenschritt ignoriert und erst beim nächsten berücksichtigt werden. Diese Lösung ist naturgemäß sehr rechenzeitaufwendig. Außerdem kommt der menschliche Bediener als Systemkomponente hinzu. Sind die Änderungen im Prozeß zu langsam gegenüber der menschlichen Wahrnehmungsfähigkeit, so erfordern ergonomische Kriterien kürzere Rechenschrittweiten (siehe auch /Gear 1977/). Beispielsweise sind für Eingriffsrückmeldungen bestimmte Zeitspannen als Maximalwerte einzuhalten. Dies setzt voraus, daß der Eingriff im Prozeß vollzogen und im Modell berücksichtigt ist. Bei einem Prozeßbereich, dessen Änderungen in Zeitspannen von bis zu Stunden ablaufen, muß das Vollziehen eines Prozeßeingriffes, die Übernahme in das Modell und die Rückmeldung aus ergonomischen Gründen dennoch im Sekundenbereich liegen.

Der gesamtmodellorientierte Ansatz hat also den *prinzipiellen Nachteil*, daß viel Rechenzeit für die nicht der Modelldynamik entsprechenden Berechnungen nötig ist. Bei Ereignissen wird ebenso Rechenzeit für die Neuberechnung von Modellteilen verwendet, welche mit dem Prozeßereignis dynamisch nicht in unmittelbaren Zusammenhang stehen. Dies sind Modellteile, welche aufgrund der differentiellen Kopplung (real keine algebraischen Kopplungen) auch nach mehreren Rechenschritten von den aufgetretenen Prozeßereignissen nicht beeinflußt werden. Sinnvollerweise sollten deshalb nur die von einem Prozeßereignis unmittelbar beeinflußten Teilmodelle neu durchgerechnet werden. In Simulationsrechnungen im Bereich der Raumfahrt wird mit an der kleinsten Zeitkonstante orientierten Schrittweiten gerechnet. Dies aber deshalb, da es sich dort um sehr stark verkoppelte Systeme mit einer hohen Dynamik handelt, die hier jedoch nicht vorliegen. Dort spricht man auch von turn around -Zeiten oder von der frame time, die auch den Datenaustausch mit realen Systemkomponenten (*hardware in the loop*) einschließen und im Millisekundenbereich liegen (/Chen 1984/).

Modularer Modellansatz:

Zieht man die Tatsache in Betracht, daß Teilmodelle nur differentiell gekoppelt sind, so läßt sich eine neue Methode ableiten. Eine differentielle Kopplung bedeutet, daß sich ein Prozeßereignis innerhalb eines Zeitintervalles aufgrund der verzögernden Eigenschaft der Apparate modellräumlich nur beschränkt auswirken kann. Es ist nicht notwendig, das gesamte Modell neu durchzurechnen. Es muß nur das modellmäßige Beeinflussungsumfeld des entsprechenden Prozeßereignisses neu durchgerechnet werden. Das Beeinflussungsumfeld besteht dabei aus den direkten Nachfolgern des von einem Prozeßereignis direkt betroffenen Teilmodells (siehe Bild 4.4). Die Simulationsablaufsteuerung muß in der Lage sein, die Modellzustände der von einem Prozeßereigniss betroffenen Teilmodelle (Beeinflussungsumfeld) neu zu berechnen. Dies bedingt einen *event handler* für jedes Teilmodell, der dem Teilmodell zugehörige Prozeßereignisse im Modell umsetzt und die Simulationsablaufsteuerung über diesen Sachverhalt informiert. Jedem Prozeßereignis ist ein anderes Beeinflussungsumfeld (Teilmenge von allen Teilprozeßmodellen) zugeordnet. Die Neuberechnung der einem Beeinflussungsumfeld zugehörigen Teilmodelle neben der Parameteradaption erfordert deshalb auch eine teilmodellorientierte numerische Integration. Die Teilmodelle einer bestimmten Modellebene (Hierarchiestufe) sind durch ein mathematisches Verfahren so zu entkoppeln, daß eine Teilmodelluntermenge entsprechend dem gerade vorliegenden Beeinflussungsumfeld numerisch entkoppelt gerechnet werden kann (*real time modular integration*).

Das prozeßereignisspezifische Beeinflussungsumfeld variiert in Abhängigkeit von

- den Zeitkonstanten des von dem Prozeßereignis direkt betroffenen Teilmodells,
- der restlichen Zeit bis zum nächsten Kommunikationszeitpunkt der Teilmodelle und,
- von den Zeitkonstanten der noch vom Prozeßereignis betroffenen Nachfolgerteilmodelle.

Deshalb ist das Beeinflussungsumfeld dynamisch zu bestimmen. Für alle Teilmodelle ist eine Hierarchie der nachfolgenden Teilmodelle zu definieren. An der Spitze der Hierarchie steht das vom Prozeßereignis betroffene Teilmodell selbst. Darunter stehen die direkten Nachfolger 1. Ordnung, dann die Nachfolger 2. Ordnung usw.. Eine Möglichkeit der Übermittlung des Eintritts eines Prozeßereignisses besteht z. B. in der Definition einer zusätzlichen logischen Ein- und Ausgangsgröße als Statusindikator. Die Verfahren zur numerischen Integration müssen diese Art der Prozeßereignis-Verarbeitung unterstützen.

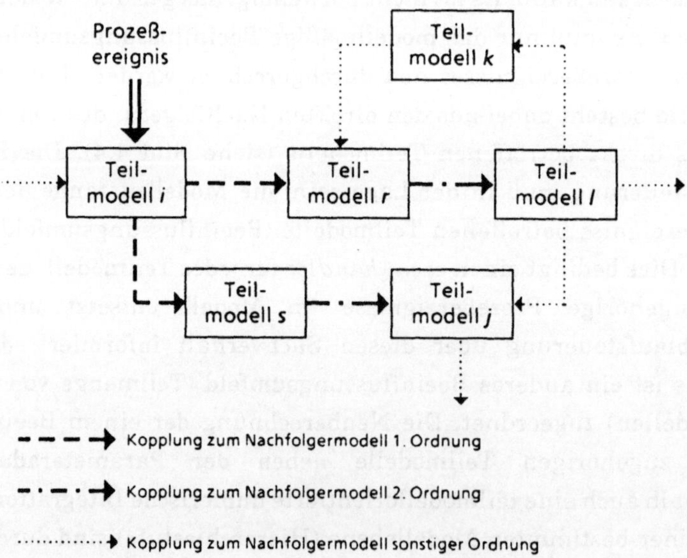

Bild 4.4: Beeinflussungsumfeld eines Prozeßereignisses

Insgesamt ergibt sich aus der teilsystemspezifischen Dynamik, der Parameteranpassung und der Ereignisverarbeitung eine teilmodellorientierte numerische Integration. Die zwischen den Teilmodellen bestehende mathematische Kopplung ist bei der Integration zu berücksichtigen.

4.1.3 Problematik und Vorteile einer modularen / verteilten Echtzeitsimulation

4.1.3.1 *Problematik der modularen / verteilten Echtzeitsimulation*

Bei einer verteilten Simulation unter Echtzeitbedingungen ergibt sich eine besondere Problematik, welche von der einer normalen Simulation (off-line) erheblich abweicht. Beispielsweise werden die Werte von nichtmeßbaren apparateinternen Größen (Teilsystem) über Beobachter (Schätzverfahren) rechnerisch ermittelt. Durch die Nichtmeßbarkeit von Prozeßgrößen, welche sowohl Ausgangsgrößen als auch Eingangsgrößen von Apparaten sind, ergeben sich Kopplungen zwischen beispielsweise zwei Beobachtern. Dieser Zusammenhang soll formelmäßig expliziert werden (autonomes System). Eine gesamtsystemorientierte Zustandsraumdarstellung (vektorwertig) ohne algebraische Abhängigkeit der Ausgangsgrößen von den Eingangsgrößen ist wie folgt definiert (siehe z. B. /Föllinger 1979/)

$$\frac{\mathrm{d}X(t)}{\mathrm{d}t} = F(X(t), U(t)), \quad Y(t) = CX(t) \quad .$$

Eine teilsystemspezifische Darstellung unter Berücksichtigung von Koppelgrößen ergibt sich zu (Teilsystem j)

$$\frac{\mathrm{d}x_j}{\mathrm{d}t} = f(x_j, u_j), \quad y_j = C_j x_j \quad .$$

Die Eingangsgrößen des Teilsystems j sind (S, K Filtermatrizen)

$$u_j = [(S_j, 0)^T, (0, K_j)^T][U, Y]^T = [S_j U, K_j Y]^T \quad .$$

Dabei sind systemexterne und -interne Größen zu unterscheiden (EX / IN)

$$u_{j\mathrm{EX}} = S_j U, \quad u_{j\mathrm{IN}} = K_j Y \quad .$$

Werden nun noch die nichtmeßbaren Größen berücksichtigt (Exponent E), so erhält man

$$u_{jIN} = [u^M_{jIN}, u^E_{jIN}]^T$$

Dabei sind die meßbaren Größen mit dem Exponent M bezeichnet. Für einen Beobachter sind die meßbaren Ausgänge und Zustände des eigenen Teilsystems mathematisch ebenfalls Eingangsgrößen, d. h. die Vektoren $y^M_j\,(t)$ und die meßbaren zur Adaption noch benötigten internen Zustände $x^M_j\,(t)$ sind als Eingangsgrößen zu behandeln

$$u_{jIN} = [u^E_{jIN}, u^M_{jIN}, y^M_j, x^M_j]^T, \quad \text{mit} \quad y_j = [y^M_j, y^E_j]^T$$

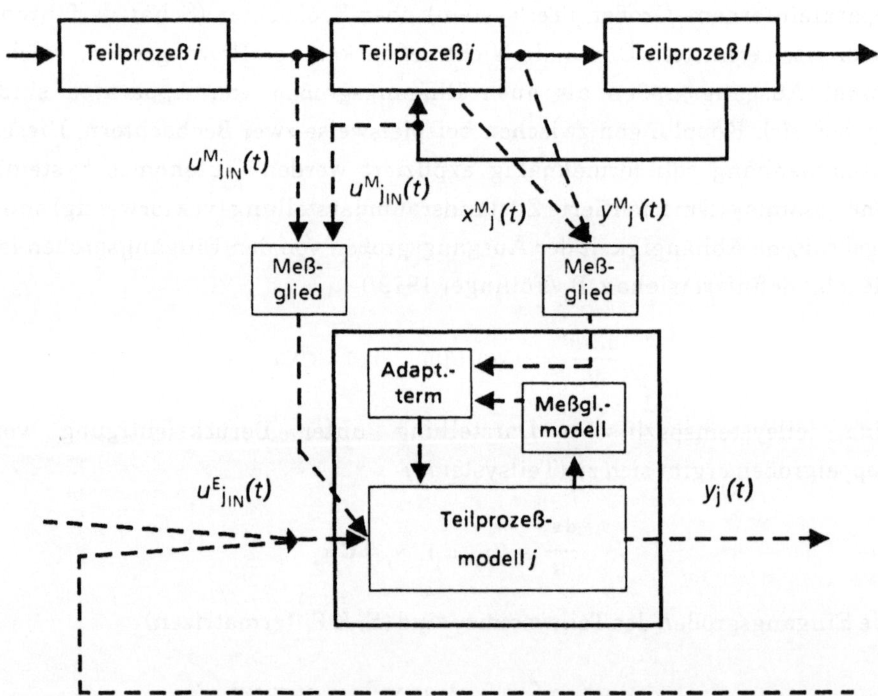

Bild 4.5: Struktur eines gekoppelten Beobachters

Die Struktur des beschriebenen Problems zeigt Bild 4.5. Die Eingangsgrößen vom Beobachter j setzen sich sowohl aus den meßbaren Ausgängen und Zuständen des Teilsystems j selbst, als auch aus den nur teilweise meßbaren Ausgängen des Teilsystems i zusammen. Der Beobachter i berechnet also die nichtmeßbaren Zustände des Teilsystems i (hier auch Ausgangsgrößen). Beide Beobachter sind über die nichtmeßbaren Ausgänge von Teilsystem i miteinander mathematisch verkoppelt. Bei einer modularen oder verteilten Rechnung beider Beobachter ergeben sich Schwierigkeiten bei der numerischen Lösung, da zur Lösung des Beobachters j (Differentialgleichungssystem) die Eingangsgrößen (auch nichtmeßbare Ausgangsgrößen von Teilsystem i) zu definierten Zeiten notwendig sind. Beispielsweise liegt dieses Problem dann vor, wenn zwar der Volumenstrom gemessen werden kann, die Konzentration einer Stoffkomponente dagegen nicht. Dann kann zwar der Meßwert des Volumenstromes als Eingangsgröße eingehen, die Konzentration muß aber aus dem Vorgängermodell verwendet werden.

4.1.3.2 Vorteile der modularen / verteilten Echtzeitsimulation

Für das im vorigen Abschnitt geschilderte Problem läßt sich bei bestimmten mathematischen und systemtheoretischen Gegebenheiten, welche in der Praxis erfüllt werden, ein Lösungsverfahren entwickeln. Der Entwurf dieses Verfahrens erfolgt in einem späteren Kapitel. Die Vorteile einer modularen und verteilten Teilmodellberechnung sind:

- große Anlagen mit Teilsystemen unterschiedlicher Dynamik sind gut handhabbar,
- Beobachtermodelle mit definiertem Zeitraster bzgl. der Integration und der Meßwertverfügbarkeit sind einfach integrierbar,
- Ereignisse lassen sich innerhalb des kleinsten Modellumfeldes verarbeiten (minimale Folgewirkung),
- unterschiedliche Systeme lassen sich einfacher modellieren und durch spezifische Integrationsverfahren besser numerisch behandeln (z. B. partielle versus gewöhnliche Differentialgleichungen) und
- die modulare Integration gekoppelter Teilmodelle eröffnet die Möglichkeit der echt parallelen Simulation verteilt auf mehreren Rechnern. Durch die Verwendung preisgünstiger aber leistungsfähiger Mikrorechner ist so eine hohe Steigerung der Rechengeschwindigkeit möglich. Die Adaption der Hardwarekonfiguration an die jeweiligen Leistungsanforderungen ist ebenfalls einfach durchzuführen (jedes verteilte System kann aus einem MIMD-System bestehen).

Anhand von Simulationstestläufen für die später dediziert auszuführenden Teilmodelle können die notwendigen Rechenzeiten bestimmt und eine ausgewogene Lastverteilung entsprechend den HW-Ressourcen durchgeführt werden.

Die sogenannte *modulare Integration* wurde bisher nur für Simulationen ohne Prozeßkopplung eingesetzt (/Brosilow 1985/, /Liu 1983/, /Maier 1985/). Die dargestellten Verfahren konvergieren die nachgebildeten Koppelgrößen der entkoppelt gerechneten Teilmodelle durch iterative Approximation. Das bedeutet, daß erst nach n Iterationen die Simulationsergebnisse für einen entkoppelt gerechneten Zeithorizont T gültig sind. Bei einer Echtzeitsimulation mit Meßwertberücksichtigung ist diese Berechnungsart nicht anwendbar. Hierzu ist ein neues Verfahren zu entwickeln. Wie diese Forschungsergebnisse (off-line Simulation) aber grundsätzlich zeigen, sind die bisherigen numerischen Verfahren (z. B. RK4) nach einigen Modifikationen weiterhin einsetzbar und die Effizienzverringerung durch die Notwendigkeit des Datenaustausches ist relativ gering (/Brosilow 1985/). In einem weiteren Beispiel war die Ausführungsgeschwindigkeit bei Verwendung eines Monoprozessorsystems bei einem modularen Verfahrens genauso hoch wie bei einem gewöhnlichen Verfahren (/Maier 1985/).

4.1.4 Einbettung der Simulation in Prozeßführungssysteme

4.1.4.1 Formen der Modellausführung

Die physikalischen Vorgänge in einem technischen Prozeß laufen in der Realität hochgradig parallel ab. Die Ausführung eines diesen Prozeß beschreibenden mathematischen Modells kann dabei in sequentieller Form (sequentiell, modular sequentiell, simultan) oder auf unterschiedliche Weise parallel erfolgen. Eine Parallelität kann auf der Ebene der elementaren Rechenoperationen, bzgl. der Verktoroperationen, bzgl. des Integrationsverfahrens oder auf der Ebene von Teilmodellen realisiert sein. Hier soll die parallele Echtzeitsimulation auf der Ebene von Teilmodellen mit Hilfe der modularen Integration betrachtet werden. Die teilmodellorientierte Simulation ist notwendig wegen einer teilmodellspezifischen Parameteradaption bzw. Meßwertverarbeitung, Ereignisberücksichtigung, der Dynamik und den teilmodellspezifischen Integrationsverfahren. Die modulare Simulation orientiert sich analog dem Aufbau des technischen Prozesses in Teilbereiche (Apparate) und realisiert auf der Ebene von einzelnen Apparaten eine Parallelität unter Echtzeitbedingungen. Sie ermöglicht eine verteilte Modellrechnung auf einem Mehrrechnersystem (*distributed multicomputer system*). Die verwendeten Einzelrechnersysteme können architektonisch dabei als Multiprozessorsysteme (dedizierte Hardware, MIMD) realisiert sein. Bei entsprechendem Programmentwurf (z. B. Bereitstellen von Kommunikationsmodulen) ist keine zentrale Verwaltung der Betriebsmittel des Gesamtrechnersystems notwendig. Die Ausführung der Modelle auf einem Mehrrechnersystem kann mit oder auch ohne konzeptionelle Einbettung in existierende Prozeßleit- oder Prozeßinformationssysteme erfolgen. Ohne konzeptionelle Einbettung wäre die Simulation als funktionale Komponente sowohl logisch als auch hardwaremäßig neben dem bisherigen System angeordnet. Eine konzeptionelle Einbettung berücksichtigt die in der Regel dezentrale Struktur von PLS/PIS mit ihren intelligenten Subsystemen, die eine verteilte Modellrechnung geradezu anbieten.

Zentrale Simulation:

Bei einer modularen zentralen Simulation erfolgt die Ausführung der Modelle zentral auf einem Monorechnersystem. Die Ablaufsteuerung und die anderen Programmteile zur Modellausführung sind nur einmal vorhanden. Der Kommunikationsaufwand unter den Teilmodellen ist deutlich geringer, da keine Kommunikationswege notwendig sind. Die Ergebnisse müssen jedoch, falls benötigt, den Regelalgorithmen vor Ort zur Verfügung gestellt werden. Die Berücksichtigung von Prozeßereignissen über die Berechnung des Beeinflussungsumfeldes ist bei der zentralen Simulation einfacher, da die miteinander gekoppelten aber nicht verteilten Teilmodellsysteme nicht wie bei der dezentralen Simulation dem Informationsfluß entsprechend benachrichtigt werden müssen. Die notwendige Rechenleistung für die zentrale Simulation kann aber nur mit teuren Rechnersystemen erbracht werden und ist deshalb wirtschaftlich nicht vertretbar.

Verteilte Simulation:

Bei der verteilten Simulation mit modularer Integration kann in folgende Fälle unterschieden werden:
- die lokale verteilte Ausführung ohne konzeptionelle Integration in ein Prozeßinformationssystem (evtl. ein Multiprozessorsystem),
- die lokal oder räumlich verteilte Ausführung mit konzeptioneller Integration in ein Prozeßinformationssystem (Multiprozessor- oder Mehrrechnersystem) und
- die räumlich verteilte und in ein Prozeßleitsystem integrierte Ausführung (Mehrrechnersystem).

4.1.4.2 Strukturelle Auswirkungen bei Prozeßführungssystemen

Prozeßinformationssysteme:

Die Erweiterung eines Prozeßinformationssystems um simulative Funktionen ohne konzeptionelle Einbettung hat einen wesentlichen Nachteil. Da die simulativen Funktionen bei einer hierarchischen Einordung für eine reine Prozeßbeobachtung oberhalb der Meßwerterfassung und -verifikation, aber unterhalb der prozeßführungstechnischen Informationsreduktion liegen, erfordert dies die Auftrennung der bisherigen logischen Informationsflüsse. Das konzeptionell und hardwaremäßig außenstehende Simulationssystem benötigt verifizierte Meßwerte und erzeugt für die Prozeßführung notwendige Simulationswerte. Die gesamte Software (PIS und Simulationssystem) ist also nicht durchgängig strukturiert und auch nicht auf eine entsprechend strukturierte Hardware abgebildet. Das Rechnersystem für die Simulation kann ein eng gekoppeltes Mehrrechnersystem (Multiprozessorsysteme mit Kopplung über gemeinsame Speicherbereiche) oder ein lose gekoppeltes Mehrrechnersystem sein. Weitere Funktionen, welche auf die Modelle und deren Werte aufbauen und weiterzuverarbeitende Ergebnisse erzeugen sind nur mit hohem Aufwand zu integrieren.

Wird bei einem Prozeßinformationssystem die Simulation konzeptionell berücksichtigt, besteht zwischen einer lokal verteilten und einer räumlich verteilten Ausführung von der logischen Struktur her kein Unterschied. Es erfolgt eine prozeßbereichsspezifische Meßwerterfassung, -vorverarbeitung und entsprechende Modellausführung. Die unterliegende Hardware kann sich im Konzept jedoch unterscheiden. Eine räumlich verteilte Ausführung erfordert die Kommunikation über entsprechende Bussysteme, die ein deterministisches Verhalten aufweisen müssen (Echtzeitbedingungen bei der verteilten numerischen Integration). Bei der lokalen Ausführung auf Mehrprozessorsysteme kann die Kommunikation über modellkopplungsspezifische Kommunikationswege erfolgen (direkte Zuordnung von Kommunikationsports oder Verwendung von gemeinsamen Speicherraum). Die erhaltenen Meßwerte stellen zusammen mit den Modellergebnissen eine einheitliche informationelle Basis für die hierarchisch höherwertigen Funktionen des Prozeßinformationssystems dar. Hierdurch lassen sich höherwertige Funktionen, z. B. eine Prognose, leicht integrieren.

Prozeßleitsysteme:

Aufgrund der in einem Prozeßleitsystem vorhandenen Regelalgorithmen, welche direkt auf Werte aufsetzen, müssen Simulationsergebnisse vor Ort verfügbar sein. Bei einer Simulation ohne konzeptionelle Einbettung müssen die sehr engen Verbindungen zwischen Meßwerterfassung (Produzent) und Regler (Konsument) aufgebrochen und über ein außenstehendes Simulationssystem geführt werden. Dieser Weg ist grundsätzlich sehr aufwendig und bei zeitlich eng gekoppelten Algorithmen nicht realisierbar.

Die räumlich verteilte Ausführung der Modellrechnungen entspricht dagegen der Struktur moderner Prozeßleitsysteme mit ihren dezentralen und intelligenten Subsystemen. Die Teilmodelle werden entsprechend dem zugehörigen Anlagenteil auf dem PLS-Subsystem vor Ort gerechnet. Dies würde auch die direkte Verwendung der Modellergebnisse vor Ort ermöglichen (Regelalgorithmen). Die Subsysteme müssen allerdings in der Lage sein, die numerischen Berechnungen in der geforderten Zeit zu erbringen, was bei den existierenden PLS allerdings noch nicht der Fall ist.

4.1.4.3 Externe Anbindung der Simulation

Prozeßwerte:

Ohne konzeptionelle Einbettung können die Teilmodelle nur indirekt mit den notwendigen Daten versorgt werden. Dies bedeutet, daß eine zusätzliche normierte Schnittstelle zwischen Simulationssystem und PLS/PIS geschaffen werden muß (Koppelmodul). Dieser Koppelmodul erhält entsprechend vorher definierten zeitlichen Anforderungen verifizierte Meßwerte und Informationen über aufgetretene Prozeßereignisse. Im wesentlichen führt der Koppelmodul die Einträge der erhaltenen Werte und der aufgetretenen Prozeßereignisse durch. Extrapolationen von ausgefallenen Meßwerten sind entweder schon vom PLS/PIS oder aber vom Koppelmodul anhand der Kenntnis der zugehörigen Dynamik (lokal) durchzuführen.

Simulationsergebnisse:

Ist die Simulation kein konzeptioneller Bestandteil, so muß dennoch gesichert sein, daß die Modellergebnisse der Echtzeitsimulation (nichtmeßbare Größen) dem nachgeschalteten PLS/PIS zeitgerecht entsprechend der Dynamik des technischen Prozesses übergeben werden. Eventuell sind auch die restlichen Werte für weitere Überprüfungen zu übergeben. Alle für die Prozeßführung eingesetzten und auf den Modellen basierenden Funktionen

(z. B. Prognose, Störungsdiagnose) sind ebenfalls konzeptionell außenstehend und damit nur über eine direkte Kopplung an das Simulationssystem einsetzbar. Das Meßwerterfassungssystem muß über eine Schnittstelle nach simulationstechnischen Kriterien parametrisierbar sein.

4.1.4.4 Konzeptionelle Einbettung der Simulation

Bei einer konzeptionellen Einbettung der Simulation ist die modellmäßige Prozeßkopplung direkt, d. h. die von den Teilmodellen benötigten Meßwerte werden von den jeweiligen Meßwerterfassungsmodulen und Meßwertvorverarbeitungsmodulen direkt zur Verfügung gestellt. Zwangsläufig ergibt sich auch die Ausrichtung der Meßwerterfassungszyklen nach system- und simulationstechnischen Kriterien. Ist die Simulation integrierter Bestandteil eine PLS/PIS, so können die Simulationsergebnisse analog den Meßwerten verarbeitet werden. Die der Meßwerterfassung und -vorverarbeitung logisch nachfolgenden Komponenten erhalten einen aus Meßwerten und Simulationsergebnissen bestehenden Informationsstrom. Dieser stellt die Datenbasis des Gesamtsystems dar.

Die räumlich verteilte Ausführung der Modellrechnungen entspricht der Struktur moderner Prozeßleitsysteme mit ihren dezentralen intelligenten Subsystemen. Die Teilmodelle werden entsprechend dem zugehörigen Anlagenteil auf dem PLS-Subsystem vor Ort gerechnet (Bild 4.6). Dies würde auch die direkte Verwendung der Modellergebnisse vor Ort ermöglichen (Regelalgorithmen). Es sei hier jedoch angemerkt, daß die existierenden Prozeßleitsysteme von den angebotenen Programmerstellungsmitteln her einen extensiven Einsatz von dynamischen Prozeßmodellen in der geforderten Art nicht unterstützen. Ebenso ist die Hardware dieser Systeme für umfangreiche numerische Berechnungen nicht ausgelegt (z. B. Rechnerwortlänge). Die zukünftigen Entwicklungen im PLT-Bereich (Software und Hardware) lassen aber die Berücksichtigung solcher Aspekte erkennen. Als Zeichen hierfür kann z. B. die Bereitstellung von Programmentwicklungssystemen unter Berücksichtigung moderner Hochsprachen (ADA) für Hochleistungsmikroprozessoren (32 Bit Wortbreite, autonome Verarbeitungseinheiten usw.) bei deren gleichzeitigem Preisverfall gesehen werden. Eine anderer Weg ist auch die Entwicklung eines verteilten Echtzeitsimulationssystems, das in der Lage ist, Regler als Modelle zu verarbeiten und deren Ergebnisse an den Prozeß auszugeben. Die für die Darstellung der Simulationsergebnisse notwendige Graphik wäre für Prozeßgraphiken zu erweitern.

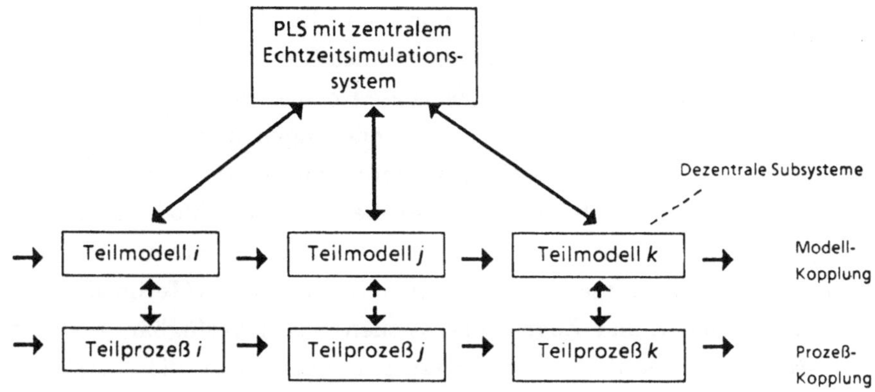

Bild 4.6: Dezentrale Simulation

4.1.4.5 Anmerkungen

Die Kenntnis der systematischen Meßfehler und deren Korrektur ist vorauszusetzen. Über eine Redundanz in den Meßwerten und Meßgrößen sind Fehlmessungen erkennbar oder auch korrigierbar. Plausibilitätsprüfungen sind allgemein für die Meßwerte durchzuführen. Durch eine Redundanz in den Messungen können stochastische Fehler über statistische Ausgleichsrechnungen (Filterung) behoben bzw. deren Einfluß gemindert werden. Die Abtastzeitpunkte für die Meßwerterfassung sind bei Beobachtermodellen in der Regel äquidistant. Das PLS/PIS muß deshalb eine Parametrisierung der Meßwerterfassung nach modellspezifischen Kriterien ermöglichen.

Damit das Modellverhalten konsistent zum Verhalten des realen Prozesses ist, müssen alle Eingriffe in den Prozeß auch auf das Modell übertragen werden. Dies setzt aber voraus, daß alle Eingriffe oder Veränderungen im Prozeß informationell erfaßt werden und dem Simulationssystem zu Verfügung stehen. Statusänderungen im Prozeß sind als Ereignis (Prozeßereignisse) dem PLS/PIS und dem Simulationssystem als gesamtes zu melden (Interruptquelle). Benutzereingriffe sind auf den Prozeß und auf das Modell zu übertragen. Die Eingriffe sind eventuell anhand von Informationen aus dem Prozeß vorher zu verifizieren, d. h. es werden nur Prozeßereignisse gemeldet (eingetretenes Ereignis). Eine wesentliche Voraussetzung ist also, daß Eingriffe in den Prozeß und Ereignisse im Prozeß zur Konsistenzsicherung informationsmäßig zugänglich sind und auf das Modell übertragen werden.

Grundsätzlich erfolgt bei der konzeptionell eingebetteten und verteilten Simulation die Meßwertvorverarbeitung und die Parameteranpassung ebenfalls verteilt. Eine zentrale Komponente des Gesamtsystems bildet die gemeinsame informationelle Datenbasis. Diese Komponente erhält alle Meß- und Simulationswerte, alle Parameterwertänderungen und Informationen über aufgetretene Prozeßereignisse. Des weiteren informiert sie alle abhängigen Funktionen (hierarchisch höherwertige) über eventuelle Modellzustandsänderungen (Konsistenzsicherung). Bei den verteilt gerechneten Teilmodellen können die Ergebnisse durch eine virtuelle Datenbasis (Teilmodell mit Kurzzeitdatenspeicher und Zugriffsoperationen) lokal verfügbar gemacht werden. Ein verteiltes Realzeitbetriebssystem unterstützt diese Art der Simulation, ist aber nicht unbedingt notwendig. Die wesentlichen Komponenten sind die Teilmodelle, eine Ablaufsteuerung, Integrationsmethoden, Kommunikationsmodule und Fehlerbehandlungsroutinen.

Bei der verteilten Ausführung von über nichtmeßbaren Prozeßgrößen gekoppelten mathematischen Modellen ergeben sich jedoch Probleme (siehe Abschnitt 4.1.3.1). Bei Prozeßmodellen mit ausschließlich meßbaren Eingangsgrößen treten solche Probleme nicht auf. Diese sind immer numerisch entkoppelt rechenbar. Bei teilweise meßtechnischer Erfassung der Prozeßgrößen ergibt sich ebenfalls eine mathematische Kopplung. Beispielsweise müssen bei Messung des Volumenstromes zwischen zwei Apparaten ohne Meßbarkeit der Stoffkonzentrationen beide Apparatemodelle als mathematisch gekoppelte Teilmodelle gerechnet werden.

Wird die Kommunikation zwischen verteilt gerechneten Modellen über logisch eigenständige Module (Betriebssystemfunktion oder Simulationssystemfunktion) mit deterministischem Antwortverhalten abgewickelt, so ist die logische Struktur des modularen und verteilten Systems äquivalent zu einem modularen, aber zentralen System, das auf einem Monorechner mit einem Echtzeitbetriebssystem abläuft. Das bedeutet, daß die Entwicklung und der Test eines verteilten Echtzeitsimulationssystems auf einem Monorechner erfolgen kann. Diese logische Äquivalenz bietet sich als Basis einer Entwicklungs- und Testumgebung für Echtzeitmodelle an.

4.1.4.6 Modellvoraussetzungen

Zur *Zustandsbeobachtung* muß das mathematische Modell die nichtmeßbaren, aber für die Prozeßführung relevanten Größen in einer beobachtbaren Form (/Unbehauen 1983/ Seite 129, /Föllinger 1979/) enthalten (Modell als Gleichungssystem muß nach den interessierenden Größen mathematisch eindeutig auflösbar sein). Der Korrekturterm im Modell paßt anhand der meßbaren Prozeßgrößen die Parameter so an, daß die Modellwerte der nichtmeßbaren Prozeßgrößen den realen Werten entsprechen. Die Regelalgorithmen einzelner Apparate können als Teilmodelle mitmodelliert und ausgeführt werden.

Zur *Parameteridentifikation* müssen die Größen sowohl beobachtbar als auch steuerbar sein (Identifikationsproblem /Wunsch 1986/). Die Beobachtbarkeit und die Steuerbarkeit ist bei den geregelten Größen gegeben. Für die anderen Prozeßgrößen kann dies durch entsprechende Modellansätze, Hilfsgrößen und Meßorte ebenfalls erreicht werden (siehe etwa /Lappus 1983/). Außerdem sind die potentiellen Parametersätze hierarchisch zu ordnen. Die erste Stufe anzupassender Parameter enthält solche, die keinen realen physikalischen Hintergrund haben, also mehrere unterschiedliche Effekte in sich vereinigen. Die zweite Stufe stellt Parameter dar, die zwar physikalisch fundiert, aber nicht exakt berechenbar sind. Über Sensitivitätsanalysen sind die potentiell anzupassenden Parameter zu ordnen, um eine mengenmäßig beschränkte Auswahl treffen zu können. Der Aufbau des mathematischen Modells erfolgt nach der Prozeßtopologie, d. h. Modelle von entkoppelten Teilprozessen (Batchbetrieb) und Teilmodelle mit vollständig meßbaren Eingangsgrößen werden als separat ausführbare Modelle verwaltet.

4.2 Prozeßprognose

Um die Auswirkungen von erkannten Störungen vorhersehen oder die Auswirkungen von Bedienereingriffen bzgl. der richtigen Führungsstrategie bewerten zu können, ist das zukünftige Prozeßverhalten, ausgehend vom aktuellen Prozeßzustand mit Hilfe eines Prozeßmodells, zeitlich voraus zu berechnen (Prognosesimulation). Bei eingetretenen Störungen kann anhand einer Prognose berechnet werden, ob Apparate im nachfolgenden Prozeßbereich bzgl. ihres Arbeitspunktes verändert werden müssen, oder ob sie bzgl. der vorliegenden Störungen nichtsensitiv sind (z. B. bei ausreichender Pufferwirkung). Sind im Prognosemodell auch Alterungseffekte (Verschmutzungen) z. B. durch zeitvariante Parameter nachgebildet, so erlaubt eine zyklisch durchgeführte Prognose deren Auswirkungen zu erkennen und zu berücksichtigen.

4.2.1 Umfang und Aufbau des Prognosemodells

Das Prognosemodell kann einen beliebigen Teil des Gesamtprozesses umfassen. Sinnvollerweise wird das ein stark abgeschlossener Anlagenteil mit wenigen rückgeführten Ausgangsgrößen sein, welche die Anfangswerte der Eingangsgrößen verändern können. Bei chargenweise betriebenen Prozeßteilen (Batchbetrieb von Teilprozessen) entspricht das Prognosemodell dem Umfang des entsprechenden Teilprozeßmodells. Das Prognosemodell (Teilmodell TM_i) beinhaltet alle den Anlagenteil betreffende Regelalgorithmen, Meß- und Stellglieder als Teilmodelle (TM_{i-1}). Meßtechnisch voll erfaßbare Prozeßteile, die für das Beobachtungsmodell nicht modelliert wurden, müssen für die Prognose des Anlagenbereiches, der sie umfaßt, modellmäßig vorhanden sein. Meßtechnisch erfaßbare und im Modell nicht nachgebildete Größen müssen entweder in ihrer Dynamik beschrieben oder bei zeitlich vernachlässigbarem Übergangsverhalten zentral berechnet und den Prognosemodellkomponenten zur Verfügung gestellt werden. Das Prognosemodell basiert auf der aktuellen Modellstruktur, den aktuellen Parameter- und den aktuellen Variablenwerten und prognostiziert alle abhängigen Prozeßgrößen bzgl. ihres zeitlichen Verlaufes. Die Ausgangsgrößen von nicht im Prognosemodell erfaßten Teilmodellen werden als Eingangsgrößen des Prognosemodells als konstant gesetzt oder auch vom Bediener variiert. Die für die Prozeßbeobachtung eingesetzten Teilmodelle mit interner oder externer Adaption sind ohne Parameteradaptionsterme für die Prognose zu verwenden.

Sind Regelalgorithmen eingesetzt, die auf Werte von stark vereinfachten adaptiven Modellen angewiesen sind, so müssen diese Regler zur vollständigen Nachbildung des Wirkungskreises mit den vereinfachten Modellen an die Prozeßmodelle gekoppelt werden (Bild 4.7).

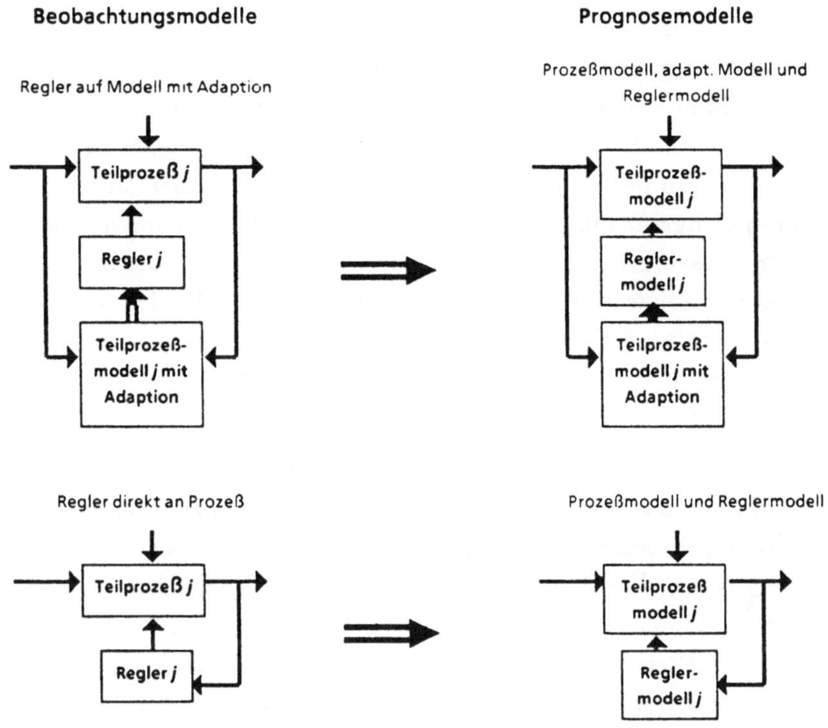

Bild 4.7: Beobachtungs- / Prognosemodell

Anmerkung: Wird ein Regler zusammen mit einem Beobachtermodell betrieben, so könnte natürlich das Prognosemodell nur aus dem Beobachtermodell und dem Regelalgorithmus bestehen. Dies setzt aber voraus, daß das für den Regler eingesetzte Beobachtermodell strukturell mit dem für die Prozeßbeobachtung notwendigen (damit auch für die Prognose notwendigen) Modell übereinstimmt. Da im allgemeinen die Reglerbeobachtermodelle von stark vereinfachter Struktur sind (z. B. ordnungsreduzierte Modelle), wird dies in der Regel nicht möglich sein.

4.2.2 Ablauf der Prognosesimulation

Die Prognose startet zu einem gegebenen Zeitpunkt (zyklisch automatisch, per Bedieneranforderung oder nach einer Störungserkennung) und rechnet eine vorgebbare Zeit in die Zukunft. Die Modellausführung läuft dabei mit der maximalen Schnelligkeit ab. Bei einer für das Verhalten von Teilprozessen relevanten Zeitdauer von mehreren Stunden sollte die notwendige Rechenzeit im Minutenbereich liegen (Faktor 1:30 bis 1:50). Um solche Rechengeschwindigkeiten zu erreichen, sind modulare Integrationsverfahren auf Mehrprozessorsystemen (MIMD) einzusetzten. Die Simulation ist jederzeit unterbrech- und fortsetzbar. Der Bediener kann die Prognosesimulation auf beliebige schon berechnete Prognosewerte aufsetzen oder Modellgrößen modifizieren (Eingriffe tätigen). Die Prognosesimulation ist von der Darstellung der Prognoseergebnisse algorithmisch entkoppelt, d. h. die Darstellung wird von einem separaten Rechenprozeß durchgeführt. Analog der Prozeßbeobachtung werden die Prognosewerte in eine Datenbasis geschrieben und mit Hilfe einer graphischen Schnittstelle entsprechend der Bedieneranforderung zeitlich und modellräumlich graphisch dargestellt.

Bei Änderungen im Prozeß, die das Prognosemodell strukturell oder signifikant in den Parameterwerten verändern, muß die Prognose als inkonsistent zum Prozeß abgebrochen werden. Die Bewertung der Konsistenz des Prognosemodells ist auf der Basis der Beobachtungsmodelländerungen (events, Parameteradaptionen) durchzuführen. Bei einer modellexternen und einer modellinternen (Beobachter) Parameteranpassung kann eine vollständige Konsistenzprüfung nur auf der Basis der in der Datenbasis vorliegenden Parameterwerte und unstetigen Zustandswertveränderungen vorgenommen werden. Dabei sind aber nur die das Prognosemodell betreffenden Werte zu überprüfen Es muß also eine teilmodellorientierte Selektion des zu betrachtenden Modellumfangs zum Erhalten prognosemodellrelevanter Daten durchgeführt werden. Dies ist über einen Modul in der Datenbasis möglich, der den Umfang des Prozeßmodells kennt und zyklisch mit einer Meldung an die Prognose-Simulation die neuen Werte prüft.

4.1.2.3 Ergebnisbewertung der Prognose

Die Prognose soll den Bediener bei der Prozeßführung durch die Vorhersage des Prozeßverhaltens unterstützen. Die Bewertung des zukünftigen Verhaltens muß genau wie der reale Prozeß von Komponenten des PIS/PLS durch Überprüfen der virtuellen Prozeßzustände auf Bereichsüberschreitungen (mit Meldung) erfolgen. Des weiteren sind für den realen Prozeß gedachte Eingriffe durch die Prognose ihrer Auswirkungen bzgl. ihrer Güte bewertbar. Dies bedeutet eine wesentliche Unterstützung der Bediener bei der Auswahl von entsprechend notwendigen Prozeßeingriffen.

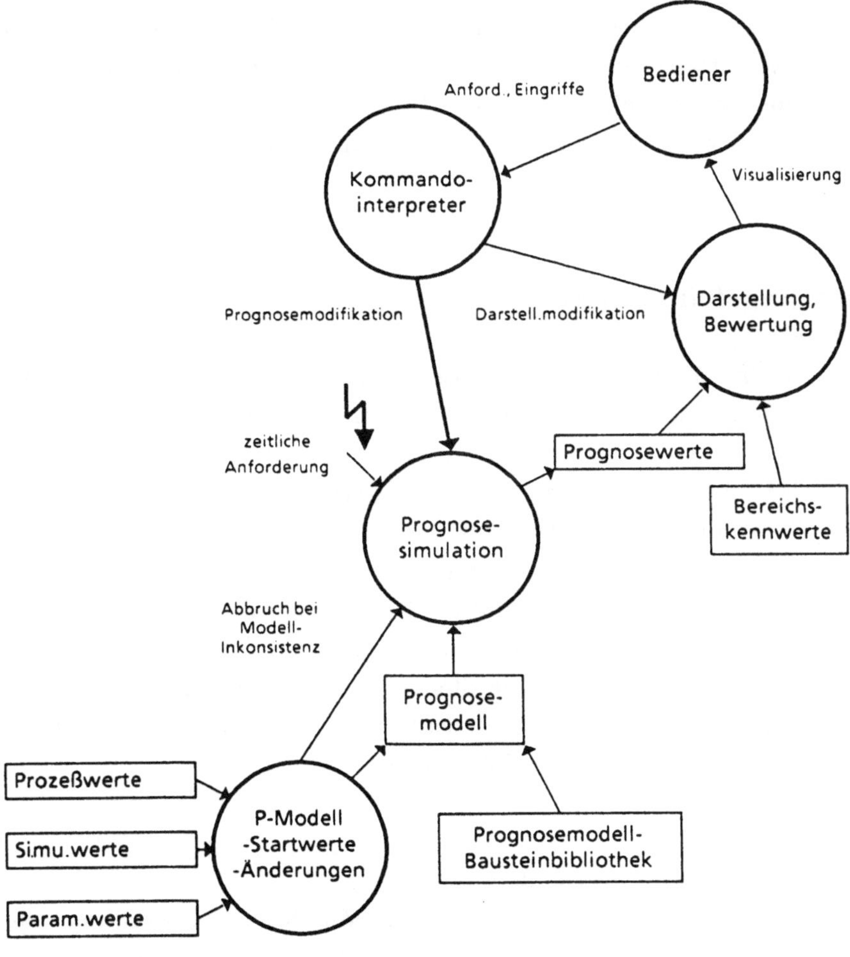

Bild 4.8: Struktur der Prognosesimulation

Zur Darstellung sind die gleichen Prozeßbilder wie bei der Prozeßbeobachtung in der Leitwarte zu verwenden. Entsprechend den Anforderungen an die Prognosesimulation (Inanspruchnahme) kann als Basis ein dediziertes Rechnersystem eingesetzt werden, das ausschließlich Prognoseberechnungen und die entsprechende Darstellung durchführt. Eine Möglichkeit ist, die Prognosedaten als Prozeßwerte einer virtuellen Anlage parallel neben den realen Prozeßwerten vom PLS/PIS verarbeiten und darstellen zu lassen. Eingriffe in das Prognosemodell würden dann als Eingriffe in den virtuellen Prozeß über das PLS/PIS erfolgen. Leistungsmäßig müßte das eingesetzte PLS/PIS für eine größere Anlage konfiguriert werden. Diese Art der Prognose wirft aber einige Probleme bzgl. der logischen Trennung von allen Prozeßwerten auf. Des weiteren bleibt die Frage, ob das PLS/PIS die höhere Dynamik der Prognose verarbeiten kann. Aus den hier angeführten Gründen ergibt sich, daß die Prognose als logisch und physikalisch vollkommen getrenntes Subsystem realisiert werden sollte. Bild 4.8 zeigt die logische Struktur eines solchen autonomen Prognosesystems.

4.3 Störungsfrühdiagnose

Die Störungsfrühdiagnose dient dazu, sich anbahnende Störungen im Prozeß frühzeitig zu erkennen, den ursächlichen Ausgangspunkt der Störung zu bestimmen und Gegenmaßnahmen (Therapie) zu ermöglichen. Die herkömmliche Fehler- oder Störungsdiagnose beginnt erst nach einem eingetretenen Fehler. Sie ermittelt anhand von Istwerten und funktionalen Abhängigkeiten die Fehlerursache. Das Ergebnis der Diagnose wird dem Bediener mitgeteilt. Im Gegensatz hierzu beginnt die Fehler- oder Störungsfrühdiagnose vor dem Eintritt eines Fehlers. Die Grundlage einer Störungsfrühdiagnose sind also nicht schon eingetretene Störungen, sondern Hinweise auf möglicherweise auftretende Störungen (Trends usw.). Die grundsätzliche Prozeßüberwachung läßt sich also in die Funktionen
- Störungsüberwachung,
- Fehlerdiagnose und
- Fehlerfrüh- bzw. Störungsfrühdiagnose
einteilen (Fehlerfrühdiagnose analog der Maschinenüberwachung nach /Schneider-Fresenius 1985/). Die Störungsfrühdiagnose auf der Basis mathematischer Modelle erfordert zwar die umfangreichsten Berechnungen, ihre

Einsatzfähigkeit wurde aber schon in verschiedenen Anwendungsgebieten mit Erfolg bestätigt (z. B. /Schuler 1982/, /Lunderstädt 1985/).

Die Prozeßbeobachtung liefert nicht nur alle statischen Werte der für die Prozeßführung notwendigen Prozeßgrößen, sondern auf der Basis der mathematischen Modelle auch deren aktuelle Dynamik und wechselseitige Beeinflussung. Diese Werte stellen in ihrer Summe die Basis für eine Störungsfrühdiagnose (SFD) dar. In /Schuler 1982/ wird durch den Vergleich von einem den Normalzustand beschreibenden Modell und einem den Normalzustand und den Gefahrenzustand beschreibenden Modell über Klassifikatoren ein Zustandsindikator berechnet, der aussagt, in welchem Bereich der Prozeß (chemischer Reaktor) sich befindet. In dieser Art der Störungsfrüherkennung laufen beide Modelle nebeneinander parallel, was natürlich einen hohen Berechnungsaufwand erfordert. Allgemein lassen sich also, ob in einem Modell erfaßt oder nicht, unterschiedliche Bereiche definieren, in denen sich der Prozeß befinden kann. Erkannt werden muß im wesentlichen zuerst die Tendenz auf den nicht erwünschten Bereich und dann, ob Größen die Bereichsgrenzen überschreiten werden oder nicht. Auf der Basis der statischen und dynamischen Prozeßwerte (Modellwerte) und der Bereichsdefinitionen sind also Störungen frühzeitig zu erkennen und über eine Bestimmung der Ursachen zu beheben. Prinzipiell kann eine erkannte Störung neben der Therapie auch eine Prognoseanforderung auslösen, um die Auswirkungen im nachfolgenden Prozeßbereich zu erkennen (Arbeitspunktverschiebung, Stabilität).

4.3.1 Störungsfrüherkennung

Die Definition von zulässigen und nichtzulässigen Prozeßbereichen kann durch die Festlegung von statischen Werten für die jeweiligen Prozeßgrößen erfolgen. Der zulässige Wertebereich kann nochmals in einen normalen Arbeitsbereich und in mehrere Grenzbereiche unterteilt sein. Für die nachfolgenden Überlegungen sei die folgende Unterteilung nach Bild 4.9 zugrundegelegt:
- der normale Betriebsbereich um den Sollwert (SB)
- der erste, noch zulässige Grenzbereich (GB1)
- der zweite, kritische Grenzbereich (GB2) und der kritische und nichtzugelassene Bereich (KB).

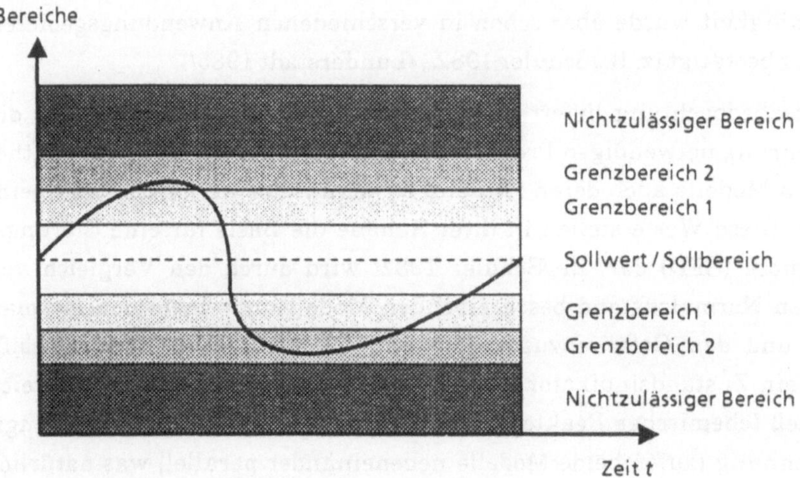

Bild 4.9: Mögliche Bereichsunterteilungen

Die Prozeßbeobachtung mit mathematischen Modellen liefert die Zeitreihe der einzelnen Größen, ihre Änderungsraten (1. Ableitung nach der Zeit) und über die Funktionalmatrix oder den Differenzenquotient die 2. Ableitung nach der Zeit. Mit der Zustandsraumdarstellung eines Prozesses

$$\frac{dx(t)}{dt} = f(x(t), u(t), x(t_0)) \quad , \quad x \in \mathbb{R}^n \; , \; u \in \mathbb{R}^p \qquad (4.3-1)$$

$$y(t) = Cx(t) \quad , \; y \in \mathbb{R}^q \qquad (4.3-2)$$

und

ergibt sich die 1. Ableitung nach (4.3-1) und die 2. Ableitung formal zu

$$\frac{d^2 x(t)}{dt^2} = \frac{d\, f(x(t),\, u(t))}{dt} \qquad (4.3-3)$$

Über den Differenzenquotient definiert sich die 2. Ableitung zu

$$\Delta^2 = \frac{\dfrac{dx(t_2)}{dt} - \dfrac{dx(t_1)}{dt}}{t_2 - t_1} = \frac{f(x(t_2),\, u(t_2)) - f(x(t_1),\, u(t_1))}{t_2 - t_1} \quad . \quad (4.3-4)$$

Mit Hilfe dieser Werte läßt sich das Verhalten einer Größe bzgl. der Bereiche sowohl statisch als auch dynamisch bewerten. Die 1. Ableitung ergibt die Richtung der Änderung im momentanen Zustandspunkt, also den Trend der Größe an. Eventuell sind hierzu auch höherfrequente Anteile auszufiltern, um eine eindeutige Aussage treffen zu können (z. B. Einhüllende berechnen). Innerhalb des normalen Bereiches (SB) ist eine dynamische Analyse nicht notwendig. Erst falls dieser Bereich verlassen wurde, was über eine rein statische Prüfung feststellbar ist, muß eine dynamische Bewertung der Größe stattfinden. Das heißt, es muß ermittelt werden, ob

- der Wert von dx/dt bezogen auf die Richtung zum GB2 positiv ist (Mitkopplung, positive Rückkopplung), also die Gefahr des Verlassens von GB1 besteht, und

- inwieweit die 2. Ableitung eine Abnahme des Trends derart zeigt, daß der GB1 nicht überschritten wird und damit ein stabiler Arbeitspunkt vorliegt.

Unter einem stabilen Arbeitspunkt soll hier der Wert einer Größe verstanden werden, zu dem diese Größe bei bestimmtem Störungsumfang ohne Verlassen des noch zulässigen Bereiches GB1 zurückkehrt (Einzugsbereich eines lokal stabilen Zustandspunktes /Föllinger 1979/). Bleibt eine Größe innerhalb des noch zulässigen Bereiches GB1 und kehrt zum Sollbereich SB zurück, so ist kein Eingriff des Bedieners notwendig.

Bei der Störungsfrüherkennung muß beachtet werden, daß transiente Störungen nur bis zu der von der Abtastrate vorgegebenen Grenzfrequenz im Modell überhaupt erfaßt werden können. Entsprechend der Dynamik und der Sensitivität des einzelnen Apparates kann jedoch eine Grenze definiert werden, oberhalb derer transiente Störungen auch aufgrund ihrer physikalisch begrenzten Amplitude und den verzögernden Eigenschaften eines Apparates seinen Zustand auf der Ebene der verfahrenstechnisch relevanten Funktion (makroskopisch) nicht beeinflussen. Wird die 2. Ableitung analytisch aus dem mathematischen Modell berechnet, so verfälschen, im Gegensatz zur Berechnung aus Meßwerten, keine hochfrequenten Störungen den Differenzenquotienten. Neben transienten Störungen (z. B. Druckschwankungen) kann es auch zu sprungartigen (Ventil öffnen) und integralen (Alterung) Störungen kommen. Bei sprungartigen Störungen der Eingangsgrößen hängt die Veränderung des Apparatezustandes von mehreren Faktoren ab (Regelkonzepte), auf jeden Fall erfolgt eine Verschiebung des momentanen Arbeitspunktes (z. B. Verschiebung des Konzentrationsprofils in einer Extraktionskolonne). Da im Normalfall die Eingangsgrößen geregelt sind (Feedback), klingen solche Störungen wieder ab und der Apparat läuft wieder in den Bereich des stabilen Arbeitspunktes (Übergangsverhalten). Falls das Puffervermögen des Apparates zu klein ist, entsteht bei den nachfolgenden Apparaten ebenfalls eine Störung, die den Arbeitspunkt verschiebt. Zu einer integralen Störung (langsam ansteigend) führen Alterungserscheinungen, die den Arbeitspunkt eines Apparates stetig verschieben.

4.3.2 Störungsdiagnose

Besteht die Gefahr des Verlassens des noch zulässigen Betriebsbereiches GB1, so könnte entweder eine Maßnahme entsprechend dem Betriebshandbuch oder dem mentalen Modell des Bedieners durchgeführt werden. Da aber nicht alle kausalen Zusammenhänge in einem Betriebshandbuch

- beschreibbar sind,
- auch nicht immer entsprechend dem Erscheinungsbild der Störung zuge-ordnet werden können (Einsatzziel von Expertensystemen) und
- das mentale Modell des Bedieners weder vollständig noch korrekt sein kann,

sollten durch eine rechnergeführte Störungsdiagnose die Ursachen eindeutig ermittelt werden und darauf aufbauend ein Eingriffsvorschlag erfolgen. Da das Verlassen des noch zulässigen Bereichs rechnerisch im voraus ermittelt wird, bleibt bei langsamen Prozeßänderungen genügend Zeit, um den Eingriffsvorschlag durch eine kurzzeitige Prognose in seiner Effizienz zu bewerten.

Als Basis einer Störungsdiagnose bietet sich die qualitative und quantitative Beschreibung des Prozesses in Form seiner mathematischen Modelle an. Ausgehend von der abweichenden Größe kann über die im mathematischen Modell definierten Relationen geprüft werden,

- ob eine bestimmte beeinflußende Größe ihren Wert verändert hat,
- ob die Akkumulation von geringen Änderungen mehrerer Größen bei gleichem Vorzeichen der Wirkungsfaktoren der Grund ist oder
- ob Parameterwerte (Wirkungsfaktoren) ihren Wert verändert haben (z. B. Alterung).

Bei der Diagnose werden im mathematischen Modell definierte Relationen verwendet, um ausgehend von der gestörten Größe die Störungsursache zu finden (backtracking im mathematischen Modell). Die Betriebskennwerte und die aus der Prozeßsynthese berechneten Sollwerte der Betriebsparameter zusammen mit den aktuellen Prozeßwerten ermöglichen eine quantitative

Bewertung des Prozeßzustandes. Die die Störungsfrühdiagnose ein teilsystemspezifischer Vorgang ist und Störungsauswirkungen apparatespezifisch vorausberechnet werden, bietet auch hier die *modulare Modellierung* mit einer teilmodellorientierte Simulation grundsätzliche Vorteile.

4.1.4.3 Störungstherapie und Erfolgsbewertung

Wird eine Störung frühzeitig erkannt und ihre Ursachen ermittelt, so können entsprechende Maßnahmen rechtzeitig eingeleitet werden. Damit erhöht sich die Verfügbarkeit, die Sicherheit und die Wirtschaftlichkeit einer technischen Anlage. Die eingeleiteten Maßnahmen können dabei einfache Parameteränderungen, Prozeßstrukturänderungen wie z. B. Geräteumschaltungen, den Rework von Prozeßprodukten oder letztendlich das Abfahren von Prozeßbereichen umfassen. Eine Kurzzeitprognose mit Berücksichtigung des geplanten Eingriffes erlaubt eine Bewertung der Zielgrößen. Der Erfolg einer Maßnahme läßt sich so ansatzweise im voraus überprüfen. Weitere Kurzzeitprognosen können als sukzessive Erfolgskontrollen bzgl. der Einhaltung der Sollbereiche durchgeführt werden.

Diese Aufzählung und auch der Gesamtkomplex der SFD soll nicht weiter detailliert werden. Als wesentliche Anforderung für die Störungsfrühdiagnose ergibt sich die komponentenweise Verfügbarkeit der Prozeßmodelle in mathematischer (symbolisch) und numerisch ausführbarer Form. Eine weitere Ausarbeitung dieser Thematik soll hier nicht erfolgen.

4.4 Zusammenfassung

Neben den bisher dargestellten Einsatzgebieten mathematischer Modelle, der Prozeßbeobachtung, der Prozeßprognose und der SFD, sollen noch die Bedienerschulung und die PLS/PIS-Entwicklungsunterstützung angesprochen werden.

Bedienerschulung:
Bei der Bedienerschulung wird ein mathematisches Modell anstelle des realen Prozesses eingesetzt. Dieses Trainingsmodell hat
- alle Prozeßkomponenten zu umfassen und
- darf keine auf reale Meßwerte aufsetzende Algorithmen (Adaptionsverfahren o. ä.) beinhalten.

In beiden Fällen ist zu sagen, daß die Prozeßmodellkomponenten mengenmäßig die gleichen sind wie bei der Prozeßprognose. Das Prognosemodell ist also voll für die Bedienerschulung einsetzbar. Die Ablaufsteuerung der Simulation ist jedoch zu modifizieren. Ein weiterer Gesichtspunkt ist, daß auch die Prognosesimulation bzgl. ihres Einsatzes trainiert werden sollte. Dies bedeutet, daß auch die Prognose als Teil des Bedienerschulungssimulators vorhanden sein muß. Analog der Prozeßprognose kann die Bedienerschulung auf spezifische Prozeßbereiche beschränkt bleiben.

PLS/PIS-Entwicklungsunterstützung:

Für die Entwicklung von PLS/PIS kann die Prozeßsimulation eine vom Datenaufkommen und der Prozeßdynamik realistische Systemtestumgebung bieten. Dabei kann die Schnittstelle zwischen Simulation und PLS/PIS auf der rein logischen Ebene (Modell auf gleichem Rechner), auf einer physikalischen, aber nicht prozeßadäquaten Ebene (z. B. digitale Kopplung) oder auf der realen, prozeßgleichen Ebene (z. B. D/A-Wandlung und A/D-Wandlung) erfolgen. Für eine etwas detailliertere Darstellung der letztgenannten Einsatzgebiete sei auf /Keller 1985/ verwiesen.

Strukturdefekte im Modell:

Zum Schluß dieses Abschnittes sei noch auf einen Aspekt mathematischer Modelle hingewiesen, der hier aber weder vollständig noch eindeutig dargelegt sein will. Durch nicht exakt modellierbare Phänomene besitzen die mathematischen Modelle strukturelle Defekte, d. h. im Modell fehlen

Relationen zwischen realen physikalischen Größen oder Relationen unterschiedlicher physikalischer Art (z. B. nur bereichsweise gleiche Vorzeichen der Wirkungsfaktoren) sind nur durch eine Relation nachgebildet. Diese Strukturdefekte können zu Inkonsistenzen zwischen Modell und Prozeß führen, welche mit Hilfe der Parameteranpassung nicht einwandfrei aufgefangen werden können (siehe z. B. /Lachmann 1986/). Das Modell liefert also inkorrekte Aussagen. Ein Erkennen dieser Fehler und die strukturelle Anpassung der Modelle würde nicht nur diese Gefahr unterbinden, sie könnte sogar zu einer Erkenntnisgewinnung über die zugrundeliegenden Wirkungsgefüge führen.

Obwohl diese strukturelle Anpassung mathematischer Modelle noch nicht wissenschaftlich ausgearbeitet ist und im Rahmen dieser Arbeit auch nicht ausgearbeitet wird, soll kurz die zugrundeliegende Idee als Anstoß für weitere Untersuchungen skizziert werden. Die Parameteranpassung versucht das Modell immer optimal an den Prozeß zu adaptieren. Das Ergebnis sind sich stetig ändernde Parameter infolge Abweichungen der Modellwerte von den Prozeßwerten. Die Idee ist, daß sich strukturelle Defekte des Modells durch bestimmte Änderungsraten und -formen der Parameterwerte infolge der Anpassung äußern. Durch eine Analyse der Parameterwertänderungen sind solche Strukturdefekte möglicherweise zu erkennen. Die vorhandene Modellstruktur, d. h. die verwendeten Modellansätze müssen zuerst auf ihre Gültigkeit untersucht werden. Die nächste Stufe ist die on-line Modifikation der Teilmodelle zur Beseitigung der strukturellen Defekte. Dies stellt allerdings bestimmte Anforderungen an die verwendete Datenstruktur der Teilmodelle (programmtechnische Realisierung) oder aber an Betriebssystemprogramme (on-line Programmtausch). Diese strukturelle Modellanpassung ist nicht gleichzusetzen mit der Anpassung des Ein-/Ausgangsverhaltens eines Systems über eine Ordnungserhöhung des zugehörigen Differentialgleichungssystems (Übertragungsfunktion). Die Anzahl der zusätzlich möglichen Relationen (Strukturdefekte) wird durch Berücksichtigung der geographischen Lage der einzelnen physikalischen Größen und der physikalisch möglichen (sinnvollen) Kopplungen stark eingeschränkt. Nur in direkter örtlicher Nachbarschaft gelegene Größen mit physikalisch möglichen Kopplungen können zusätzliche Relationen zur Folge haben. Die potentiellen Relationenen sind in einer Verknüpfungsmatrix gut darzustellen.

Außerdem kann durch die Dokumentation von in der Modellierungsphase als unwesentlich betrachteten und vernachlässigten Kopplungen zwischen physikalischen Größen (z. B. Temperaturanstieg aufgrund chemischer Reaktion) die Auswahl potentieller Einflüsse in hohem Maße unterstützt werden. Eventuell ist hierzu in der Modellierungsphase ein System einzusetzen, das mögliche physikalische Wechselwirkungen kennt und vom Modellierer eine Begründung für die Vernachlässigung derselben verlangt und auch dokumentiert. Im Betrieb sollten Modifikationen am Modell (Parameter und Struktur) protokolliert werden, um eine nachträgliche Analyse zu ermöglichen und um den Validitätsgrad des Modells erhöhen zu können.

Abschließend sei noch einmal darauf hingewiesen, daß die höherwertigen Funktionen (z. B. Prognose) nur auf der Grundlage einer umfassenden Prozeßbeobachtung über mathematische Modelle realisierbar sind. Die mathematischen Modelle müssen bzgl. ihres Detaillierungsgrades den prozeßtechnischen Anforderungen entsprechen. Dies gilt auch für die Prognose von meßtechnisch voll erfaßbaren Prozessen. Da die Modellierung grundsätzlich ein komplizierter, iterativer und aufwendiger Vorgang ist, kann sie nur mit einer extensiven Rechnerunterstützung wirtschaftlich vertreten werden. Aus diesem Grund werden im nächsten Kapitel die Anforderungen an eine rechnergestützte Modellierung von komplexen Systemen für den Einsatz unter Echtzeitbedingungen definiert.

5 Anforderungen zur Modellierung

Die Synthese verfahrenstechnischer Prozessse erfordert eine genaue Kenntnis und Beschreibung der physikalisch-chemischen Gegebenheiten, um eine hohe Produktqualität zu erreichen. Die mathematische Formulierung einzelner Vorgänge ergibt dadurch umfangreiche Modelle. Außerdem ist aus wirtschaftlichen und ökologischen Gründen eine Rückgewinnung und Mehrfachverwendung der eingesetzten Hilfsstoffe notwendig. Dies macht zusätzliche Hilfsprozesse nötig und führt zu einer Erhöhung der internen Kopplungen des Gesamtprozesses. Die resultierende Prozeßdynamik ist weder analytisch zu berechnen, noch von einem Bediener gedanklich zu erfassen. Zur Führung solcher verkoppelter Prozesse müssen deshalb verstärkt mathematische Hilfsmittel eingesetzt werden.

Die bisher existierenden Programmsysteme besitzen für die Modellierung solcher großen technischen Systeme (large scale systems) erhebliche Schwachstellen. Sie unterstützen den gesamten Ablauf von der Modellerstellung bis zum problemspezifischen Modelleinsatz nicht in einer der Systemkomplexität angepaßten Weise. Erweiterungen in Form von Prä- und Postprozessoren (Modellierungswerkzeuge, graphische Programme) führen zu Gesamtsystemen mit uneinheitlicher Bedienoberfläche und sind für den vorliegenden Modelleinsatzbereich nicht verfügbar (siehe z. B. /Cellier 1983/). Die interne Struktur dieser Programmsysteme entspricht auch nicht den vorliegenden Problemstellungen (z. B. rein sequentielle Systeme) und außerdem sind Echtzeiteigenschaften der mathematischen Modelle (externe Ereignisse, Prozeßkopplungen) nicht formulierbar. Die Anforderungen sind nur durch ein konzeptionell neues System erfüllbar, das zwar die Vorteile und Erfahrungen bisheriger Systeme berücksichtigt, aber ansonsten eine nicht vergleichbare interne Struktur (z. B. parallele Prozesse) besitzt. Diese Gesamtstruktur und die Realisierung der Datenobjekte ermöglicht eine leichte Erweiterbarkeit und die Integration von Entwicklungen in Richtung reglerentwurfsunterstützender Systeme (CACSD - Computer-Aided-Control-Systems Design /Rimvall 1985/).

5.1 Phasenstruktur der Simulation

Bei der Durchführung einer Simulation lassen sich grundsätzliche und immer wiederkehrende Teilschritte erkenne, die drei aufeinanderfolgenden Phasen zuzuordnen sind (Bild 5.1):

Phase 1: die Problemdefinition

Phase 2: die Modellierung und

Phase 3: die problemspezifische Simulation.

Siehe hierzu z. B. /Zeigler 1979/, /Spriet 1982/, /Trauboth 1983/.

Phase 1: In der Problemdefinitionsphase werden die Problemstellung exakt definiert und die Ziele der vorzunehmenden Untersuchung spezifiziert. Außerdem ist der Umfang des zu untersuchenden Systems festzulegen. Bei hypothetischen Systemen ist der auf elementare Funktionen abbildbare Leistungsumfang zu beschreiben. Aus der Problem- und der Zieldefinition leiten sich die durchzuführenden Simulationsexperimente ab (Projektdefinition). Teil der Projektdefinition ist auch die Spezifikation der für die Modellierung und Validierung notwendigen Daten und der hierfür notwendigen Quellen.

Phase 2: Das Ziel der Modellierungsphase ist die ausführbare, programmtechnisch realisierte und verifizierte mathematische Formulierung der dem betrachteten System zugrundeliegenden Gesetzmäßigkeiten. Hierzu wird das zu modellierende System in Subsysteme zerlegt. Diese Zerlegung ist ein iterativer Vorgang, der so lange fortgeführt wird, bis eine Ebene mit umfangmäßig handhabbaren Systemkomponenten erreicht ist. Diese Subsysteme werden nun entsprechend ihren relevanten Eigenschaften mit mathematischen Methoden beschrieben. Die Vorgehensweise bei der Modellierung läßt sich in die

- theoretische Modellbildung und in die
- experimentelle Modellbildung

einteilen /Isermann 1971/. Die theoretische Modellbildung geht von einem a priori-Wissen über das betrachtete System aus, welches dann über Bilanzgleichungen (Erhaltungssätze) und phänomenologische Gleichungen (meist linear) beschrieben wird. Bei linearen Systemen kann man auch den Weg über physikalische Ersatzbeschreibungen gehen (verallgemeinerte Netzwerkselemente, Bond-Graphen), deren Umsetzung in eine mathematische Form (Gleichungen) einfach ist und sich leichter verifizieren läßt (siehe z. B.

/Mansour 1985/). Prinzipielle Denkfehler werden damit aber schon sehr früh formalisiert und bleiben dadurch eventuell unentdeckt. Zuerst existieren noch keine Zahlenwerte für die Koeffizienten der Gleichungen, man spricht dann vom qualitativen mathematischen Modell. Werden die Koeffizienten zahlenmäßig aus Datenblättern, Berechnungen oder Messungen ermittelt, erhält man das quantitative mathematische Modell. Die Koeffizienten des qualitativen mathematischen Modells besitzen direkt einen physikalischen Sinn. Die experimentelle Modellbildung setzt kein oder nur ein geringes a priori-Wissen voraus. Die Struktur des Modells orientiert sich nicht explizit an den physikalischen Gesetzmäßigkeiten des betrachteten Systems, sondern an den verfügbaren Methoden zur Nachbildung des Ein-/Ausgangsverhalten (Black-Box-Betrachtung). Die Koeffizienten der gewonnenen Gleichungen sind experimentell über Meßreihen bestimmt, besitzen aber aufgrund der verfahrensorientiert erzeugten Gleichungen in der Regel keinen unmittelbaren physikalischen Sinn. Die erzeugte Struktur soll nur die wesentliche Funktion nachbilden und nicht die Kausalität des Systems. In der Praxis werden beide Methoden zusammen eingesetzt (zuerst theoretische und dann experimentelle Modellbildung), da einerseits für die theoretische Modellbildung nicht genug a priori-Wissen verfügbar ist und andererseits die experimentelle Modellbildung nicht unbedingt einen Einblick in die Systemstruktur bietet /Isermann 1971/, /Gilles 1979/.

Bei zeitkontinuierlichen Systemen führt die mathematische Beschreibung je nach Art der Systemkomponenten und der Problemstellung zu algebraischen, differentiellen oder auch partiellen Gleichungssystemen (evtl. auch zu Differenzengleichungen). Die zeit- und/oder ortsabhängigen Gleichungssysteme werden in der Regel durch Übergang zu Differenzengleichungen mit Hilfe numerischer Verfahren gelöst (bei zeitabhängigen Größen durch numerische Integrationsverfahren). Teilmodelle können dabei bei gleicher Form der mathematischen Darstellung vom Modellierer selbst oder programmintern zu einem Gleichungssystem zusammengefügt werden und als ein Modell ausgeführt werden (modulare Modellierung, globale Ausführung). Sie können aber auch einzeln programmtechnisch realisiert und bei gleicher mathematischer Form durch ein und das gleiche numerische Verfahren einzeln nacheinander (nichtsimultan) gelöst werden. Aufgrund der vorhandenen mathematischen Kopplung bei dynamischen Systemen kann die Konvergenz der Gesamtlösung nur durch Iteration erreicht werden. (Anwendung bei stationären Systemen → *sequential modular simulation*). Eine weitere Möglichkeit ist die Lösung mit teilmodellspezifischen Verfahren bei unterschied

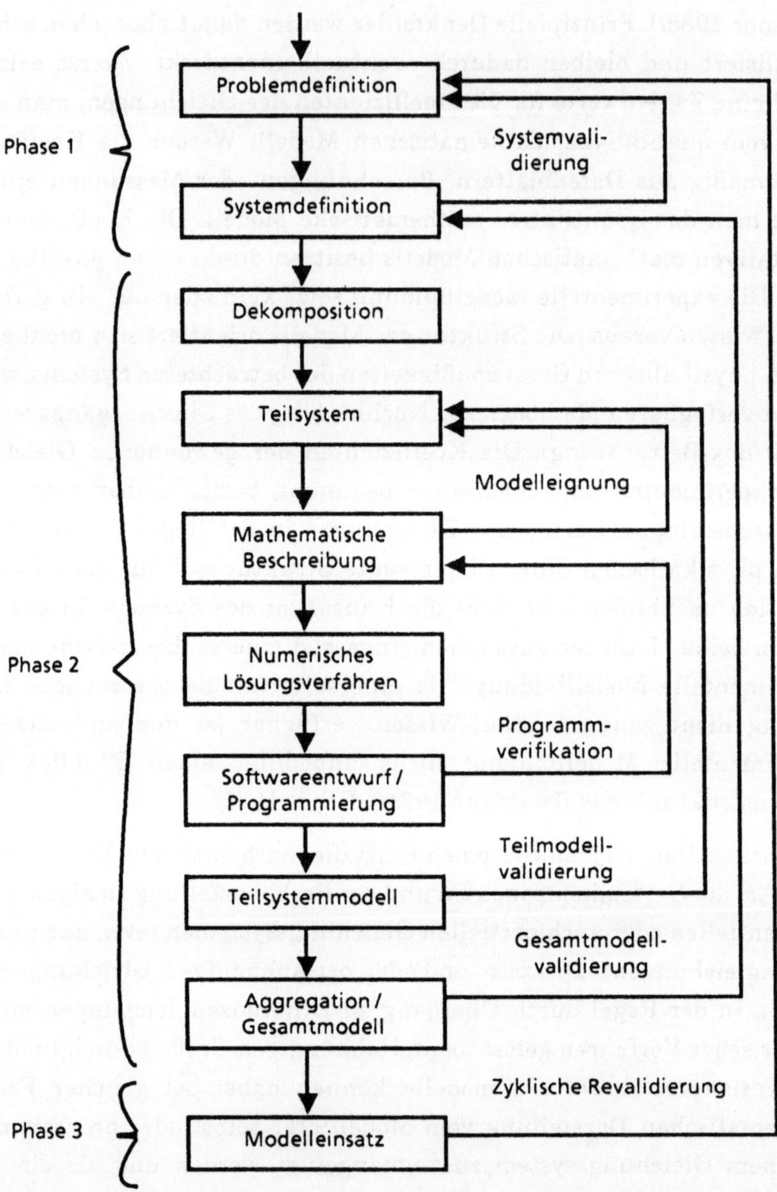

Bild 5.1: Phasenmodell in der Simulation (model life cycle)

licher mathematischer Form (modulare Modellierung, modulare Modellausführung). Zustandsdiskrete Systeme können durch Formulierung von Bedingungen für das Auftreten von Ereignissen modelliert werden. Diese Ereignisse werden zeitlich geordnet in Listen geführt und verarbeitet. Bei hypothetischen Systemen wird man den definierten Leistungsumfang in weniger umfangreiche Funktionen abbilden. Dieser Vorgang setzt sich solange fort, bis die Funktionen durch sowohl technische und auch bzgl. der Simulation modellmäßig vorhandene Komponenten realisierbar sind.

Die Modellformulierung und der zur Ausführung notwendige Algorithmus werden nun auf den Rechner übertragen (Programmentwurf und Implementierung). Je nach Art der Modellierung und des numerischen Lösungskonzeptes muß nun entweder

- bzgl. der Teilmodellimplementierung eine Programmverifikation, eine Teilmodellvalidierung und bzgl. des Gesamtmodells eine Programmverifikation und Validierung oder nur
- eine Programmverifikation und Validierung bzgl. eines Globalmodelles durchgeführt werden.

Die Simulation auf dem Digitalrechner mit mathematischen Modellen stellt im allgemeinen immer eine quantitative Untersuchung dar (Ausnahme sind Programmsysteme zur analytischen Lösung oder symbolischen Manipulation von Gleichungssystemen, z. B. REDUCE (siehe etwa /Buchberger 1986/)). Deshalb muß aus Aufwandsgründen versucht werden, ein einfaches Modell zu erstellen, das dennoch das Systemverhalten mit hinreichender Genauigkeit beschreibt. Eine weitere Arbeit in der *Phase 2* ist deshalb oft die Vereinfachung des mathematischen Modells. Neben den physikalischen Vereinfachungen wie aggregiertes Beschreiben von mehreren Wechselwirkungen oder deren komplette Vernachlässigung (z. B. Temperaturtönung) gibt es noch die mathematische Vereinfachung. Bei nichtlinearen Systemen kann um den Arbeitspunkt linearisiert werden, partielle Differentialgleichungssysteme werden ortsdiskretisiert und lineare Differentialgleichungen mit sehr kleinen Zeitkonstanten sind algebraisierbar. Besteht das mathematische Modell aus einem System gewöhnlicher Differentialgleichungen mit hoher Ordnung (z. B. nach einer Ortsdiskretisierung), so kann es noch durch eine Ordnungsreduktion vereinfacht werden (siehe z. B. /Föllinger 1982/).

Phase 3: Bezüglich der Anwendung einer Simulation (Rolle des Modells) können nach /Spriet 1982/ zwei Fälle unterschieden werden:
- die Simulation im Modellbildungs- und -analyseprozeß (*increase insight*)
- die Simulation zur funktionalen Unterstützung (*increase decision-making capability*).

Im erstenFall dient die Simulation dazu, das Modell bzgl. seiner Korrektheit zu überprüfen und das Systemverhalten insgesamt zu verstehen. Die Anwendung ist mehr oder weniger ein iterativer Vorgang, da eine intensive Wechselwirkung zwischen realem System und Modell für die Korrektheitsprüfung besteht und für das Systemverhalten neue Erkenntnisse in das Modell übernommen und verifiziert werden. Beim zweiten Fall handelt es sich um das Durchspielen von Varianten möglicher Bedingungen bei feststehendem Modell (Simulationsstudie), dessen Ergebnisse für Entscheidungsfindungen verwendet werden und nicht direkt die Modellierung betreffen. Hier ist im Gegensatz zum ersten Fall eine eindeutige Zuordnung zur Phase 3 möglich. Parallel zu allen genannten Arbeiten ist eine Dokumentation (phasenbegleitend) durchzuführen. Im Betrieb (Experiment) sind die Experimentbedingungen und die Ergebnisse übersichtlich und vollständig zu protokollieren. Ebenso sollte eine Unterstützung des Modellierers in Form von Modellversionsführung und durch eine graphische Repräsentation der einzelnen Objekte und ihrer Attribute erfolgen. In diesen Zusammenhang sind auch die Begriffe simulation modeling und simulation in the large einzuordnen /Zeigler 1979/, /Spriet 1982/, die beide oben genannten Fälle zusammenfassen. In /Trauboth 1983/ wird von der *Phase 2* nur der Teil bis zur mathematischen Formulierung als Modellierung bezeichnet, der Programmentwurf, die Implementierung und die Modellprüfung werden als eigenständige Phasen betrachtet. Hier dagegen sollen unter Modellierung alle Arbeiten verstanden werden, die zu einer korrekten und ausführbaren Version eines Modells unter Beachtung des zeitlichen und operationalen Aspekts der Modellierung führen /Ropohl 1979/.

5.2 Die Modellvalidierung

Die einzelnen Phasen transformieren bestimmte Eingangsobjekte in bestimmte Ausgangsobjekte, d. h. jede Phase bildet einen Sachverhalt in einen anderen ab. Aus der Problemdefinition leitet sich das zu untersuchende System ab usw.. Es ist ersichtlich, daß jede Phase auf jede ablaufmäßig davor liegende Phase bzgl. der problembezogen korrekten Transformation überprüft werden muß. Mit anderen Worten, es muß die Korrektheit der Abbildungsmaßnahmen (Problemdefinition → System → Modell → Simulator) überprüft werden. Erkannte Fehler können zu Änderungen im gesamten davor liegenden Bereich führen. Die Rückkopplungen aus Bild 5.1 stellen im Geamtprozeß der Validierung aufeinander abgestimmte Schritte dar:

Systemvalidierung:

Dies ist im wesentlichen die Überprüfung des Systemverständnisses des Analysierenden (Kausalität, Interdependenzen) und erfolgt durch Fachleute, die eine hohe Systemkenntnis besitzen ("others more familiar with the system and its operation than the analyst" /Schmidt 1984/).

Modelleignung:

Prüfung auf korrekte problembezogene Abstraktion und Vereinfachung bzw. auf Berücksichtigung aller relevanten Systemaspekte. Sargent /Sargent 1984/ nennt diesen Schritt "conceptual model validity" und definiert dies als Überprüfung, ob die dem Modell unterliegenden Theorien und Annahmen bzgl. der intendierten Benutzung korrekt sind (funktionelle und strukturelle Korrektheit).

Programmverifikation:

Dieser Schritt soll prüfen, ob die programmtechnische Realisierung des Modells (Computermodell) das mathematische Modell korrekt wiedergibt (formale Korrektheitsprüfung), d. h. das operationale Verhalten des Modells entspricht der mathematischen Formulierung.

Modellvalidierung:

Der letzte Schritt vor dem Modelleinsatz ist zugleich der schwierigste. Jetzt muß überprüft werden, ob das Modell (der Simulator) die betrachtete Realität korrekt wiedergibt. Dies erfolgt durch Sensitivitätsanalysen, um bzgl. bestimmter Parameter empfindliche Modellgrößen zu erkennen. Die entsprechenden Parameter müssen entsprechend sorgfältig bestimmt werden. Des weiteren wird eine Prüfung anhand vorliegender Daten aus der Vergangenheit oder von noch durchzuführenden Experimenten mit dem realen System durchgeführt. Dazu sollten grundsätzlich zwei nicht miteinander korrelierte Datensätze verwendet werden. Der Datensatz 1 dient dazu, das Modell parametermäßig an die Realität anzupassen (*model fitting* oder Kalibrierung). Der Datensatz 2 dient dann dazu, die Korrektheit des angepaßten Modells zu überprüfen (Outputvergleich über statistische Methoden wie Spektralanalyse). Die Gültigkeit einer Extrapolation über den validierten Aussagebereich des Modells hinaus kann jedoch nicht immer garantiert werden. Bei hypothetischen Systemen, bei denen noch keine realen Daten vorliegen, ist eine Validierung auf diese Art unmöglich. Einsetzbare Methoden zur Validierung sind dann nur noch die Sensitivitätsanalyse mit anschließendem Plausibilitätstest.

Datenvalidität:

Bei der Sammlung von Daten muß eine große Sorgfalt auf die problembezogene Korrektheit der Daten gelegt werden. Die Bedingungen, unter denen diese Daten ermittelt werden, müssen denen des Modelleinsatzes entsprechen.

Revalidierung:

Aufgrund der Modifikation der ursprünglichen Problemstellung über die Zeit oder aufgrund neuer über die Zeit erhaltener Daten sind periodische Modellvalidierungen wie oben durchzuführen. Neue Daten dienen zur Erhöhung der Übereinstimmung von Modell und Realität (prognostische Gültigkeitsprüfung). Modifikationen in der Problemstellung bewirken einen erneuten Durchlauf aller Phasen mit mehr oder weniger Änderungen der bisherigen Ergebnisse (dynamische Gültigkeitsprüfung).

Die bisherigen Ausführungen zeigen deutlich, daß die Erstellung eines korrekten Modells zeitaufwendig und kostenintensiv ist. Deshalb sollte ein Modell lange und extensiv genutzt werden. Die zyklische Revalidierung des Modells sichert die Korrektheit über den gesamten Zeitraum der Modellnutzung. Analog zum Softwarephasenzyklus ist hier von einem *"model life cycle"* zu sprechen, der ähnliche Abfolgen von iterativen Schritten wie beim Softwareentwurf hat (siehe z. B. /Trauboth 1983/, /Nance 1984/). Allerdings sollte die Analogie nicht nur im iterativen systematischen Vorgehen bestehen, sondern auch in einem entsprechenden anwendbaren Methodensystem. Denn neben der Notwendigkeit, Modelle (Programme) nach softwaretechnischen Kriterien zu entwerfen usw., kommt noch die Forderung nach die Modellierung und die Simulation unterstützenden Werkzeugen (Methoden) wie in einer Softwareentwicklungsumgebung hinzu. Ein Konzept, das solche Werkzeuge anbietet bzw. erlaubt zu integrieren, soll in einem späteren Kapitel dargelegt werden.

Bei komplexen Systemen muß bzgl. der Modellvalidierung beachtet werden, daß die validierten Bereiche der Teilmodelle dem Einsatzbereich des Gesamtmodells entsprechen. Arbeitsbereiche von aggregierten Teilmodellen können disjunkt, überlappend oder voll deckend sein. Bei gegebenem Input eines Teilmodells, d. h., der Menge der für den validierten Bereich zulässigen Eingangswerte, muß der Output des Teilmodells, die Menge der erzeugbaren Ausgangswerte, eine Untermenge oder gleich der Menge der zulässigen Eingangswerte eines Folgemodells sein. Bei Parameteradaptionen sind diese Überlegungen ebenfalls zu beachten, da sonst die Relation zwischen Eingabe- und Ausgabemenge zu stark verändert wird und damit die Ausgangsgrößen in nichtvalidierte Bereiche geraten können. Sinnvoll sind hier festgelegte Wertebereiche von Größen über die Definition von abgeleiteten Datentypen (*sub types*) mit der entsprechenden Laufzeitüberprüfung. Diese Überprüfung kann durch das Laufzeitsystem der verwendeten Programmiersprache selbst erfolgen (z. B. ADA /LRM 1983/). Eine Erläuterung oder Bewertung der für den gesamten Simulationszyklus (*model life cycle*) einsetzbaren Methoden (etwa Validierungstechniken) soll hier nicht erfolgen. Für eine dataillierte Darstellung einzelner Methoden sei auf die entsprechende Literatur verwiesen (z. B. /Bratley 1983/, /Courtois 1985/, /Meyer 1983/, /Page 1983/, /Sargent 1984/, /Shannon 1975/).

5.3 Struktur und allgemeiner Aufbau von Modellen

In diesem Abschnitt wird auf den allgemeinen Aufbau und die sich daraus
ergebende Struktur von Modellen eingegangen. Das Ergebnis einer modularen Modellierung ist unabhängig von der internen für die Modellausführung verwendeten Darstellung eine hierarchische und offene Modellstruktur
(Bild 5.2).

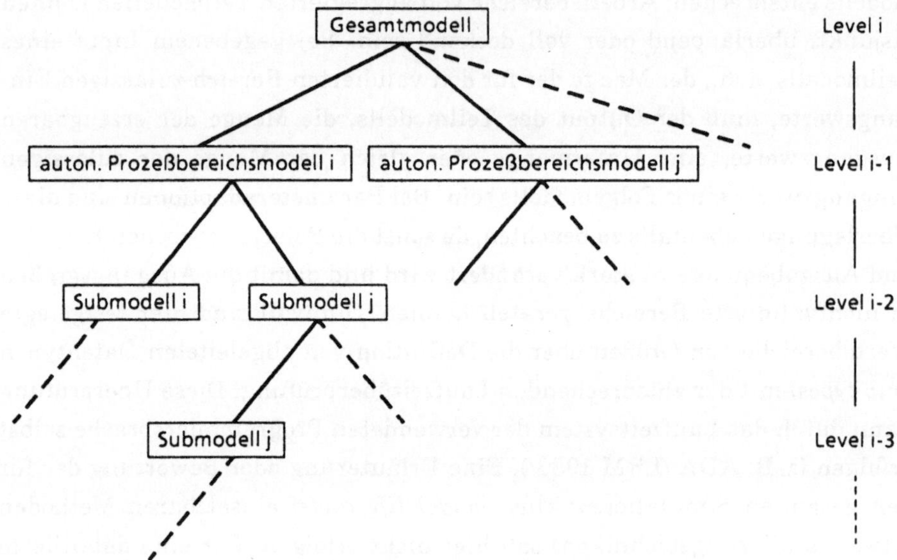

Bild 5.2: Offene Modellhierarchie

5.3.1 Analyse durch Dekomposition

Die Systemdefinition am Ende der ersten Phase konstituiert sich als erste
Modellvorstellung in der Ausgrenzung von systemexternen Objekten
(Umgebung), der Definition der Kopplungen (E-/A-Größen) und im Ein-
grenzen der das System bildenden Systemkomponenten. Ausgehend von
dieser ersten Vorstellung werden beim Modellieren komplexe Systeme immer
in weniger komplexe Subsysteme zerlegt (top-down Vorgehen). Dieser
Vorgang setzt sich so lange fort, bis überschaubare Einheiten entstanden
sind, welche als Gesamtes modelliert werden können. Hat man eine Ebene
nicht mehr sinnvoll zerlegbarer Subsysteme erreicht (sinnvoll bzgl. der
Problemstellung), so sind diese in mathematischer Form zu beschreiben. Bei
vertretbarem Aufwand sollten diese Subsysteme durch eine die vorliegende

Funktion erzeugende und der Realität entsprechende Struktur modelliert werden, da der Grad an erreichbarer Validität (vor allem bei Extrapolation über den mit gesammelten Daten überprüften Bereich) bei Überprüfung der strukturellen Annahmen höher ist, als nur bei einer die Funktion betreffenden Prüfung (Black-Box-Verhalten).

Es ergibt sich eine hierarchische Anordnung von Subsystemen verschiedener Abstraktionsebenen (echte ↔ unechte Systeme /Ropohl 1979/). Diese Anordnung ist eine strenge baumartige Hierarchie, da die Elemente (Subsysteme) alle real exakt einmal vorliegen. Da bzgl. des Abstraktions- oder Konkretisierungsvorganges die Modellierung nicht auf eine bestimmte Ebene fixiert ist (offenes System), kann ein technisches System unter Beachtung der vorliegenden Modellteilschnittstellen beliebig genau bzw. beliebig grob nachgebildet werden (Austausch von Teilmodellebenen durch Teilmodelle unter Beachtung der Modellschnittstellen bzw. umgekehrt). Allgemein ist der Anwender also nicht auf eine bestimmte Hierarchiestufe festgelegt. Bei real zu modellierenden Systemen ergibt sich aber immer eine endliche Hierarchie durch die Abstraktion von unwesentlichen und die Vereinfachung von komplizierten Sachverhalten, hin zu den relevanten Eigenschaften der realen Systemkomponenten. Die unterste Ebene enthält alle vom systemtechnischen Modellierer direkt bearbeitbaren Systemkomponenten (→ Basismodelle oder Elementarmodelle). Stehen beispielsweise für Probleme aus dem verfahrenstechnischen Bereich keine physikalisch-chemischen Auslegungsrechnungen im Vordergrund, so stellen die Basiselemente in der Regel Apparate oder größere abgrenzbare Teile von Apparaten dar. Solche Apparate sind zum Beispiel Verdampfer, Extraktionskolonnen oder Behälter.

Bei der Dekomposition muß das Gesamtsystem sinnvoll in Subsysteme gegliedert werden. Die Abgrenzung orientiert sich an geographischen Gegebenheiten sowie auch an dem Grad der Kopplungen (stofflicher, energetischer, informationeller oder mathematischer Art) zwischen möglichen Subsystemen. Innerhalb eines Subsystems sollte eine hohe Vernetzung (Kohäsion), zwischen Subsystemen sollte eine minimale Vernetzung herrschen. In /Courtois 1985/ werden mögliche Vorgehensweisen und auftretende Probleme bei der zeitlichen und räumlichen Dekomposition von komplexen Systemen dargestellt.

5.3.2 Synthese durch Aggregation

Der umgekehrte Vorgang beim Zusammenbau der elementaren Modelle zum Gesamtmodell (bottom-up Vorgehen) wird als Aggregation bezeichnet. Eine definierte Menge von Basismodellen bildet ein Teilmodell 0. Ordnung (TM_0). Teilmodelle 0. Ordnung bilden wiederum ein Teilmodell 1. Ordnung (TM_1). Das Gesamtmodell ist also auch nur ein Teilmodell i. Ordnung (TM_i), wobei die Ordnungszahl i die größte vorkommende ist. Bei der Aggregierung von Modellteilen erhält man bzgl. der programmtechnisch realisierten Bausteine keine strenge baumartige Hierarchie mehr, da Basismodelle mehrfach verwendet sein können, aber nur einmal definiert sind (z. B. Basismodellbibliothek mit wiedereintrittsfähigen Elementen). Entsprechend der hierarchischen Systemgliederung wird die Modellvalidierung bei modularen Lösungsverfahren ebenfalls hierarchisch aufgebaut. Der früher dargestellte Validierungsprozeß (Bild 5.1) muß nun auf die entsprechenden Operationen bei der Dekomposition und der nachfolgenden Aggregation übertragen werden. Eine hierarchische Validierung ermöglicht sowohl eine teilmodellorientierte off-line- wie auch on-line-Validierung des Modells der entspre chenden Hierarchiestufe mit den zugehörigen Datensätzen.

5.3.3 Visualisierung der Modellstruktur

Um bei der Aggregierung von Modellteilen zu Teilmodellen den Benutzer umfassend zu unterstützen und um schnell Ergebnisse in der Modellierungsphase zu erreichen, sollten die Modellteile mit ihren Kopplungsmöglichkeiten entsprechend der Ordnungshierarchie graphisch repräsentiert werden. Aufbauend auf der graphischen Repräsentation der Basismodelle kann der Aufbau des Gesamtmodells durch graphisches Konfigurieren erfolgen. Diese visuelle Unterstützung, die schon in der Phase der Systemdefinition einzusetzen ist (Flow-Sheet, Anlagenplan usw.) kann gleichfalls zur Ergebnisdarstellung bei der Simulation verwendet werden. Wie eingangs schon erwähnt, muß die vom Modellierer erkannte Modellstruktur unabhängig von der internen für die Modellausführung notwendigen Darstellung in einer Datenstruktur gespeichert und für Modifikationen am Modell jederzeit zugänglich sein. Diese Datenstruktur definiert hierarchisch die Relation zwischen den Einzelkomponenten des Modells entsprechend der erkannten Systemtopologie (*besteht aus-* und *ist gekoppelt mit*-Relation). Sie kann Ausgangspunkt für alle in der *Phase 2* in Abschnitt 1 angesprochenen Modellausführungsvarianten sein. Wie später gezeigt wird, ist sie sogar zwingend notwendig, um ein neues Konzept einer rechnergestützten Modellierung mit anschließender Zielsystemgenerierung realisieren zu können.

5.4 Echtzeitmodellbegriff und interner Aufbau

Der Modellbegriff wurde an anderer Stelle schon eingeführt und definiert (z. B. /Schmidt 1984/). Dabei handelt es sich aber um einen Modellbegriff bisheriger Simulationssysteme, der sich nur auf die off-line-Ausführung des mathematischen Modells bezieht. Dies bedeutet, daß das Modell als singuläres und vollkommen isoliertes System (für die Laufzeit) behandelt werden konnte. Die vorliegende Problematik läßt eine solche Betrachtungsweise jedoch nicht mehr zu.

5.4.1 Begriffe

Für die Erweiterung des Modellbegriffes als interagierendes System werden zuerst einige Begriffe erläutert, auf deren Basis eine formale Echtzeitmodelldefinition für bestimmte Modellklassen erfolgen soll.

> Unter einem *Echtzeitmodell* sei ein Modell verstanden, das in Echtzeit auf einem Rechner ausgeführt wird. Die Modellausführung hat die Dynamik und Eigenschaften der mit dem Modell gekoppelten Systemumgebung exakt zu berücksichtigen.

Das Modell ist also als System zu betrachten, das mit seiner Umgebung in Interaktion steht. Diese Umgebung hat selbst ein charakteristisches Verhalten, welches sich in der Interaktion zeigt. Die Ausführung des Modells muß also nicht nur die dem Modell innewohnende Dynamik berücksichtigen, sondern auch die der Umgebung (simulationsspezifische Definition von interaktiv nach Kap. 3). Diese allgemeine Definition kann noch etwas enger formuliert werden:

> Ein Echtzeitmodell ist ein Modell, das zeitsynchron zu einem realen System auf einem Rechner ausgeführt wird und sowohl über Ereignisse als auch über kontinuierliche Größen mit dem realen System verknüpft ist.

Übertragen auf ein parallel zu einem realen technischen Prozeß ausgeführtes Modell, kann dies z. B. die Parameteradaption mittels Meßwerte und die direkte Modellmodifikation über process events bedeuten. Hier zeigt sich auch die gegenseitige Beeinflussung, die Meßwerterfassung des realen

Systems muß z. B. auch nach modelltechnischen Aspekten erfolgen und das Modell muß Werte und Ereignisse vom realen System berücksichtigen. Wie früher schon dargestellt, ist auch der Mensch, gerade beim Modelleinsatz in der Prozeßführung, als Teilsystem der Modellumgebung zu betrachten (Interaktion). In /Giloi 1968/ wird Echtzeitsimulation nur als zeitsynchrone Ausführung eines Modells in bezug auf ein reales System definiert. Über Kopplungen wird keine Aussage gemacht. Eine extreme Verzahnung der Modelldynamik und der Umgebungsdynamik liegt bei "hardware-in-the-loop"-Simulationen vor (Echtteilesimulation). Diese Simulationen sind aufgrund der harten Zeitbedingungen nicht unbedingt nach simulationsspezifischen Kriterien (beinhaltet softwaretechnische Kriterien wie Modularität usw.) entworfen worden. Das zentrale Prinzip dort lautet, "Ausführen eines bestimmten Programmcodes in n Millisekunden, Ausgabe der Ergebnisse an die Peripherie, Lesen von Eingaben von der Peripherie und Wiederholen des Ganzen". Man spricht bei diesem Prinzip von der einzuhaltenden "frame-time" /Saager 1986/, /Chen 1984/. Bei "man-in-the-loop" -Systemen bezieht sich diese frame time auf den "critical path", das ist der Pfad im Modell (Programm), für welchen die Zeitbedingungen unbedingt einzuhalten sind, damit beispielsweise bei Flugsimulatoren der Bewegungseindruck vom Menschen (Pilot) als realistisch empfunden wird /Hass 1985/. Dieses Prinzip ist eine zwar dort aus Zeitgründen notwendige, aber doch sehr spezielle Vorgehensweise. Wie später gezeigt wird, kann dieser Spezialfall bei entsprechender Rechnerunterstützung auch nach simulationspezifischen Kriterien entworfen werden. Er wird dann zum Grenzfall der modularen Echtzeitsimulation. Daß dann auch die Korrektheit des Modells und des Programmes höher einzuschätzen ist, folgt zwangsläufig.

Wird ein Echtzeitmodell analog der realen Parallelität ebenfalls in parallel ausführbare Modellkomponenten zerlegt, so wird dies als verteiltes Echtzeitmodell bezeichnet:

> Ein *verteiltes Echtzeitmodell* ist ein Echtzeitmodell, dessen Komponenten real verteilt auf mehreren Rechnersystemen ablaufen.

Unter einem verteilten Rechnersystem soll hier vorläufig ein System verstanden werden, das es erlaubt, die sich aus der Modellierung ergebenden Subsystemmodelle auf mehr als einem realen Prozessor auszuführen (weite Fassung). Die Modellteile können mathematisch gekoppelt oder entkoppelt sein. Die Aufteilung der Modellkomponenten erfolgt nach systemtopologischen und nicht nach mathematischen Kriterien (kein *model partitioning*).

Das Modell kann nun über seine Schnittstellen mit der Außenwelt kommunizieren. Dazu werden zwei Klassen von Kommunikationsobjekten definiert:
- Ereignisse (externe). Ereignisse entstehen durch sich diskontinuierlich ändernde Größen. Der Wertebereich dieser Größen kann minimal zwei Elemente umfassen (z. B. Ventil auf, zu) und wirkt sich nur auf ein Modellobjekt aus (Ausnahme: bei Modellen, die prozeßtechnisch autonome Modelle verknüpfen.);
- Größen mit kontinuierlichem Wertebereich (stetige Änderung).

Ereignisse können sowohl im Modell als auch in seiner Umgebung auftreten. Interne Modellereignisse wie z. B. *time events* oder *state events* waren auch im bisherigen Modellbegriff enthalten, allerdings nicht in der umfassenden Weise, wie das in füheren Abschnitten dargelegt worden war. (Bei GPSS /Schmidt 1984/ definiert der Begriff *"set"* eine Menge von mathematisch nichtgekoppelten kontinuierlichen Modellen, die aber aufgrund eines Ereignisses (time event) einen gemeinsamen Kommunikationszeitpunkt haben können.) Für ein Teilmodell stellen Ereignisse eines anderen Modellteils, die es auch betreffen, ebenfalls externe Ereignisse dar. Diese sollen aber im Gegensatz zu echten externen Ereignissen aus der Modellumgebung als modell- und ablaufstrukturelle Ereignisse bezeichnet werden. Bei der formalen Definition von Modellen wird deshalb auch die Menge aller möglichen teilmodellspezifischen Ereignisse einbezogen. Diese teilmodellorientierte Betrachtungsweise von Ereignissen hat erhebliche Auswirkungen auf das Ablaufschema der Simulation. Modellschnittstellen zur Kommunikation mit der Außenwelt (z. B. technischer Prozeß) sind teilmodellspezifisch zu realisieren und zu verwalten. Jedes Teilmodell besitzt also z. B. Eingänge für Echtzeitereignisse und kontinuierliche Größen aus der Gesamtmodellumgebung.

5.4.2 Allgemeiner Aufbau von Echtzeitmodellen

5.4.2.1 Modellklassifikation

Um Modelle einheitlich formulieren zu können, müssen die elementaren Komponenten und ihre Eigenschaften aus den möglichen Modellformen extrahiert werden. Aus der Art der Modellverwendung kann unterschieden werden in:
- Modelle mit interner Parameteradaption,
- Modelle mit externer Parameteradaption oder

- Modelle wie vor aber mit oder ohne externe Ereignisse.

Eine weitere Klassifikation kann nach Art der prozeßtechnischen Kopplung der Modelle erfolgen:

- Modelle eines prozeßtechnisch entkoppelten Anlagenteiles,
- Modelle eines prozeßtechnisch gekoppelten Bereiches, die durch meß- technische Erfaßbarkeit aller Eingangsgrößen mathematisch vollständig entkoppelt betrachtet werden können oder
- Modelle wie vor aber mit zu berücksichtigenden Kopplungen.

Alle diese Arten von Modellen sind noch weiter in Teilkomponenten zerleg- bar. Deshalb sind elementare Modellbausteine zu definieren, die einen konsi- stenten Aufbau (Modellsyntax) aller vorher angesprochenen Modelle und eine konsistente Definition eines Ausführungsverfahrens (Modellsemantik) ermöglichen. Hierzu wird zuerst auf den mathematischen Charakter der Modelle und dann auf die möglichen Ereignisarten eingegangen. Nach Art der mathematischen Gleichungen, die das Modell beschreiben, kann unter- schieden werden in

- eine rein algebraische Form (AE),
- eine rein differentielle Form mit konzentrierten Parametern (ODE),
- eine rein differentielle Form mit verteilten Parametern (PDE) oder
- eine Form mit Differenzengleichungen (DE).

Die Form mit Differenzengleichungen bewirkt diskrete Änderungen zu dis- kreten Zeiten. Grundsätzlich sind solche Beschreibungen auch in der Form von zeitlichen Ereignissen darstellbar (diskrete Regler). Deshalb werden Differenzengleichungen von der direkten Betrachtung ausgeschlossen.

Es können Ereignisse folgender Art auftreten:

- interne Ereignisse: - state crossings,
                              - time events,
                              - parameter events,
- strukturelle Ereignisse: - model caused event,
                              - execution caused event,
- Umgebungsereignisse: - human event,
                              - process event.

Interne Ereignisse. Ein state crossing tritt auf, wenn eine Modellvariable einen Referenzwert kreuzt, d. h. die Ordnungsrelation zwischen der Modell- variablen und dem Referenzwert sich ändert. Die Bedeutung des time events wurde schon früher erläutert. Ein parameter event tritt auf, wenn bei externer Parameteradaption neue Parametersätze berechnet wurden und in das Modell zu übernehmen sind.

Strukturelle Ereignisse. Ein model caused event tritt auf, wenn in einem Modell ein Ereignis zu verarbeiten war und dieses Modell über seine Ausgangsgrößen mit anderen Modellen gekoppelt ist. Dieses Ereignis ist also ein Folgeereignis und dient dazu, die numerische Integration beim Nachfolger aufgrund der neuen Randbedingungen zu überprüfen. Ein execution caused event tritt dann auf, wenn aufgrund irgendwelcher synchroner Ereignisse (Programmausführungsfehler) der ordnungsgemäße Ablauf gestört ist (z. B. wenn aufgrund eines Programmausführungsfehlers die Eingangsdaten für ein Folgemodell nicht verfügbar sind).

Umgebungsereignisse. Ein human event erfolgt aufgrund eines Eingriffes des Benutzers. Ein process event wurde schon früher erläutert.

Diese Arten von Ereignissen in Kombination mit den möglichen mathematischen Beschreibungen und den existierenden prozeßtechnischen Kopplungen ermöglichen die Darstellung aller Modelleigenschaften. Die vorher aufgeführten Modellarten werden nach möglichen Kopplungen und Ereignissen in ihre Elemente zerlegt. Ausgangspunkt hierfür ist ein Modell, das einen technischen Prozeß darstellt, wie er in der Anforderungsdefinition für die Prozeßbeobachtung zugrundegelegt worden ist (Bild 5.2).

5.4.2.2 Syntaktische Definition des hierarchischen Gesamtmodells

Die formale Definition der Modellhierarchie nach Bild 5.2 erfolgt durch die nachstehenden Syntaxdiagramme. Diese Syntaxdiagramme stellen die erste Stufe der Gesamtmodelldefinition dar und beschreiben jeweils die äußere Semantik der betrachteten Modelle bzgl. der Kopplungen innerhalb ihrer Umgebung. Die Syntaxdiagramme sind von links nach rechts zu durchlaufen und können nur über entsprechende Wiederholungsschleifen mehrfach durchlaufen werden.

Das Gesamtmodell besteht aus mindestens einem autonomen Prozeßmodell (PAM). Ein PAM beschreibt einen prozeßtechnisch autonomen Systemteil (Batchprozeß). Mögliche Kopplungen können nur in Form von Modellen von Zwischenbehältern o. ä. auftreten, welche in ihrer Zuordnung zu Prozeßbereichen umschaltbar sind. In der obigen Syntaxdefinition sind solche Modelle noch nicht berücksichtigt (Bild 5.3).

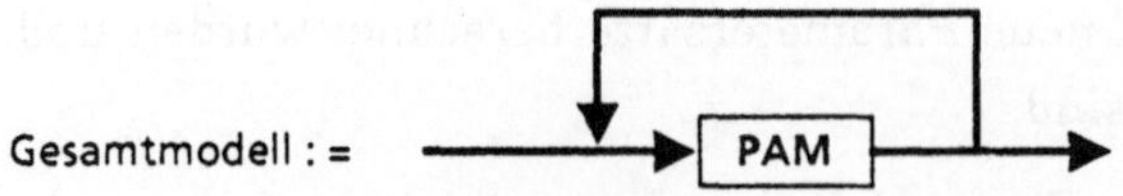

Bild 5.3: Gesamtmodellsyntaxdiagramm

Ein PAM besteht aus seinem Namen und entweder aus mindestens
- einem datendisjunkten Modell (DDM) und weiteren Komponenten oder
- zwei datengekoppelten Modellen (DGM) oder
- einem DGM und einem Basismodell (BM).
- Alternativ kann ein PAM auch nur aus einem BM bestehen.

Dieser Minimalumfang kann mit den verfügbaren Komponenten beliebig erweitert werden (Bild 5.4). Ein DDM ist ein Modell, das nach außen keine Kopplungen besitzt, also in keiner Relation zu anderen Modellen steht. Es ist bzgl. der numerischen Berechnung autonom. Ein DGM besitzt externe Kopplungen. Es ist mathematisch über gemeinsame Größen gekoppelt und bzgl. der Ausführung nicht autonom. Das BM stellt für alle Komponenten die unterste Stufe dar und ist bzgl. seiner äußeren Kopplungen beliebig definierbar (entsprechend der internen Struktur).

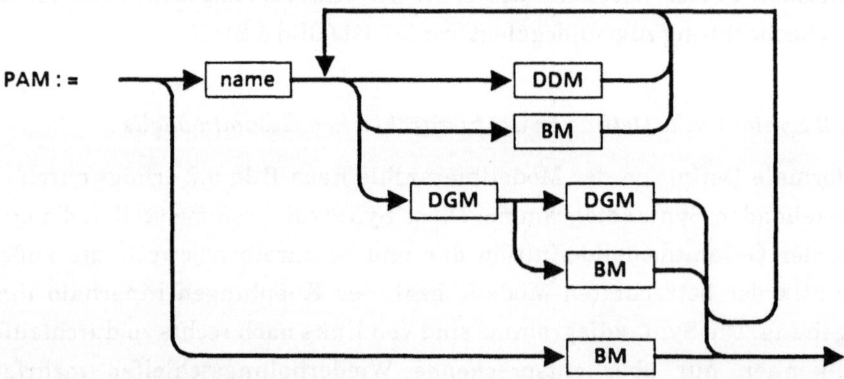

Bild 5.4: PAM-Syntaxdiagramm

Ein DDM besteht aus seinem Namen und mindestens
- einem DDM oder einem BM und weiteren Komponenten oder
- einem DGM und einem weiteren DGM bzw. einem BM.

Der Umfang kann mit den verfügbaren Komponenten beliebig erweitert werden. Für ein DGM innerhalb eines DDM muß immer eine weitere Komponente mit Kopplungsmöglichkeiten vorhanden sein (Bild 5.5).

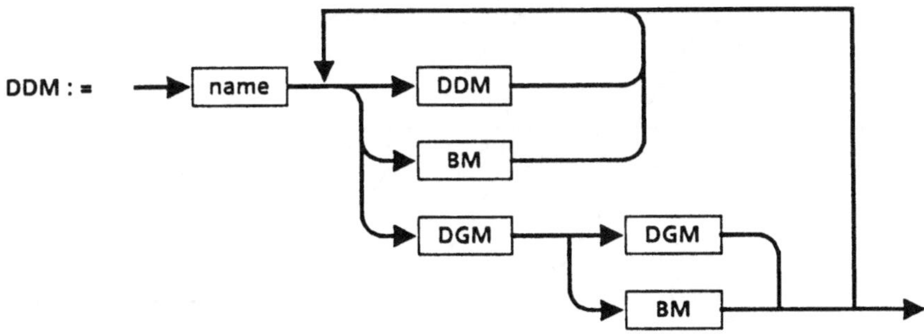

Bild 5.5: DDM-Syntaxdiagramm

Ein DGM besteht aus seinem Namen und mindestens
- einem DGM oder
- einem BM und jeweils weiteren Komponenten (Bild 5.6).

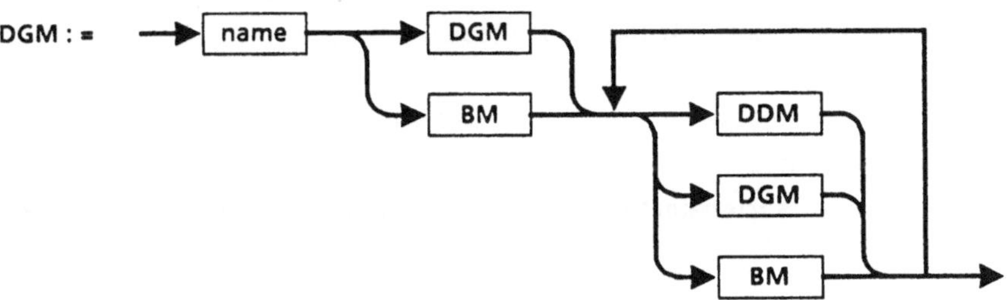

Bild 5.6: DGM-Syntaxdiagramm

Die dargestellte syntaktische Definition des Gesamtmodells erfolgt nach dem top-down-Prinzip. Der Aufbau selbst erfolgt nach dem bottom-up-Prinzip. Auf jeder Hierarchieebene sind beliebige Kombinationen der verschiedenen Modelltypen möglich. Der Level eines PAM entspricht der Anzahl der Hierarchieebenen zwischen PAM und dem BM mit der längsten Hierarchiesequenz. Er kann als Grad der Komplexität des PAM betrachtet werden. Bild 5.7 zeigt mögliche Modellstrukturen innerhalb eines Gesamtmodells.

Die Definition kopplungsmäßig autonomer Modelle ermöglicht auch die parallele Ausführung von strukturell gleichartigen Modellen, welche aber in

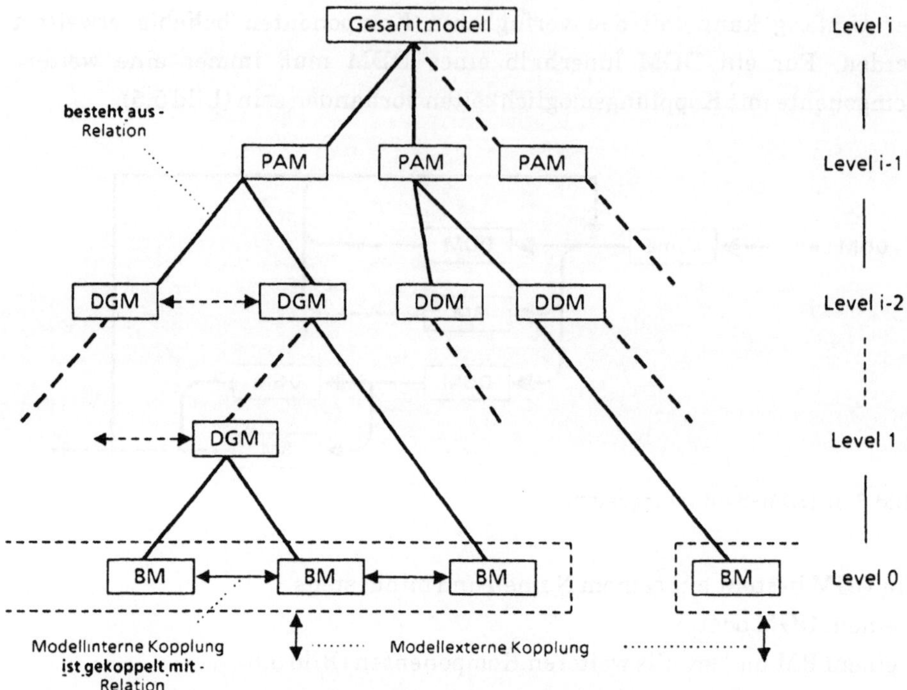

Bild 5.7: Modellhierarchie mit Basismodellebene

den Parametern verschieden sind (Modellvergleiche). Im nächsten Abschnitt
werden die elementaren Bestandteile dieser Basismodelle entsprechend der
vorherigen ereignisorientierten und mathematischen Klassifikation dargelegt.

5.4.3 Basismodelldefinition

5.4.3.1 Syntaktische Definition des Basismodells

Die unterste Ebene der Modellhierarchie besteht aus Basismodellen. Wie
früher schon erläutert ist die Anordnung der Modelle untereinander eine
strenge baumartige Hierarchie. Bei der programmtechnischen Realisierung
der untersten Ebene über mehrfach verwendbare Modellbausteine besitzen
die Basismodelle zwei verschiedene Eigenschaften, die sich zwar wider-
sprechen, aber in ihrer Verwendung begründet und damit konsistent sind.
Ein Basismodell kann einmal eine nur beschreibende Datenstruktur sein,
welche Werte, Verweise und ähnliches speichert (Fall 1), und andererseits
auch eine direkt auswertbare Funktion (Modell mit Ausführungsalgorith-

mus) darstellen (Fall 2). Der Grund liegt in seiner Verwendung einmal als eigenständiges Objekt (Elementarmodell in Form einer Datenstruktur), welches interpretativ abgearbeitet wird, und zum anderen als übersetztes und mehrfach zugeordnetes Elementarmodell (Datenstruktur und Elementarfunktion in einem), das eine zusätzliche Abbildungsebene (TM_0) braucht (beschreibende Datenstruktur von Fall 1). Diese Eigenschaft der Basismodelle ergibt sich aus dem im nachfolgenden Kapitel erläuterten Konzept der interpretativen Ausführung in einer Modellentwicklungsumgebung (MEU). Um eine eindeutige Unterscheidung zu treffen, werden die beschreibenden Datenstrukturen von Fall 1 als TM_0 und die interpretativ abzuarbeitenden Basismodelle von Fall 1 zusammen mit den Basismodellen von Fall 2 weiterhin als BM bezeichnet (siehe auch Bild 5.8).

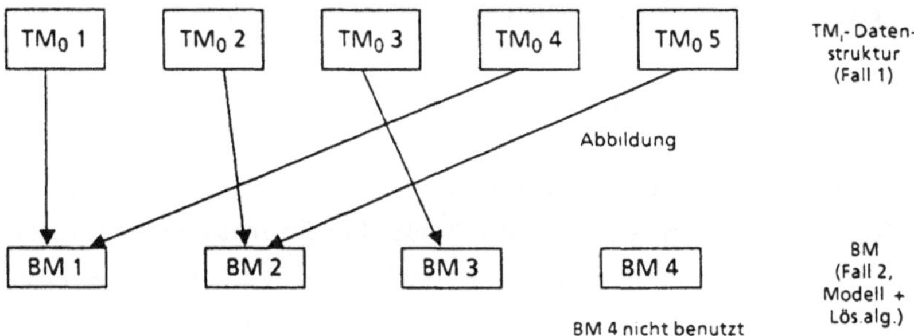

Bild 5.8: Abbildung von Teilmodellen auf Basismodelle

Die elementaren Bausteine eines BMs sind nun:
- kontinuierliche Terme (z. B. ODEs, PDEs) und
- time event erzeugende Terme.

Bei kontinuierlichen Termen können einzelne Objekte in obigen Termen explizit noch als
- process event,
- state crossing oder
- parameter event

zugeordnet spezifiziert werden. Bild 5.9 zeigt die Struktur eines Echtzeitbasismodells.

Human events werden beim Entstehen ablaufmäßig berücksichtigt, die betroffenen Objekte sind nicht explizit spezifizierbar (Für den Zustandsübergang gilt (von i nach $i+1$): Es wird vom Zustand i zum Zustand $i+1$ überge-

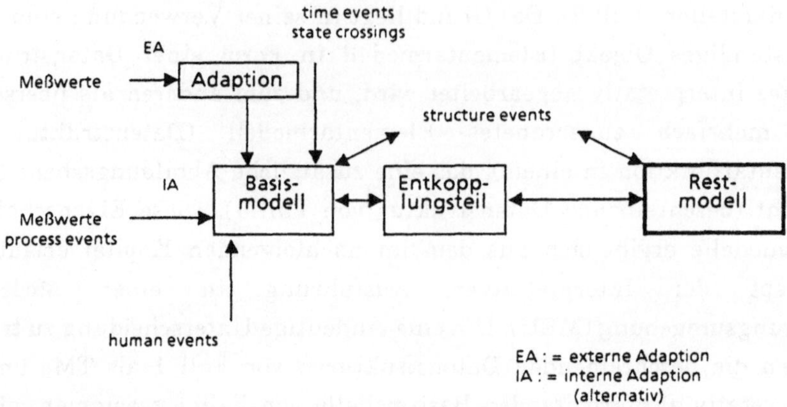

Bild 5.9: Echtzeitbasismodellstruktur (numerisch entkoppelt)

gangen und dort das Ereignis berücksichtigt $t_1 \rightarrow t_2$: $t_e \rightarrow t_2$.).

Parameter events werden vom Ablauf wie *human events* berücksichtigt, die bezogenen Objekte sind als extern anzupassende Größen für den Adaptionsmodul mit dem zugehörigen Anpassungsintervall und den zu messenden Größen zu spezifizieren ($t_1 \rightarrow t_2$: $t_e \rightarrow t_2$). (Diese Zuordnung kann aus Konzeptionsgründen erst in der Modellkonfigurationsphase erfolgen.)

Bei interner Parameteranpassung entstehen keine parameter events ($t_1 \rightarrow t_2$: $t_2 = f(p)$), die Schrittweite muß jedoch aufgrund einer einfacheren Meßwerterfassung explizit definiert werden (vorherige Tests nötig).

Ein state crossing bezogenes Objekt muß mit dem zugehörigen Referenzwert spezifiziert werden (Überwachung). Ein state crossing event ändert den Integrationsablauf ($t_1 \rightarrow t_2$: $t_2 \rightarrow t_e$).

Process event bezogene Objekte sind der entsprechenden Prozeßgröße zuzuordnen ($t_1 \rightarrow t_2$: $t_2 \rightarrow t_e$ falls $t_2-\delta t > t_e$ und $t_e \rightarrow t_2$ falls $t_2-\delta t < t_e$). (Diese Zuordnung kann aus Konzeptionsgründen erst in der Modellkonfigurationsphase erfolgen.)

Time event Terme sind nicht weiter zerlegbar. Sie setzen immer auf einen aktuellen Modellzustand auf, den sie über entsprechende Eingangsgrößen erhalten ($t_1 \rightarrow t_2$: $t_2 = t_e$).

Die syntaktische Definition der Basismodelle (BM) erfolgt durch die nachstehenden Syntaxdiagramme. Der interne Aufbau eines Basismodells ist

unabhängig von der äußeren Struktur (Modellhierarchie) und beeinflußt die
globale Ablaufstruktur nicht. Ein Basismodell besteht aus
- seinem Namen und
- einem ein diskretes Modell beschreibenden Teil oder
- einem ein kontinuierliches Modell beschreibenden Teil (Bild 5.10).

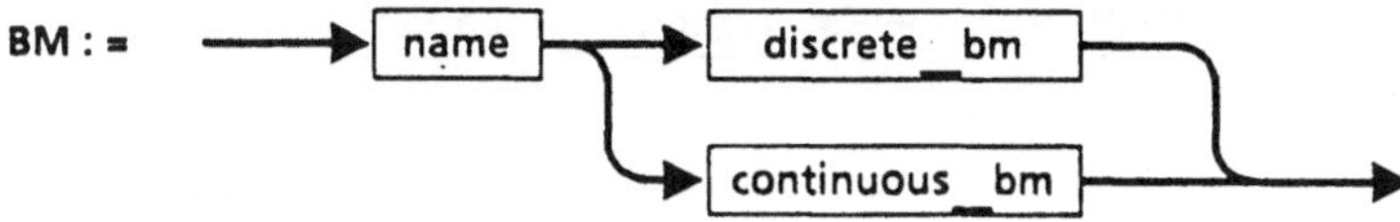

Bild 5.10: BM-Syntaxdiagramm

Der diskrete Teil besteht aus den diskreten Modellobjekten und der
zugehörigen Funktion (Bild 5.11).

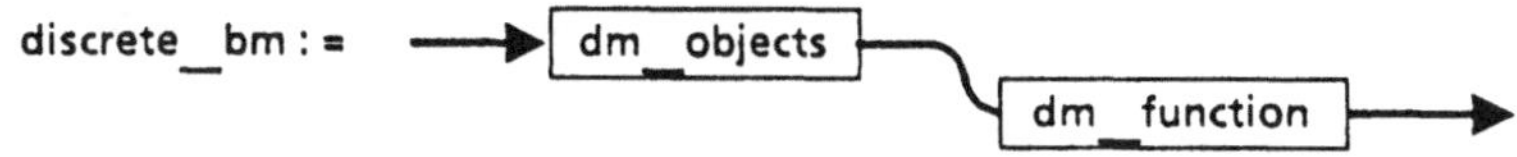

Bild 5.11: Diskretes BM

Der kontinuierliche Teil besteht aus den kontinuierlichen Modellobjekten,
der Zustandsüberführungsfunktion und der Ausgangsfunktion (Bild 5.12).
Die Ausgangsfunktion definiert dabei die Beziehung zwischen den
Systemzuständen und den Ausgangsgrößen. Die kontinuierlichen Modellobjekte entsprechen als realisierte Datenstruktur dem vorher definierten TM_0
von Fall 1. Diese Datenstruktur wird wertemäßig auf die obigen Funktionen
abgebildet und erlaubt so die interpretative Ausführung der TM_0.

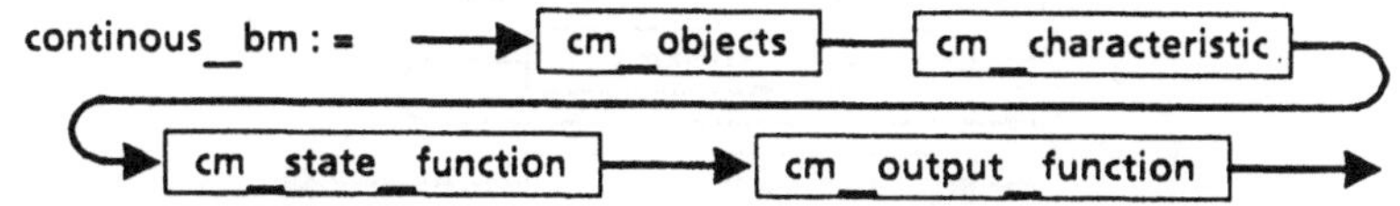

Bild 5.12: Kontinuierliches BM

Die Funktion des diskreten Modells und die Ausgangsfunktion des kontinuierlichen Modells werden durch eine algebraische Gleichung beschrieben. Die
algebraische Gleichung muß in expliziter Form vorliegen. Die Zustandsüberführungsfunktion des kontinuierlichen Modells besteht entweder aus
einer oder mehreren gewöhnlichen oder partiellen Differentialgleichungen

und optional einer oder mehreren algebraischen Gleichungen. Die Auswertung der algebraischen Gleichungen geht der Auswertung der differentiellen Gleichungen voraus. Hierdurch können z. B. Zustandswert-abhängige Parameter definiert werden (Bild 5.13).

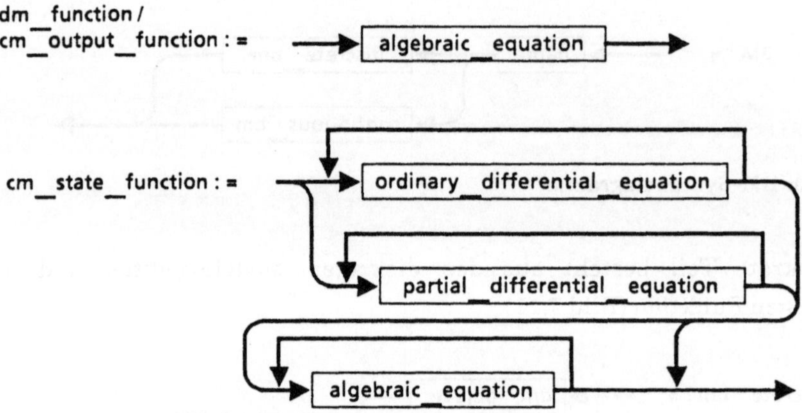

Bild 5.13: BM-Funktionen

Die Objekte des kontinuierlichen Modells sind die Zustände, die Zustandsparameter der Zustandsüberführungsfunktion, die Eingangsströme, die Ausgangsströme und die Ausgangsparameter der Ausgangsfunktion (Bild 5.14).

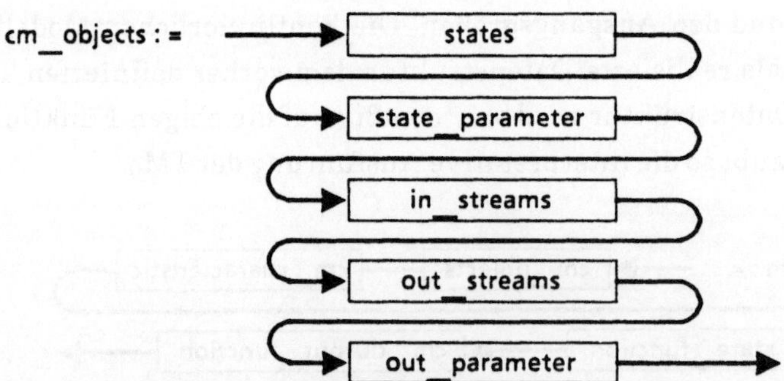

Bild 5.14: BM-Objekte (kontinuierlich)

Die Modellcharakteristik beschreibt die spezifischen Eigenschaften des kontinuierlichen Basismodells. Im einzelnen sind dies der Name, die Modellart nach Bild 5.15 (kontinuierlich oder diskret), der Funktionstyp nach Bild 5.16 (ODE oder PDE), der Name der zugehörigen Funktionsklasse nach Bild 5.17, der Typ des zu wählenden Integrationsverfahren nach Bild 5.18 (z. B.

RK4), die zugehörige Integrationsschrittweite nach Bild 5.19 und einen das Modell beschreibenden Text nach Bild 5.31 (Dokumentation).

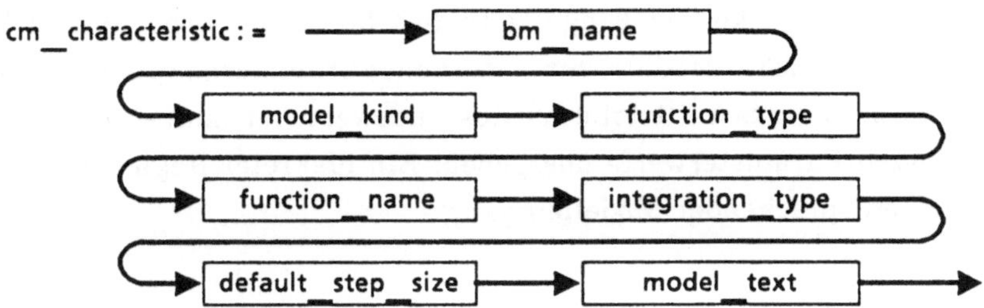

Bild 5.15: Modellcharakteristik

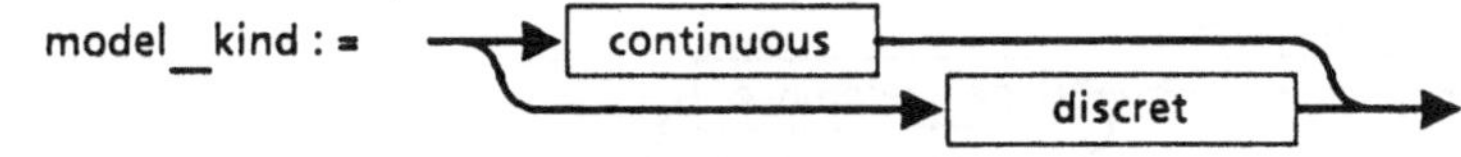

Bild 5.16: BM-Art

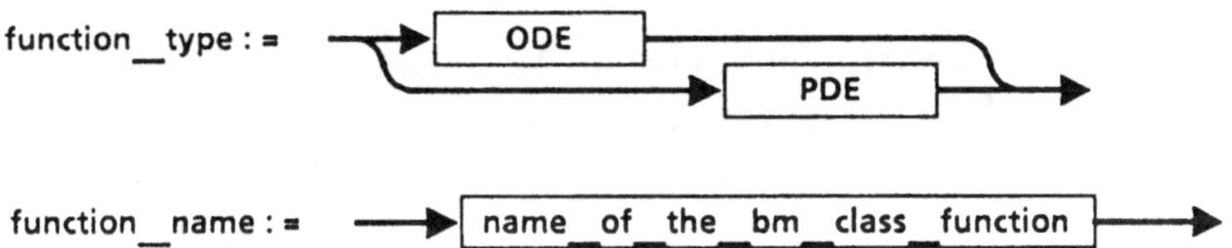

Bild 5.17: BM-Klassenfunktionstyp- und -name

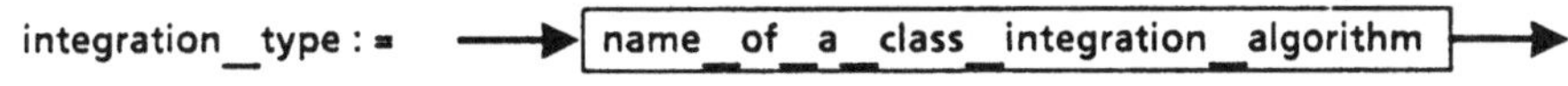

Bild 5.18: BM-Integrationsverfahrenstyp

Bild 5.19: Integrationsschrittweitendefinition

Die Zustände (Bild 5.20) bestehen aus einem (oder mehreren) Einzelzustand, welcher einem state crossing, einem process event oder auch einem control event (Kopplung mit einem diskreten Modell) zugeordnet werden kann. Die Anforderung von Zustandswerten ist anonym, d.h es existiert im kontinuierlichen Modell kein Objekt für die Referenz auf ein bezogenes diskretes Modell, das keinen Eingang in das kontinuierliche Modell hat (siehe auch Bild 5.23). Module zur externen Parameteradaption müssen deshalb innerhalb der Schnittstelle zur Zustandswertübernahme gleichzeitig die berechneten Parameterwerte übergeben. Ein diskreter Regler hingegen besitzt einen entsprechenden Modelleingang.

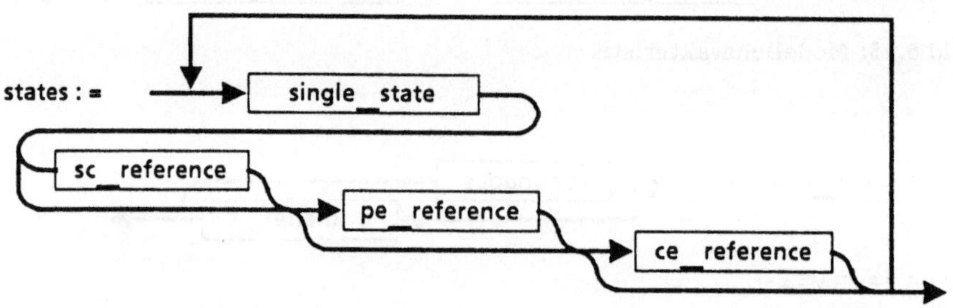

Bild 5.20: Modellzustände

Ein Einzelzustand besteht aus einem Modellobjekt (Bild 5.21). Ein Modellobjekt setzt sich aus dem Objektnamen, seinem Wert und der Einheit, in der der Wert angegeben ist, zusammen.

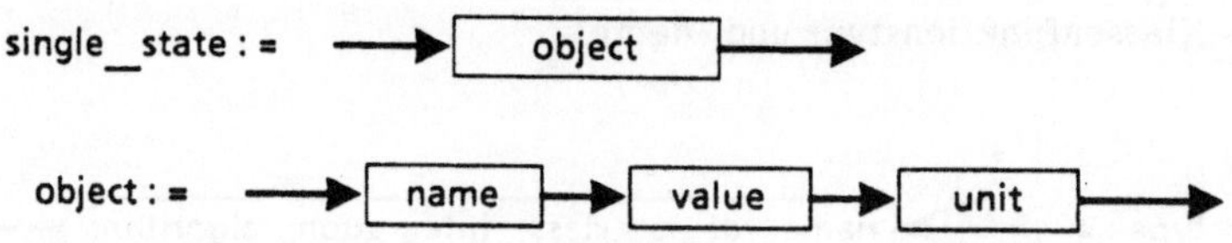

Bild 5.21: Einzelzustand und Modellobjekt

Die Zustandsparameter (Bild 5.22) bestehen aus einem oder mehreren Einzelparametern. Ein Einzelparameter ist ein Modellobjekt.

Die Eingangsströme (Bild 5.23) bestehen aus einem oder mehreren Einzeleingangsströmen und optional einem Eingang eines diskreten Modells (Reglereingang). Ein Einzeleingangsstrom besteht aus
- seinem Namen und
- einem oder mehreren Stromkomponenten mit zugehörigen Stromkomponentenattributen

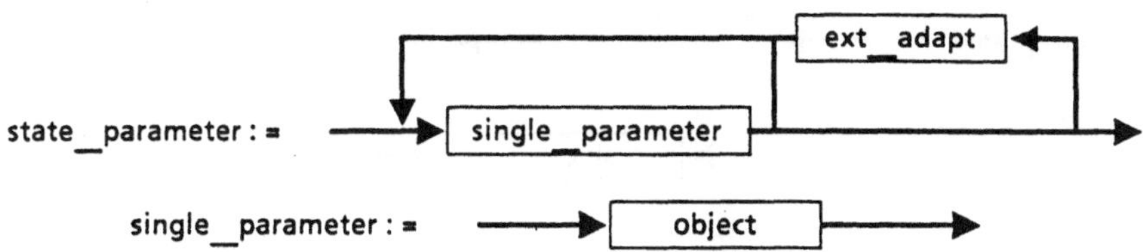

Bild 5.22: Zustandsparameter

- und der Stromreferenz, welche die Herkunft des Stromes definiert.
Die Stromnamen sind beliebig vom Benutzer wählbar. Die Komponentennamen müssen der physikalisch-chemischen Bedeutung entsprechen.

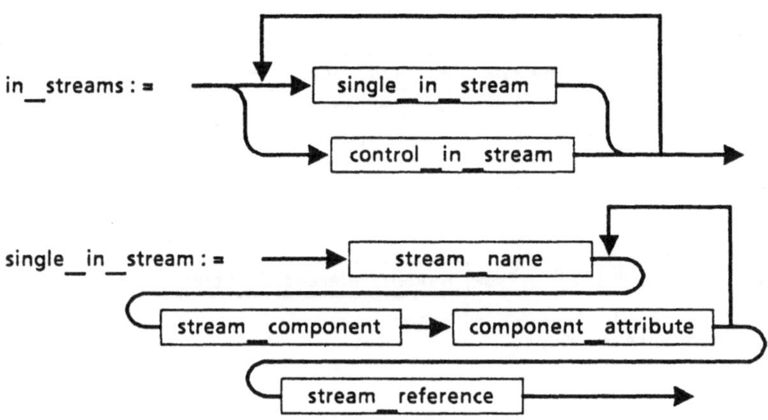

Bild 5.23: Modelleingänge

Ein Eingangsstrom (Bild 5.24) von einem diskreten Modell besteht ebenfalls
aus seinem Namen, den Stromkomponenten und der Referenz auf das
bezogene diskrete Modell.

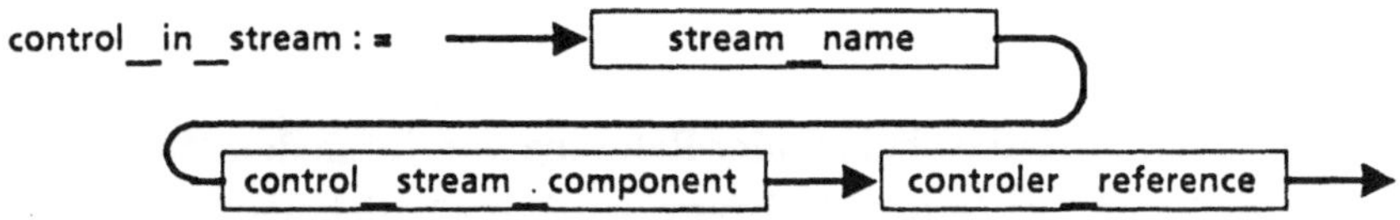

Bild 5.24: Reglereingang

Ein Stromname ist durch einen Namen und eine Stromkomponente als
Modellobjekt definiert (Bild 5.25).

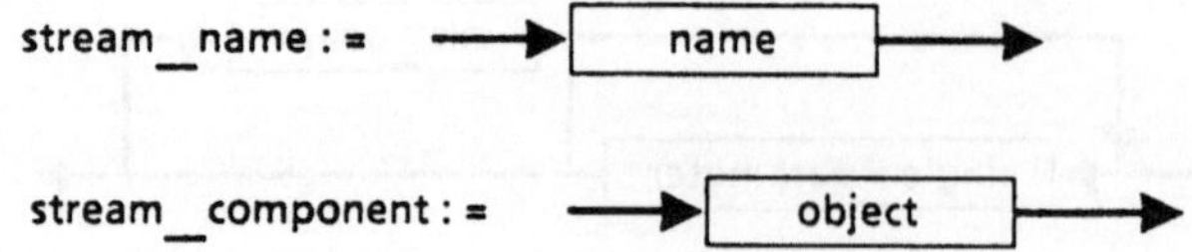

Bild 5.25: Stromname und -komponenten

Ein Komponentenattribut definiert, ob der Wert einer Komponente gemessen wird, oder ob er konstant ist, oder ob er über eine Modellnachbildung berechnet wird. Die meßtechnische Erfassung einer Stromkomponente impliziert die Definition eines systemdefinierten Meßmoduls, der vom Benutzer nicht spezifiziert werden muß (Bild 5.26).

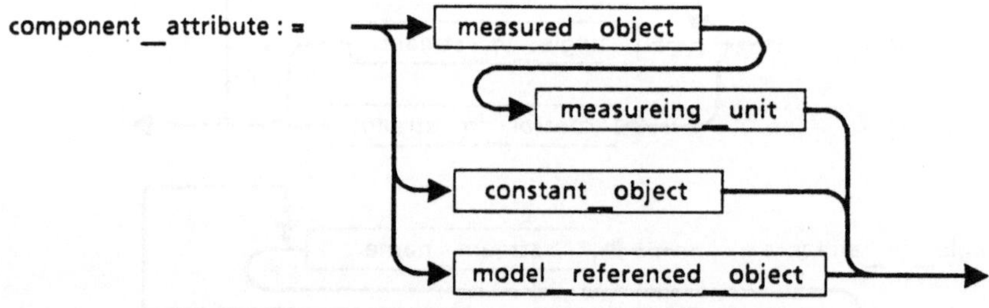

Bild 5.26: Komponentenattribute

Eine Stromreferenz definiert das bezogene Modell und den dort bezogenen Ausgangsstrom (Bild 5.27).

Bild 5.27: Stromrefrenz

Das referenzierte Modell ist bei lokaler Referenz nur durch den Modellnamen definiert. Bei einer verteilten Referenz wird zusätzlich der Knotenname angegeben, auf welchem das referenzierte Modell läuft (bild 5.28). Dies erfordert die implizite Definition eines Kommunikationsmoduls zur Verbindung der zwei verteilt laufenden, aber gekoppelten Modelle. Die Knotenreferenz wird später implizit erzeugt und kann nicht vom Benutzer direkt vorgegeben werden. Durch die Auswahl eines Teilmodells und Angabe des Zielknotens kann diese Referenz gesetzt werden.

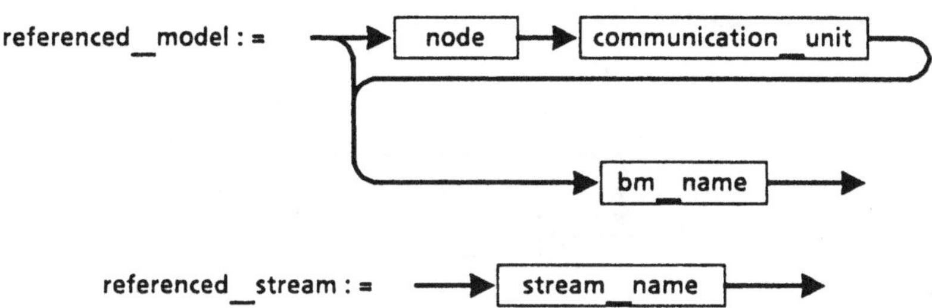

Bild 5.28: Referenzen

Die Ausgangsströme (Bild 5.29) bestehen aus einem oder mehreren Einzelausgangsströmen. Ein einzelner Ausgangsstrom besteht aus seinem Stromnamen, einer oder mehren Komponenten und ebenfalls der zugehörigen Stromreferenz. Bezüglich der Namenswahl gilt das für den Eingangsstrom Gesagte analog.

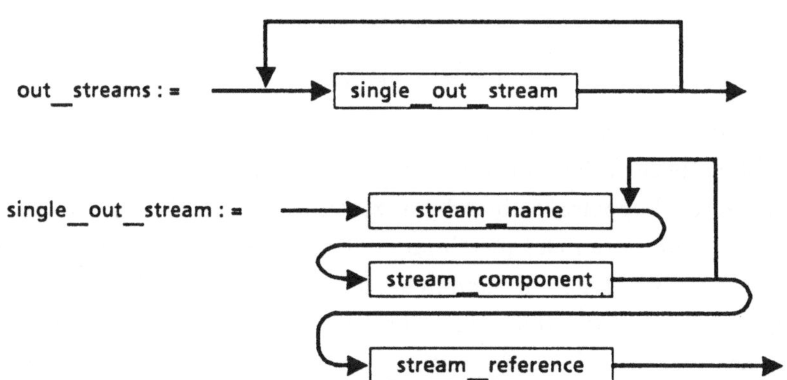

Bild 5.29: Ausgangsströme

Die Ausgangsparameter bestehen aus einem oder mehreren Einzelparametern (Bild 5.30).

Die Modellbeschreibung besteht aus einer oder mehreren Zeilen. Eine Zeile kann beliebige Zeichen beinhalten. Die Modellbeschreibung stellt die Dokumentation eines Modells dar (Bild 5.31).

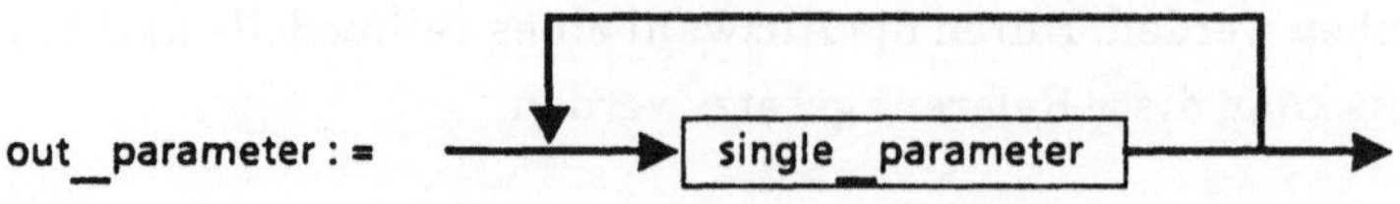

Bild 5.30: Ausgangsparameter

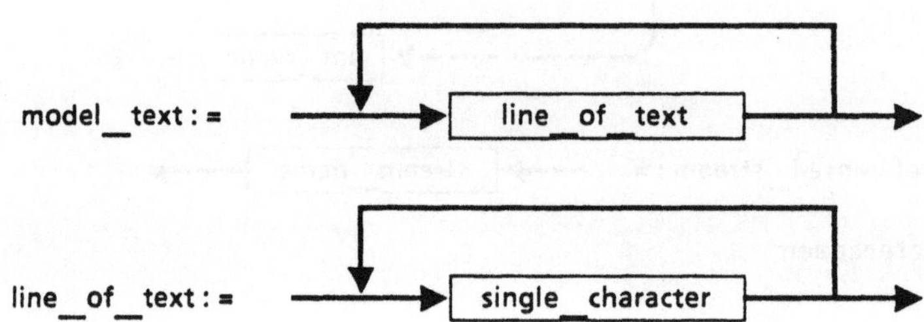

Bild 5.31: Modellbeschreibung

Als Anmerkung sei hier erwähnt, daß man von der formalen Definition des Basismodells ausgehend nur rein zeitdiskrete Systeme modellieren kann (ereignisorientiert), der Schwerpunkt liegt aber auf primär zeitkontinuierlichen Systemen.

5.4.3.2 Semantik der Basismodell-Komponenten

Das Gesamtmodell eines technischen Systems kann in prozeßtechnisch autonome Modelle zerfallen, die wiederum in mathematisch gekoppelte oder aber auch in entkoppelte Submodelle zerlegbar sind. Die elementaren Komponenten sind letztlich aber immer Basismodelle. Bei den prozeßtechnisch autonomen Modellen können bei der Änderung der Zuordnung von Entkopplungsbehältermodellen gemeinsame Kommunikationszeitpunkte auftreten. Diese dienen dazu, die entsprechenden Modelle ebenfalls umzuordnen. Diese Umordnung kann in Form einer Aktivierung bzw. Deaktivierung einer vorliegenden Modellschablone oder aber auch in der wirklichen Umordnung von Modellen bzgl. des zugehörigen Ausführungsschemas realisiert werden. Voraussetzung hierzu ist aber die Gleichheit des Modellaufbaus wegen der Ausführungsalgorithmen und wegen der notwendigen Datenobjekte. Mathematisch entkoppelte Modelle sind als solche insgesamt numerisch autonom ausführbar. Der Ablauf und der Modellstatus orientiert sich aber an dem übergeordneten prozeßtechnisch autonomen Modell (falls vorhanden).

Die unterste Ebene der Modellhierarchie bilden die Basismodelle mit ihren komplexen Eigenschaften bzgl. der Modellausführung. Der kontinuierliche Teil des Basismodells kann aus verschiedenen Arten von ODEs oder PDEs bestehen. Für jede Art von Gleichung (-ssystem) muß ein entsprechender Lösungsalgorithmus verfügbar sein. Um möglichst wenig Restriktionen bei der mathematischen Formulierung des kontinuierlichen Teils voraussetzen zu müssen, soll ein von der Gleichungsart und Lösungsalgorithmus unabhängiger Systemaufbau (Laufzeitsystementwurf) angestrebt werden. Dies bedeutet, daß jede mathematische Beschreibung eines kontinuierlichen Teils vom Laufzeitsystem verarbeitet werden kann, insofern ein entsprechender Lösungsalgorithmus im System definiert ist (objektorientierter Ansatz). Unter Lösungsalgorithmus wird hier das Verfahren verstanden, das bei gegebener Zeit und zugehörigem Modellzustand ohne weitere externe Verfahren den Modellzustand des nächsten entweder verfahrensdefinierten oder von außen vorgegebenen Zeitpunktes liefert. Diese Anforderung kann dann realisiert werden, wenn

- die möglichen Zustände eines Basismodells als abstraktes Objekt allgemein definierbar sind und
- die Basismodelle als abstrakte Datentypen (ADT) realisiert sind, wobei die numerische Integration nichts anderes als eine der auf die abstrakten Datenobjekte BM definierten Operationen ist.

Durch einen solchen Entwurf wirkt sich die Art des kontinuierlichen Teiles und des Lösungsalgorithmus nicht auf äußere Strukturen (Simulationsablauf, Daten) aus. Basismodell-spezifisch wird ein Lösungsverfahren aufgerufen, dem die Basismodell-Funktion (Mathematische Beschreibung) zur Auswertung übergeben wird. Die interne Art der Verarbeitung der BM-Zustandswerte hängt nur vom Lösungsverfahren ab und ist damit vom Ablaufschema unabhängig.

Bei state crossings muß der Zeitpunkt, bei dem der Referenzwert gekreuzt wurde, iterativ ermittelt werden. Hierzu existieren mehrere Verfahren, die als Modelloperationen verfügbar sein müssen (z. B. Intervallhalbierung). Ein process event kann nun auf ein für den nächsten Integrationszeitpunkt noch nicht gerechnetes, ein gerade zu rechnendes oder aber ein schon gerechnetes Modell bezogen sein. Für die letzten beiden Fälle bedeutet das Auftreten eines process events die erneute Berechnung mit dem Ereigniszeitpunkt als nächsternIntegrationszeitpunkt; für den ersten Fall wird die Schrittweite entsprechend dem Ereigniszeitpunkt gesetzt. Die von einem process event ausgelösten Folgeereignisse werden auf die gleiche Art behandelt. Bei time events wird der Zeitpunkt für die Integration der betroffenen Modelle auf den nächsten time event gesetzt. Dies ist möglich, da die time events jeweils immer im voraus bekannt sind (time event Liste). Regler, die Werte zu diskreten Zeiten übernehmen (Abtastintervall), definieren somit für das gekoppelte Modell die momentane maximale Schrittweite. Um time events auch bei einer parallelen Integration korrekt in den Simulationsablauf zu übernehmen, werden die Eingangsgrößen der kontinuierlichen Modelle immer erst vor Beginn der Integrationsrechnung wertemäßig gesetzt.

5.4.3.3 Einschränkungen für Echtzeitmodelle

Die syntaktische Definition erlaubt den Aufbau komplexer Modelle. Die Ausführung solcher Modelle kann erhebliche Zeit beanspruchen (z. B. iterative Ermittlung des Zeitpunktes eines state crossings). Bei allgemeinen Simulationsstudien bewirkt dies eine längere Antwortzeit des Systems. Bei Echtzeitsimulationen kann dies aber aus Konsistenzgründen nicht zugelassen werden. Die zeitsynchrone Ausführung der Modelle parallel zum realen technischen Prozeß ist zu gewährleisten. Aus diesem Grund sind für die Basismodelle Einschränkungen zu fordern. Für den notwendigen Umfang werden vorläufig state crosssings, zustandsorientierte Attribute und die externe Adaption ausgeschlossen. Die Ablaufstruktur des Simulationssystems macht, wie später gezeigt, eine Erweiterung um die jetzt getroffenen Einschränkungen ohne Modifikation möglich. Für die grundsätzliche Anwendung reicht diese Basismodellgrundstruktur aus.

5.4.4 Hinweise zum Aufbau und zur Transformation der modellbeschreibenden Datenstruktur

Der Aufbau eines Basismodells muß in systemkonsistenter Weise erfolgen. Hierzu wird eine BM-Schablone definiert, die dem Modellierer alle notwendigen Freiheitsgrade läßt und dennoch die BM-Korrektheit sichert. Der Modellierer füllt diese Schablone mit Hilfe eines syntaxsensitiven BM-Editors aus, der die Eingaben syntaktisch und semantisch auf ihre Richtigkeit prüft. Diese Schablone wird dann mit den notwendigen Laufzeitsystemfunktionen in einen entsprechenden Programmcode transformiert und in die Laufzeitsystemmodellbibliothek eingebunden. Der Aufbau der Modelldatenstruktur erfolgt nach dem bottom-up Prinzip (modulare Modellierung). Die verfügbaren BMe stellen jeweils bestimmte elementare Komponenten des zu modellierenden Prozesses dar. Ein abgegrenzter Prozeßbereich (Subsystem) wird nun durch das Erzeugen von auf ein Basismodell abzubildenden Teilmodelle und das Zusammenfügen mehrerer Teilmodelle modelliert. Diese Modellierung erfolgt durch das Verknüpfen der $TM_0{}^i$e untereinander über ihre Ein- und Ausgangsgrößen. Nicht verknüpfte Ein- und Ausgangsgrößen sind für Verknüpfungen auf der nächst höheren Ebene verfügbar. Bezüglich einer graphischen Darstellung auf den verschiedenen Ebenen oder der Möglichkeit einer graphischen Konfiguration des Modells sei auf ein späteres Kapitel verwiesen. Beim Verknüpfen erfolgt gleichzeitig ein Eintrag in eine die TM beschreibende Datenstruktur, die wiederum ein Teilmodell darstellt. Das TM erhält einen definierbaren Namen, um den Prozeßbezug zu fixieren. Diese Verknüpfung erfolgt jezt sukzessiv für weitere Teilbereiche. So entstehen mehrere Teilmodelle, welche wiederum zu einem Teilmodell zusammengefügt werden können, das ebenfalls einen Namen erhält. Erfolgt auf einer Hierarchiestufe nur ein Eintrag in die beschreibende Datenstruktur (Liste) ohne Verknüpfung oder Übernahme der Ein- und Ausgangsgrößen in das nächste TM, so handelt es sich dann um nicht miteinander verkoppelte Teilprozesse (DDM). Dieses Verknüpfen ist nach oben beliebig fortsetzbar und stellt die topologische Struktur des zu modellierenden Prozesses dar.

Die Transformation der Liste zu einem ausführbaren Modell kann, wie früher schon dargestellt, auf mehrere Arten erfolgen (gesamtmodellorientierte oder modulare Integration). Bei einer interpretativen modularen Integration erfolgt die Transformation über zwei Stufen. Zuerst wird die Liste abgearbeitet und die Menge der auszuführenden Basismodelle bestimmt. Diese werden in eine Liste eingetragen und einer bzgl. des Systems autonomen Ablaufsteuerung übergeben. Diese erzeugt für jedes BM entsprechend seinem Typ einen spezifischen Prozeß. Dieser verwaltet das BM und bringt es zur Ausführung. Außer den aktuellen Variablenwerten und eventuell dynamisch veränderbaren Parameterwerten enthält die TM-Datenstruktur alle zur Ausführung notwendigen Werte (Verfahrensselektion usw.). Die zu ergänzenden Werte sind einer Datenbasis zu entnehmen. Der Eintrag dort erfolgt ebenfalls anhand der in den TM enthaltenen Informationen über Eingabeanforderungen an den Benutzer. Die Kennzeichnung erfolgt durch Eintrag des Pfadnamens eines Teilmodells. Die Initialisierungsdaten können aus einer "default"-Datei oder aus einer vom Benutzer zu spezifizierenden Sonderdatei entnommen werden (z. B. Anfahrdaten aus einer Anfahrdatei).

Die in der Modelldatenstruktur enthaltenen Informationen stellen auch die Basis für die Generierung eines voll übersetzten und mit den notwendigen Laufzeitsystemfunktionen zusammengebundenen anwendungsspezifischen

Zielsystems dar (Kopie einer Teilmodellhierarchie). Ein solches Zielsystem kann aus mehreren verteilt ausführbaren Komponenten bestehen, die bei definierten Schnittstellen (Schnittstellenmodule) in ein PLS/PIS integrierbar sind. Bei einer interpretativen und verteilten Simulation wären dann nur die das lokal verwendete Modell beschreibende Datenstruktur und die entsprechenden Basismodelle zu halten. Als Spezialfall der modularen Modellintegration kann ein Gesamtmodell auch aus nur einem BM bestehen, d. h. ein kontinuierliches System ist in seiner Gesamtheit durch ein BM modelliert. Damit hätte man wieder die gesamtmodellorientierte Integration. Wird ein solches BM mit Koppelmodulen als Basis einer anwendungsspezifischen Zielsystemgenerierung benutzt, so erhält man ein formal nach simulationstechnischen und damit auch softwaretechnischen Kriterien aufgebautes und zeitlich effizientes System, welches für eine Echtteilesimulation (*hardware-in-the-loop*) einsetzbar ist.

5.5 Zusammenfassung

In diesem Kapitel wurden Anforderungen für die Modellierung großer komplexer Systeme dargestellt. Hieraus und aufgrund der Struktur technischer Prozesse ergab sich die Zerlegung des Gesamtmodells in Modelle prozeßtechnisch autonomer Bereiche, wobei mögliche Kopplungen nur in Form von ausschließlich einem Bereich zuordenbaren Prozeß- bzw. Modellkomponenten auftreten können. Solche Komponenten sind beispielsweise Vorlage- oder Einstellbehälter. Entsprechend der vorliegenden mathematischen Kopplung sind die Modelle prozeßtechnisch autonomer Bereiche weiter in datendisjunkte oder datengekoppelte Modelle zerlegbar. Auf unterster Ebene treten letztendlich nur noch die definierten Basismodelle auf. Die Notwendigkeit der Echtzeitfähigkeit von mathematischen Prozeßmodellen führte dann zur Definition des Echtzeitmodelles (incl. verteiltes Echtzeitmodell).

Die den Simulationsablauf betreffende Modellsemantik wurde in zwei Stufen syntaktisch gefaßt. Die erste Stufe definierte den hierarchischen Aufbau eines Gesamtmodells, die zweite Stufe den komponentenspezifischen Aufbau der untersten Modellebene (Basismodelle). Die erste Syntaxstufe kann als Makrosyntax bezeichnet werden, da sie nur den prinzipiellen und damit den Simulationsablauf betreffenden Modellaufbau definiert. Die innere mathematische Modellform wird durch sie nicht definiert, da das Ziel eine Auflösung der den Simulationsablauf beeinflussenden und der nur die innere

Form betreffenden Operationen war. Die syntaktische Definition des inneren Aufbaus der Basismodelle erfolgt durch die zweite Syntaxstufe (Prinzip der abstrakten Datentypen durch das Verbergen des "Wie" einer modellklassenspezifischen Operation - z. B. numerische Integration).

Der dargestellte modulare Modellaufbau ist eine geforderte Notwendigkeit und hat wie erwähnt viele Vorzüge. Ein wesentliches Problem ist allerdings bei der modularen Modellausführung die Voraussetzung der numerischen Entkopplung. Die numerische Entkopplung wird in einem späteren Kapitel untersucht. Aber unabhängig davon läßt sich ein modulares Modell auch in ein global ausführbares Modell transformieren und damit als solches ausführen. Die Freiheit bzgl. des Ziels der Modelltransformation modular definierter Modelle in global oder modular ausführbare Modelle wird durch eine Struktur ermöglicht, die als Modellbeschreibungssprache aufgefaßt werden kann. Diese Struktur wird entsprechend der syntaktischen Modelldefinition erzeugt und stellt die Ausgangsbasis für beliebige Modelltransformationen dar.

6 Konzept einer Modellentwicklungsumgebung (MEU)

In diesem Kapitel soll aus den vorhergehenden Anforderungsdefinitionen ein Systemkonzept skizziert werden, das verschiedenen Benutzern größtmögliche Unterstützung bei gleichzeitig hoher Flexibilität, eine einfache Erweiterbarkeit (offenes System) und eine zeitlich effiziente anwendungsspezifische Simulation bietet. Diese Forderungen sind teils konträrer Natur und lassen sich in der Summe mit den bisherigen Ansätzen oder einem Universalsystem nicht erfüllen. Analysiert man jedoch die für den gesamten Anforderungskomplex notwendigen Operationen nach ihrem zeitlichen und objektspezifischen Zusammenhang, so ist eine Folge von einzelnen und kausal abhängigen Operationen erkennbar. Das Profil der Anforderungskomplexität läßt sich so erheblich reduzieren und auf mehrere stark autonome Einheiten mit einer einfacheren Systemstruktur abbilden. Hierzu werden im folgenden Abschnitt weitere Randbedingungen untersucht, welche auf die Systemstruktur Einfluß haben.

6.1 Benutzerklassen und Systemebenen

6.1.1 Benutzerklassen

Eine erste zeitliche Auflösung der Anforderungen erhält man bei Zugrundelegen der Schritte des Simulationsphasenzyklus. Dieses Anforderungsprofil kann bei Berücksichtigung der unterschiedlichen Erfahrungs- und Wissenshorizonte der Benutzer noch weiter aufgelöst werden. Ausgehend von einer allgemeinen Benutzereinteilung (etwa nach /Steinbuch 1984/ in einen Endbenutzer (parametrisierendes Arbeiten), einen programmierenden Benutzer (strukturierendes Arbeiten) und den Systemmanager (systembezogenes Arbeiten) kann unter der Berücksichtigung der unterschiedlichen programmtechnischen, mathematischen, chemisch-physikalischen und prozeßtechnischen Kenntnisse das folgende Benutzerprofil abgeleitet werden.

Benutzerklasse 0:

Auf dieser Schicht wird die bisherige Systemarchitektur entsprechend funktionalen Anforderungen modifiziert. Dabei kann es sich um die Änderung bestehender Module oder um die Erweiterung um neue Module handeln. Der Benutzer benötigt hierzu eine hohe Systemkenntnis und eine umfassende Erfahrung im Softwareentwurf.

Benutzerklasse 1:

Durch sich leicht geänderte Anforderungen sind bisher im System vorhandene Verfahren für definierte Objektklassen nicht optimal. Es müssen also bestehende Verfahren modifiziert oder neue eingebracht werden. Dies erfolgt nach vorgegebenen Definitionen bzgl. der zu beachtenden Schnittstellen und der Zugriffsvereinbarungen auf die Objekte. Diese Arbeit erfordert weniger direkte Erfahrung für den Softwareentwurf, jedoch eine hohe Kenntnis der entsprechenden Verfahren. Beispielsweise würden hier neue Verfahren zur numerischen Integration für schon existierende Modellklassen realisiert werden.

Benutzerklasse 2:

Ausgehend von den im System vorhandenen Verfahren sind auf dieser Ebene verarbeitbare Objekte (Klassenausprägung) zu definieren. Bei der Modellierung großer technischer Systeme wird aus Komplexitätsgründen das chemisch-physikalische Wirkungsgefüge kleiner abgegrenzter Systemkomponenten mathematisch beschrieben (modulare Modellierung). Hieraus ergeben sich Modellbausteine, mit denen umfangreichere Modelle erstellt werden können. Der Anwender will ohne programmtechnische und teilweise auch ohne numerische Kenntnisse das chemisch-physikalische Wirkungsgefüge seines Apparates beschreiben. Dabei muß er von der Korrektheit bzw. Anwendbarkeit der Verfahren für bestimmte Modellklassen ausgehen können. Die Semantik der Modellbausteine wird durch entprechende graphische Attribute beschrieben, die mit Hilfe eines graphischen Modelleditors definiert werden. Die graphische Darstellung stellt die Basis für das graphische Konfigurieren in der nächsten Schicht dar.

Benutzerklasse 3:

Nach der prozeßtechnischen Vorlage wird mit den Bausteinen der Schicht 2 ein Modell erstellt, getestet (Validierung) und abgespeichert. Für die Anwendung der Simulation oder der mathematischen Modelle allgemein muß die Modelldarstellung danach in eine anwendungsspezifische Form gebracht werden. Diese Ebene erfordert keine mathematischen (verfahrensspezifischen) und softwaretechnischen Kenntnisse. Der Anwender erwartet eine hohe Flexibilität für die Modellierung, d. h. ein Modell soll leicht änderbar, ausführbar und dokumentierbar sein, und die Ausführung muß gleichzeitig zeitlich effizient sein. Der Anwender geht dabei von einer syntaktisch und semantisch korrekten Darstellung bzw. Verarbeitung seiner Modelle aus.

Um eine optimale Unterstützung des Benutzers in der Modellierungsphase (Konfiguration eines Gesamtmodells aus Bausteinen) zu erreichen, ist eine graphische Oberfläche zu benutzen, die die Auswahl von Modellbausteinen und Operationen über Menüs usw. ermöglicht. Die Simulationsergebnisse sind in Kurvendarstellung (Zustandsverläufe) und in Form von Modellbaustein-spezifischen Informationen graphisch aufzubereiten.

Benutzerklasse 4:

Diese Anwender setzen ein vordefiniertes Modell anwendungspezifisch ein. Das Modell stellt zusammen mit bestimmten Operationen eine Funktion in einem umfassenderen System dar (z. B. Prognosefunktion). Er verlangt eine zeitlich effiziente Ausführung seiner Operationen bei gleichzeitiger Korrektheit des unterliegenden Modells und des Programmsystems. Auftretende Fehler müssen im System abgefangen werden. Der Anwender kann diese nicht umsetzen, er abstrahiert vollkommen von programmtechnischen, mathematischen und chemisch-physikalischen Gegebenheiten. Eine flexible Systemstruktur ist hier primär nicht notwendig.

6.1.2 Systemebenen

Diese Einteilung der Benutzer in verschiedene Klassen dient dazu, ein zeitliches Anforderungsprofil mit minimaler Komplexität (Systemschicht / -ebene) abzuleiten (Es gibt sicherlich Benutzer, die mehr als eine Ebene überdecken können.). Die Ebene 0 und die Ebene 1 sollen vorläufig aus den Überlegungen ausgeklammert werden. Für alle Benutzertypen ist eine spezifische, aber einheitliche Umgebung mit maximaler graphischer Unterstützung zu definieren. Ein auf dieses phasenspezifisch sich ändernde Anforderungsprofil zugeschnittenes Systemkonzept sieht folgendermaßen aus:

Ebene 2:
- Verfügbarkeit von (Lösungs-)Verfahren (Methodenklassen) für bestimmte Modellklassen,
- Editor zur Formulierung mathematischer Modelle (entsprechend den Modellklassen),
- Unterstützung durch Anbieten einer modellklassenspezifischen Schablone,
- Prüfung auf syntaktische und semantische Korrektheit,
- Spezifikation der Darstellungsgenauigkeit bzw. der Wertebereiche von Größen mit Meldung zur Laufzeit,

- graphischer Editor zur Erzeugung der graphischen Repräsentation von Modellbausteinen,
- Möglichkeit der Modifikation bestehender Modelle,
- Archivierung in einer Bibliothek,
- automatisches Übersetzen und Einbinden der Modelle in eine Laufzeitbibliothek,
- Dokumentationsteil zur Beschreibung der Modelle.

Ebene 3:
- Verknüpfen von Modellbausteinen zu größeren Modellen mit einem graphischen Konfigurator,
- Modifikation bestehender Modelle,
- Archivierung benutzerspezifischer Modelle,
- Versionsführung,
- interaktive Intialisierung von Modellen mit Methodenauswahl,
- interaktive Simulation (Modellausführung) mit Entkopplung der graphischen Darstellung,
- Unterstützung der Validierung durch Verfahren der Parameteradaption und Sensitivitätsanalyse (parallele Methoden),
- Generierung eines anwendungspezifischen Zielsystems mit Hilfe eines Generators anhand benutzerdefinierter Modelle (beschreibende Datenstruktur) mit den notwendigen Laufzeitsystemfunktionen,
- Bereitstellung von Kommando- und Datenschnittstelle nach außen.

Ebene 4:
- Anwendungsspezifisches Zielsystem, strukturinvariant und den Bedürfnissen exakt angepaßt, Kommunikation über definierte Schnittstellen.

Diese grobe Darstellung charakterisiert in etwa die benutzer- und phasenorientierte Ausrichtung einer Modellentwicklungsumgebung.

6.2 Phasen in der Modellentwicklungsumgebung

Die benutzerspezifischen, anwendungsspezifischen und simulationstechnischen Anforderungen ergaben eine Einteilung der abstrakten Operationen in einer MEU in fünf wesentliche Phasen,
- die systembezogene Phase,
- die Modelleditierphase,

- die Modellkonfigurationsphase,
- die Transformations- und Ausführungsphase und
- die Zielsystemgenerierung mit der Endbenutzerphase (Simulation als funktionale Komponente).

Im Folgenden werden diese Phasen bzgl. der existierenden Objekte, die auf sie anwendbaren Operationen mit den zulässigen Objektzustandsfolgen und die Beziehungen zwischen den Phasen untersucht.

6.2.1 Systembezogene Phase

Wie in einem früheren Kapitel schon erwähnt, wird auf der Basis eines objektorientierten Entwurfs eine objektnormierte Erweiterbarkeit des Systems angestrebt. Objektnormierte Erweiterbarkeit heißt, das zu bearbeitende Objekt (Klasse) definiert aufgrund seiner Semantik (modellhafte Vorstellung, Sinnbegriff und Eigenschaften) die Semantik und Syntax, nach der objektspezifische Methoden aufgebaut sein müssen (Schnittstelle, funktionaler Zusammenhang). Die Syntax gilt für eine einzige objektspezifische Methodenklasse. Das Objekt wiederum kann anhand seiner Semantik und der Methoden ebenfalls als Klasse syntaktisch definiert werden (Repräsentation). Jeder Objektklasse wird ein sogenannter Behälter zugeordnet (Bibliothek, Datenbank), in welchem Klassenausprägungen abgelegt werden können. Objekte (Klassenausprägungen) können anhand einer klassenspezifischen Schablone und eines syntax- und semantikorientierten Editors erzeugt und modifiziert werden.

Der Aufbau von Methodenklassen und Objektklassen erfolgt in der systembezogenen Phase. Darüber hinaus kann ein Systemexperte natürlich noch weitere Modifikationenen vornehmen, solange sie konsistent zur bisherigen Systemphilosophie sind. Die reine Methodenerweiterung für schon bestehende Objektklassen wird als Systemoptimierung bezeichnet.

Die obigen Ausführungen sollen am Beispiel eines Basismodells erläutert werden. Im System existiert eine Objektklasse "mathematische Modelle". Ein Objekt dieser Klasse ist eine BM-Klasse mit bestimmten mathematischen Eigenschaften. Beispielsweise sind alle mathematischen Beschreibungen von linearen Differentialgleichungssystemen n-ter Ordnung eine BM-Klasse (mathematisch). Die Operationen auf ein BM (Klasse) ist z. B. das Erzeugen eines Objekts, die Modifikation der Klasse usw.. Auf ein Objekt sind die Operationenen *modifizieren, Schablone ausfüllen, syntaktisch und semantisch prüfen, in die symbolische Bibliothek einlagern, übersetzen* und *in das*

Laufzeitsystem einbinden, initialisieren, starten, anhalten usw. ausführbar. Diese Aufzählung zeigt schon die Überschneidung der verschiedenen Phasen. Deshalb muß also entweder die Schnittstelle zwischen den Phasen bzgl. der Modellsemantik berücksichtigt werden, oder es muß eine korrekte Transformation in andere Objekte (Klassen) erfolgen. Aus der Klasse der symbolischen BMe wird zum Beispiel die Klasse der ausführbaren BM erzeugt. Die modellhafte Vorstellung einer MEU spiegelt sich also in der Modellsemantik und -syntax wieder.

Um die Arbeiten in der systembezogenen Phase vollständig beschreiben zu können, muß bzgl. der Systemarchitektur etwas vorgegriffen werden. Um Methoden ausführen, also Operationen auf Objekte anwenden zu können, muß natürlich ein entsprechender Prozeß im System existieren. Dieser Prozeß setzt unter Berücksichtigung der semantisch korrekten Zustandsübergänge eines Objektes die Benutzereingaben in Operationen um. Für die Eingabe steht ein standardisiertes Interface zur Verfügung, welches die Eingaben zur syntaktischen und semantischen Prüfung an einen Kommandointerpreter weiterleitet, der die entsprechenden Systemaktivitäten anstößt (Prozeßaktivierung). Die semantische Korrektheitsprüfung kann natürlich auf mehreren Ebenen erfolgen. Beispielsweise kann in der Objektrepräsentation ein Zustandsgraph definiert sein, der die für den aktuellen Objektzustand nicht zugelassenen Methoden sperrt. Die Erweiterung des Systems um Objektklassen und zugehörige Methoden erfordert also auch das Erzeugen und Integrieren eines Prozesses, der die Operationen ausführt. Der Prozeß muß im System bekannt gemacht werden, damit entsprechende Benutzereingaben an ihn weitergeleitet werden können. Ebenso muß er Meldungen an das Interface absetzen können. Die Synchronisation bzgl. des konkurrenten Zugriffs mehrerer Prozesse auf ein Objekt kann durch Synchronisationsobjekte erfolgen. Dies sollte aber aus Flexibilitätgründen vermieden werden. Eine einfache Synchronisation kann über die Existenz von Objekten in einer zentralen Datenbasis erfolgen (gepufferte Erzeuger- / Verbraucherbeziehung). Ein Beispiel soll das verdeutlichen. Die numerische Integration und die graphische Darstellung der Ergebnisse sind zwei Methoden für BMe und operational entkoppelt. Es existieren hierfür mindestens zwei autonome Prozesse. Die numerische Integration schreibt ihre Ergebnisse in der zeitlichen Entstehungsreihenfolge in die zentrale Datenbasis (Ausprägung von Objekteigenschaften). Der Prozeß für die graphische Darstellung eines Basismodells fordert ausgehend vom aktuellen Zeitpunkt (Wert der letzten erhaltenen Werte) weitere in der Datenbasis eingetragene Werte an. Die

Anfrage kann implizieren, daß nur Werte gewünscht sind, welche nach der aktuellen Zeit erzeugt wurden. Liegen keine Werte vor, wird die Anfrage in eine Warteschlange eingereiht und beim Eintreffen der erwarteten Werte versorgt. Optional könnte natürlich ein *time out* angegeben werden, d. h. nach einer bestimmten Zeit soll die Anfrage ergebnislos gestrichen werden.

Die Datenbank dient also für lose gekoppelte Methoden / Prozesse als entkoppelnder Teil im System. Die Ausführungszeiten sind zwar etwas länger als bei direktem Zugriff, die Konsistenz des Systems bzgl. der konkurrenten Anwendung unterschiedlicher Methoden ist bei Systemmodifikationen leichter zu gewährleisten (lose gekoppelte Methoden / Prozesse). Die angesprochene Entkopplung über eine Datenbank ist im übrigen eine zwingende Forderung aus früheren Abschnitten. Bei der Parameteradaption parallel zur numerischen Simulation ist eine zentrale Anfrage allerdings durch die kleinen zeitlichen Integrationsschrittweiten nicht durchführbar. Das Prinzip kann jedoch beibehalten werden. Es muß ein gemeinsamer Puffer eingerichtet werden, der den für die Simulation zuständigen Prozeß mit den entspechenden Werten bei Anforderung versorgt. Die Anforderung erfolgt auf der Basis von Botschaften mit time out (eng gekoppelte Methoden / Prozesse).

Die sprachlichen Mittel, welcher der Anwender in der systembezogenen Phase zur Verfügung hat, sind die Konstrukte der für das System verwendeten Programmiersprache. Die Einschränkungen ergeben sich aus den getroffenen Systemkonventionen. Eine syntaktische oder semantische Prüfung der Benutzeroperationen soll und kann aus Flexibilitäts- und Komplexitätsgründen nicht möglich sein. In den folgenden Abschnitten wird beispielhaft als Objektklasse die Klasse der mathematischen Modelle mit gleicher mathematischer Beschreibungsart (Systeme von Differentialgleichungen 1. Ordnung) zugrundegelegt. Die Beschreibung kann analog für andere Objektklassen herangezogen werden.

6.2.2 Modelleditierphase

6.2.2.1 Mathematische Formulierung

In dieser Phase erfolgt die mathematische Formulierung des chemisch-physikalischen Wirkungsgefüges der Grundkomponenten technischer Systeme. Hierzu bietet das System entsprechend der ausgewählten Objektklasse (BM-Klasse) eine Schablone an, welche der Modellierer als Grundlage benutzen kann. Unterstützt wird er dabei von einem interaktiven Modelleditor, der nach der in der systembezogenen Phase definierten Modellsyntax arbeitet.

Der Modellierer erzeugt also nur eine syntaktisch und semantisch korrekte Ausprägung einer existierenden Objektklasse mit ihren existierenden Methoden. Die semantische Korrektheit bei definierter Syntax ist nur erfüllt, wenn die korrekte Implementierung der Objektklasse, der zugehörigen Methoden und die Beachtung der semantisch korrekten Zustandsübergänge (Operationsfolgen) in der vorhergehenden Phase durchgeführt wurde. Hat der Benutzer ein BM erzeugt, so wird es vom System in die symbolische BM-Bibliothek eingelagert, übersetzt, dann mit den notwendigen Laufzeitfunktionen versehen und in die ausführbare BM-Bibliothek eingetragen, wo es dann als interpretierbarer Modellbaustein dem Anwender zur Verfügung steht. Das Einfügen in das bestehende System wird von einer Kommandoprozedur gesteuert.

Ein BM stellt das Objekt einer bestimmten Klasse dar. Alle Arten von linearen und zeitinvarianten Differentialgleichungssystemen n-ter Ordnung bilden eine BM-Klasse mit zugehörigen klassenspezifischen Methoden. Für diese Klasse stellt das Runge-Kutta-4 Verfahren z. B. eine Methode dar. Bild 6.1 zeigt das Schema der mathematischen und graphischen Modellierungsphase. Für die nachfolgende Phase stellen Objekte einer BM-Klasse wiederum eine Klasse mit spezifischen Methoden dar, da auf ein BM mehrere Teilmodelle als individuelle Ausprägungen eines BM möglich sind. Ebenso wie die BM müssen auch die hierarchisch höher eingeordneten Modelle eine graphische Attributierung besitzen (Grundlage der graphischen Konfiguration). Diese syntaktische Erweiterung wird im nächsten Abschnitt besprochen.

Die sprachlichen Mittel in der mathematischen Modellierungsphase sind ein ADA-Subset in schablonierter Form, also die mathematischen Grundoperationen (skalar- wie vektorwertig), Differentialoperatoren usw. (Formeldefinition, simulations- und phasenspezifische Operatoren und Befehle des Kommandointerpreters).

6.2.2.2 Syntaktische Definition der graphischen Basismodellattribute

Die vorher definierte Modellsyntax muß jetzt aber noch aufgrund der geforderten graphischen Unterstützung erweitert werden. Jede BM-Klassse erhält ein graphisches Attribut, das die Darstellung der visuellen Anschauung (Sinnbild) eines Objektes ermöglicht. Dieses graphische Attribut ist für das einzelne Klassenobjekt nur eine prinzipielle Ausprägung. Prinzipiell deshalb, weil das Objekt BM (Ausprägung einer Modellklasse mit freien Modell-

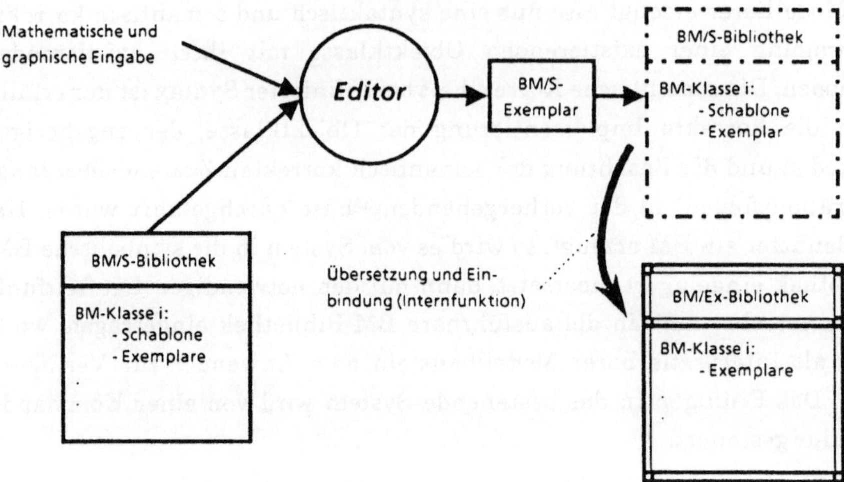

Bild 6.1: Mathematische und graphische Basismodelldefinition

größen, Parametern usw.) in der nächsten Phase selbst als Klasse auftritt und die individuelle Ausprägung erst zum Zeitpunkt der Erzeugung eines Objekts (TM) für dieses Objekt selbst erfolgt. Beispielsweise wird bei der Abbildung von Teilmodellen auf Basismodelle jedem Teilmodell ein individuelles graphisches Attribut zugeordnet, welches durch Parametrisieren des prinzipiellen graphischen Attributs des Objekts der BM-Klasse erfolgt. Die graphische Attributierung ist entsprechend den nachfolgenden Syntaxdiagrammen definiert. Die bisherige BM-Definition wird um eine zusätzliche graphische Komponente erweitert, welche den Sinn eines BM symbolhaft veranschaulicht. Die zulässigen Symbole können auf die entprechenden DIN-Symbole eingeschränkt werden (Bild 6.2).

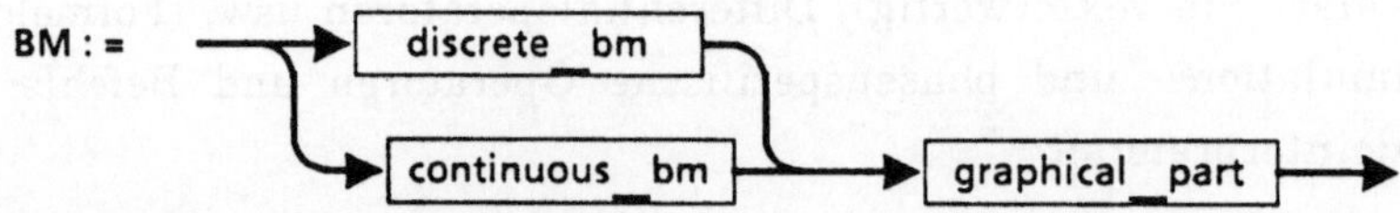

Bild 6.2: Graphische Erweiterung eines BM

Die graphische Komponente setzt sich aus dynamischen Elementen und dem Symbol des BM (Apparat) zusammen (Bild 6.3). Ein Symbol kann aus den verschiedenen geometrischen Grundelementen gebildet werden (Segment im Sinne von GKS).

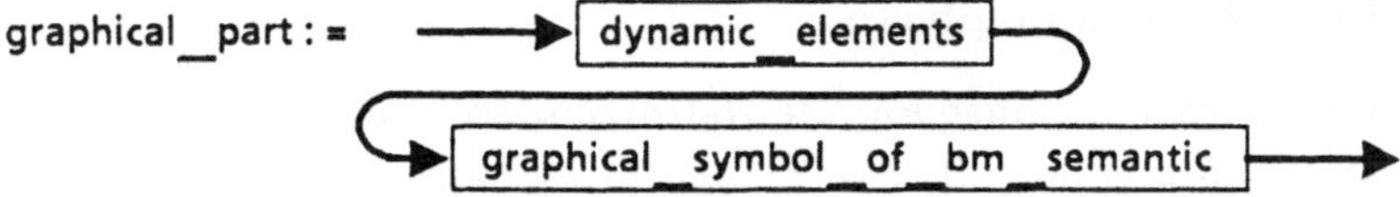

Bild 6.3: Aufbau des graphischen Teils

Die dynamischen Elemente sind der Modellname und die möglichen Koppelelemente (Bild 6.4).

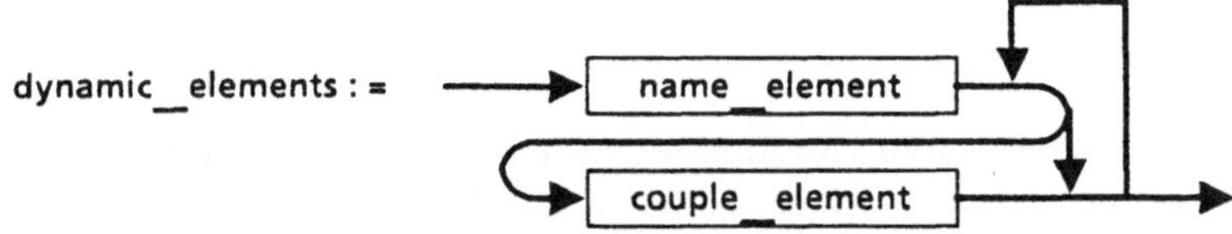

Bild 6.4: Dynamische Elemente

Ein Koppelelement ist entweder ein Eingangs- oder ein Ausgangselement.
Die Elemente bestehen aus dem Elementennamen und einem Koppelsymbol
(Bild 6.5).

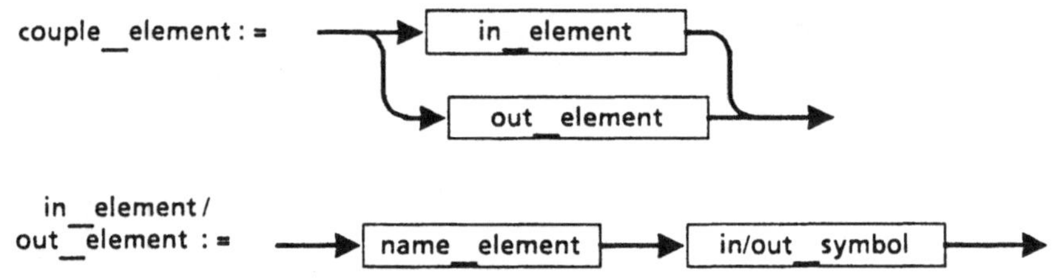

Bild 6.5: Koppelelemente

Der Benutzer kann das gesamte graphische Attribut oder auch Elemente
(dynamische) davon selektieren und Operationen darauf ausführen. Operationen wie das Erzeugen, Modifizieren, Kopieren und Zuordnen können nur
in der Phase der Modelleditierung ausgeführt werden. Ist ein BM als Ausprägung einer BM-Klasse definiert, so liegen auch alle graphischen Eigenschaften mit Ausnahme der dynamischen Elemente fest. Diese sind vom Benutzer
zu definieren. Für die graphische Konstruktion von Modellen (Konfigurien
von BMen) muß auch die syntaktische Definition der hierarchischen Elemente erweitert werden.

6.2.3 Modellkonfigurationsphase

Die Modellkonfigurationsphase hat die Definition eines Modells anhand vordefinierter Bausteine zum Ziel. Die Modellierung eines komplexen technischen Systems erfordert das mehrmalige Durchspielen von Modellvarianten
und -versionen zum Test und Vergleich. Um die komplexen Anforderungen
an den Anwender zu reduzieren, wurden in der vorangegangenen Phase
Modellbausteine geschaffen, welche die Möglichkeit der Abstraktion von der
chemisch-physikalischen Ebene (Mikrokosmos) bieten.

6.2.3.1 Syntaktische Definition graphischer Attribute der Modellhierarchie

Zum Durchspielen und Testen von Modellvarianten muß dem Anwender eine
hohe Flexibilität bzgl. der Gesamtmodellbeschreibung angeboten werden. In
der Modellkonfigurationsphase ermöglicht das System die interaktive
graphische Modellkonfiguration über die graphischen Attribute der Modelle.
Die syntaktische Erweiterung der Modellhierarchie ist entsprechend den
folgenden Syntaxdiagrammen definiert. Ein PAM (Bild 6.6) enthält außer im
Falle eines einzelnen BMs zusätzlich einen allgemeinen graphischen Teil
(cgp, Bild 6.7).

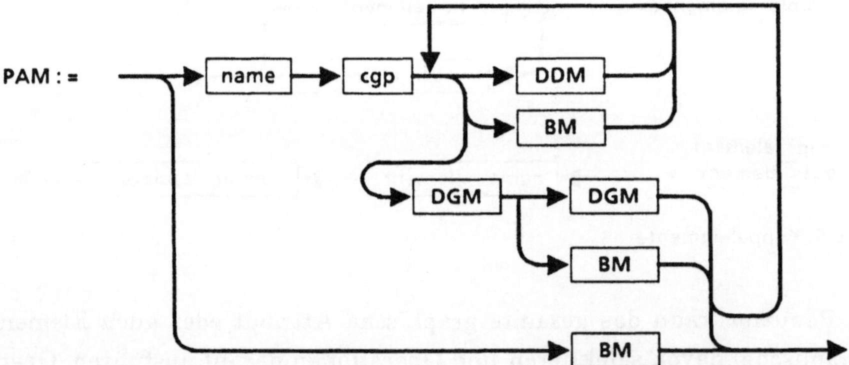

Bild 6.6: PAM-Erweiterung um einen common_graphical_part (cgp)

Beim DDM erfolgt grundsätzlich eine Erweiterung um einen allgemeinen
graphischen Teil, da hier immer ein echtes Teilmodell höherer Ordnung
vorliegt (Bild 6.8).

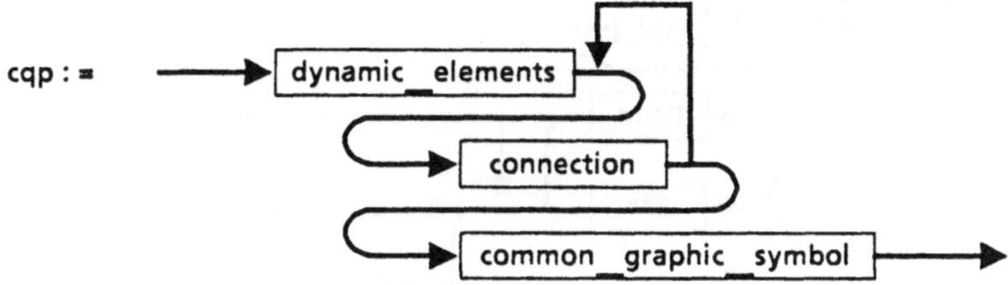

Bild 6.7: Aufbau des common__graphical__part

Das DGM wird ebenso wie das DDM um einen allgemeinen graphischen Teil erweitert (Bild 6.9).

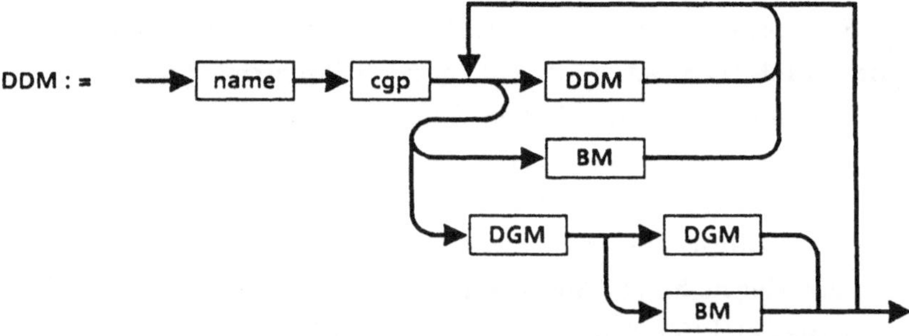

Bild 6.8: DDM-Erweiterung

Der allgemeine graphische Teil (common graphic part = cgp) setzt sich aus dynamischen Elementen, Verbindungen zwischen Ein- und Ausgängen und dem allgemeinen graphischen Symbol zusammen. Das allgemeine graphische Symbol ist durch ein Rechteck definiert, welches gleichzeitig bei der Modellinnensicht den Rand der Darstellung bildet.
Die Modellkonstruktion bedeutet das Erstellen einer das Gesamtmodell beschreibenden Datenstruktur. Diese definiert den Modellaufbau aus den vorgegebenen übersetzten Bausteinen entsprechend der früher definierten Gesamtmodellsyntax.

6.2.3.2 Graphischer Modellaufbau

Der Aufbau der ein Modell beschreibenden Struktur kann leicht mit Hilfe der graphischen Attribute der BM erfolgen. Diese Art der Modellierung benutzt die im graphischen Attribut definierten dynamischen Elemente zur Verknüpfung von auf BM abgebildeten Teilmodellen.

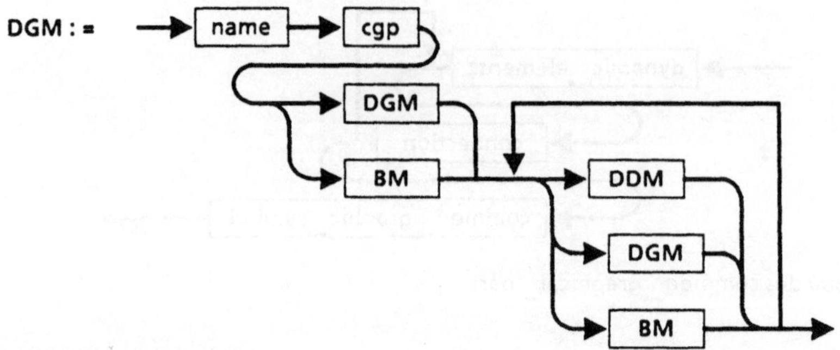

Bild 6.9: DGM-Erweiterung

Die existierenden Basismodelle werden dem Anwender über ein Menü angezeigt. Durch Selektion eines Elementes (BM-Name) wird das entsprechende
prinzipielle graphische Attribut auf dem Bildschirm dargestellt. Der
Anwender muß nun alle dynamischen Elemente teilmodellspezifisch durch
die entsprechende Benennung parametrisieren (Ausprägung eines Objekts
der Klasse BM-Objekt). Das Sinnbild (graphische Attribut eines TM) kann
beliebig auf dem Bildschirm angeordnet werden. Auf diese Art können von
allen BMen ein oder mehrere TMe erzeugt werden. Die Verknüpfung der TMe
erfolgt durch die Selektion der zu verknüpfenden Ein - und Ausgangsgrößen-
elemente unterschiedlicher TM. Die Verknüpfung wird dabei auf syntaktische und semantische Korrektheit geprüft (Eingabe korrekt, Eingangsgöße
semantisch auf Ausgangsgröße passend usw.).

Die hierarchische Modellierung erfolgt ebenfalls graphisch. Auf der untersten Ebene miteinander verknüpfte Teilmodelle können nun als Modell einer
höheren Hierachiestufe definiert werden. Alle bisher nicht belegten Koppelelemente können in die graphische Repräsentation des Teilmodells der Stufe
1 übernommen werden. Das Sinnbild eines Teilmodells höher als Stufe 0 ist
uniform, d. h. alle Teilmodelle haben das gleiche Aussehen (Quadrat mit
Koppelelementen und Teilmodellbenennung). Der Unterschied besteht im
Namen des Teilmodells und der Koppelelmente (mit Pfadnamen).

6.2.3.3 Außensicht und Innensicht hierarchischer Modelle

Der allgemeine graphische Teil mit seinem für alle Modellarten mit einer
Ordnung größer 0 (oberhalb der BM) uniformen Symbol besitzt gegenüber
dem BM-Symbol eine erweiterte Semantik. Da ein Modell TM_i ($i > 0$) intern
wiederum aus Teilmodellen besteht, kann bzgl. des graphischen Symbols eine

Innen- und eine Außensicht definiert werden. Die Außensicht zeigt das

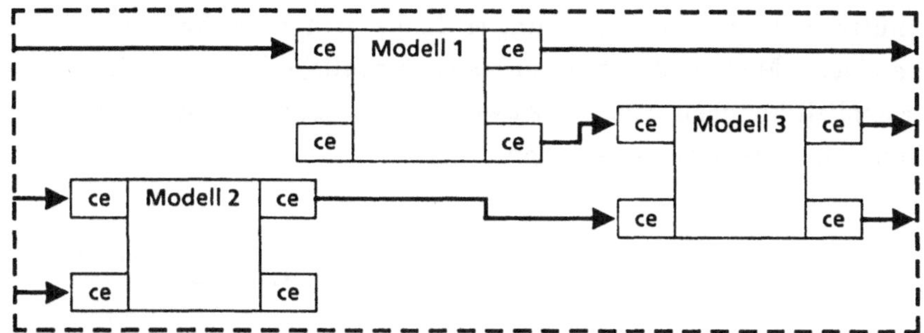

Bild 6.10: Außensicht von Modell 1

Teilmodell im Verbund mit anderen Teilmodellen auf der gleichen Hierarchiestufe. Es sind nur die äußeren Eigenschaften sichtbar, Bild 6.10 zeigt die Außenansicht von Modell 1, 2 und 3. Es ist zu erkennen, daß nicht alle möglichen Koppelein- bzw. Ausgänge nach außen in die nächste Hierarchiestufe übernommen wurden. Die Werte dieser Koppelgrößen werden als konstant betrachtet, da kein Bezug zu anderen Modellen definiert ist.

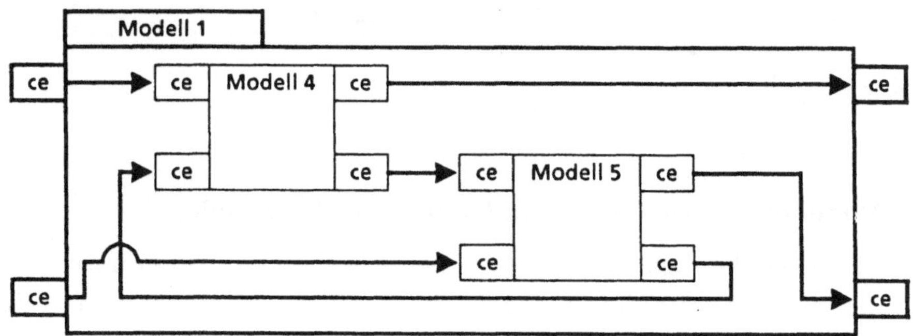

Bild 6.11: Innensicht von Modell 1

Die Innenansicht (Bild 6.11) zeigt den internen Aufbau des Teilmodells, indem das Teilmodell selbst nur als Rand um die das Teilmodell bildenden TM_{i-1} gezeichnet wird. Die Außensicht dient dazu, externe Verbindungen zu definieren; die Innensicht dient zum strukturellen Aufbau des Modells und der Übernahme von Ein- und Ausgängen in die nächste Hierarchiestufe.

Das höchste Modell (PAM) besitzt keine Außensicht, da es in keinem weiteren Modell als strukturelle und verkoppelte Komponente auftritt. Es wird als unabhängiges Modell betrachtet.

Der Benutzer hat nun eine Umgebung (Bild 6.12), in der er beliebige Operationen auf seine Modelle durchführen kann. Modelle, die er archivieren will, muß er explizit angeben. Hat der Anwender sein Gesamtmodell erzeugt, so kann er mit der Ausführung beginnen.

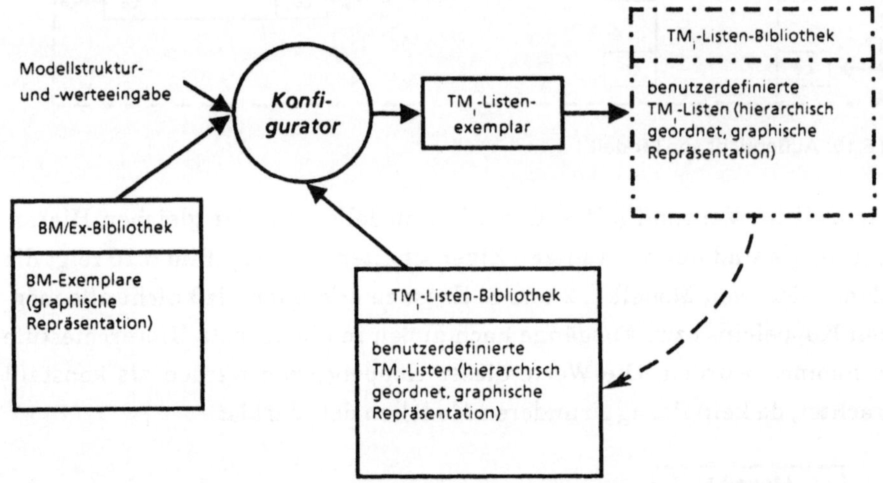

Bild 6.12 : Modellkonfiguration

6.2.4 Modelltransformations- und Modellausführungsphase

Die in der Modellkonfigurationsphase erstellte Modellhierarchie kann sowohl ein einzelnes Gesamtmodell mit mehreren autonomen Teilmodellen (Teilmodellhierarchien) als auch mehrere unabhängige Gesamtmodelle beschreiben. Aus dieser Gesamthierarchie selektiert der Benutzer ein Teilmodell (Teilbaum der Hierarchie), das ausgeführt werden soll. Dieses Teilmodell muß vor seiner Ausführung auf Vorliegen aller Anfangswerte, Ausführungsinformationen (z. B. Schrittweite) und Modellreferenzen geprüft werden. Entspricht das selektierte Teilmodell einer Unterhierarchie eines autonomen Modells, so können Modellreferenzen auftreten, welche innerhalb des auszuführenden Modells nicht befriedigt werden können. Für solche Referenzen sind die Eingänge konstant zu setzen.

Sind alle Voraussetzungen zur Ausführung des Teilmodells gegeben, so werden in der vorliegenden Modellhierarchie die echten Teilmodelle (TM_0)

bestimmt und in eine Liste eingetragen. Die Teilmodelle mit Level höher Null stellen eine reine Strukturinformation dar und werden für die Ausführung selbst nicht benötigt. Die Transformation der echten Teilmodelle in ausführbare Funktionen erfolgt über zwei Stufen. Zuerst wird für jedes autonome Modell der selektierten Hierarchie (falls vorhanden) eine globale Ablaufverwaltung erzeugt, welche die Ausführung nach außen kontrolliert. Diese erhält die auszuführenden echten Teilmodelle und erzeugt entsprechend deren Anzahl jeweils eine bausteinspezifische Ausführungseinheit (Bild 6.13). Diese Ausführungsseinheit besteht aus drei Prozessen, welche die numerische Echtzeitintegration, die Eingangsgrößennachbildung (mit Meßwerten), die Weitergabe an etwaige Konsumenten (abhängige Modelle) und den Eintrag der Ergebnisse in eine zentrale Datenbasis entsprechend den zeitlichen und benutzerdefinierten Anforderungen gewährleisten. Die Struktur und die Aufgabenverteilung dieser Einheit ist durch die modulare Integration unter Echtzeitbedingungen definiert. Welche Art von Ausführungseinheit erzeugt wird, ist anhand der Teilmodelleigenschaften festgelegt. Die Benutzeroberfläche dient in der Ausführungsphase zur Steuerung des Simulationsablaufes und zur Darstellung der Ergebnisse. Die Ergebnisse können sowohl als Kurven als auch als bausteinspezifische Werte dargestellt werden.

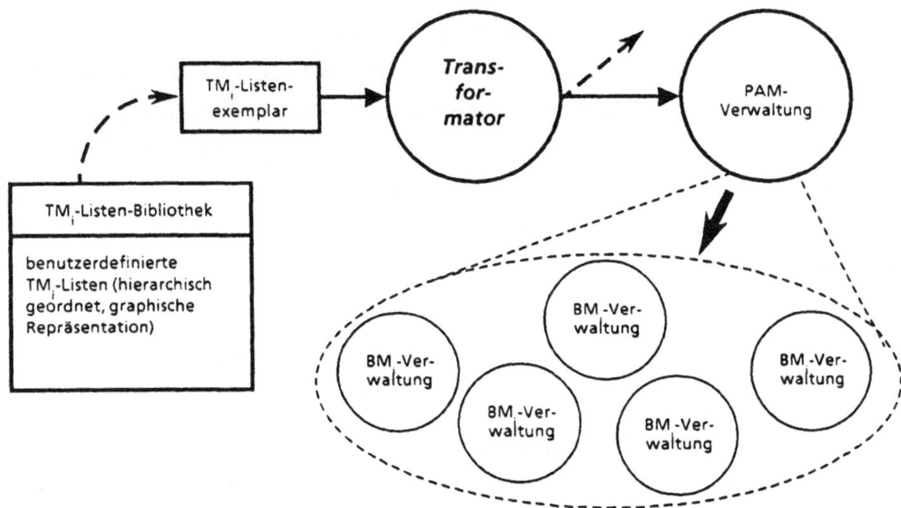

Bild 6.13: Modelltransformation

6.2.5 Endbenutzerphase / Zielsystemgenerierung

Der Endbenutzer arbeitet mit einem feststrukturierten System, das ihm bestimmte, abstraktionsmäßig hohe Operationen anbietet. Er hat keine Kenntnis über den systeminternen Aufbau; will er bestimmte Funktionen anstoßen, so wird er automatisch nach den entsprechenden Parametern gefragt. Die Prozeßbeobachtung auf der Basis mathematischer Modelle ist eine fest installierte und automatisch ablaufbare Funktion. Die Prognose ist als Funktion bzgl. der Ausführung entweder fest definiert oder explizit aufrufbar. Ein rechnerunterstützter Rückfluß von Informationen aus der Endbenutzerphase in die Phasen davor ist nicht geplant. Modifikationen anhand gesammelter Erfahrungen müssen von Hand übertragen werden.

Das Zielsystem kann als Untermenge einer Modellentwicklungsumgebung betrachtet und aus einer solchen generiert werden. Hierzu sind die für ein anwendungsspezifisches Zielsystem notwendigen Module zu spezifizieren. Die Schnittstellen der einzelnen Module müssen im Zielsystem korrekt aufeinander passen. Das Zielsystem wird somit auf den notwendigen Umfang reduziert.

6.3 Eine graphische Oberfläche als Benutzerschnittstelle

Der Benutzer soll durch die graphische Oberfläche optimal unterstützt werden. Die graphische Darstellung der Modelle und ihrer Verkopplungen ist als Abstraktion von den dahinterstehenden mathematischen und programmtechnischen Verfahren bzw. Bausteinen der erste Schritt hierzu. Durch die Verwendung von Menüs und einer Maus als *pointing device* wird die Interaktion des Benutzers mit dem System auf jeder Ebene einfach und dennoch effizient (Bild 6.14).

6.3.1 Struktureller Aufbau der graphischen Oberfläche

Die Benutzerschnittstelle soll ein objektorientiertes und vollgraphisches Arbeiten in allen Phasen ermöglichen. Es gibt grundsätzlich keine implizite Objektspezifikationen, um syntaktisch zwar korrekte, aber semantisch falsche Objektoperationen zu vermeiden. Die zu bearbeitenden Objekte sind nach jeder auf sie anzuwendenden Operation explizit zu spezifizieren. Der Bildschirm wird deshalb in bestimmte semantische Zonen unterteilt, welche zustandsorientierte Eingaben des Benutzers ermöglichen. Redundante oder

unnötige Informationen werden nicht angezeigt. Hierzu werden folgende
Zonen definiert:

- die System-Status-Meldezeile (*status__field*),
- das Objekttabellenfeld (*object__field*),
- das Operationsfeld (*action__field*),
- das Arbeitsfeld (*working__field*) und
- das Textfeld (*text__field*).

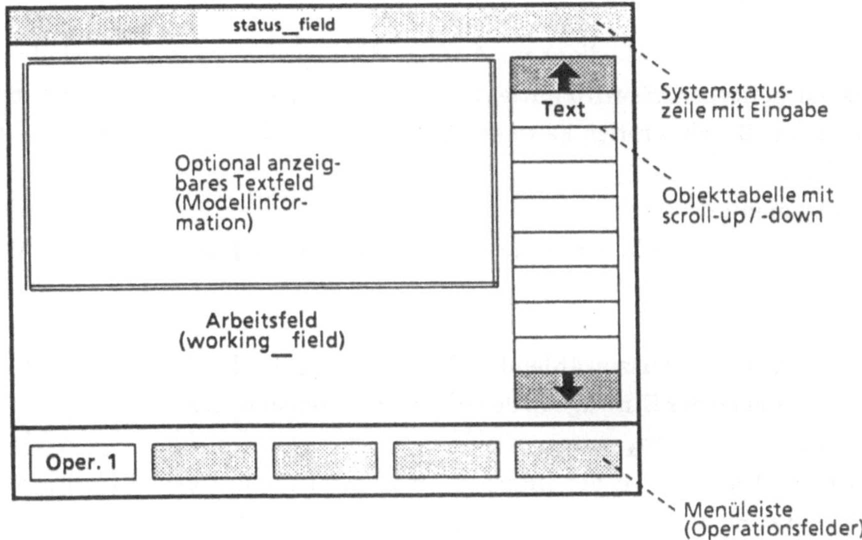

Bild 6.14: Bildschirmaufbau

Der definierte Bildschirmaufbau wird immer auf den gesamten realen
Monitorschirm abgebildet. Es werden also nie mehrere Windows gleichzeitig
dargestellt. Bei einem kleineren oder größeren Bildschirm wird das Layout
entsprechend angepaßt (zoomen). Die Menüleiste sollte zur Darstellung der
im jeweiligen Zustand möglichen Operationen etwa neun Felder enthalten.

6.3.2 Systemstatuszeile

Die Systemstatuszeile dient zur Ein- und Ausgabe von alphanumerischen
Objekten. Es können Statusmeldungen oder Benutzeraufforderungen ausgegeben und die entsprechenden Werte eingegeben werden. Die hierzu notwendigen Operationen sind:

- write_to_statusfield

  schreibt eine Textzeile in das Statusfeld, dient zur Fehlermeldung oder zur Aufforderung an den Benutzer, eine Operation oder ein Objekt auszuwählen,

- read_from_statusfield

  schreibt einen Prompt in das Statusfeld und erwartet eine Eingabe vom Benutzer, die Eingabe kann ein Text oder ein Zahlenwert sein,

6.3.3 Objekttabellenfeld

Das Objekttabellenfeld dient zur Anzeige der auswählbaren Teilmodelle und Basismodelltypen. Es wird nur ein bestimmter Bereich der gesamten Tabelle angezeigt. Durch scrollen kann der Rest eingeblendet werden. Die Operationen sind:

- init_menue

  definiert die Anzahl der darzustellenden Felder und initialisiert das Menü mit den ersten Feldeinträgen,

- set_menue

  schreibt in ein auszuwählendes Feld einen neuen Feldeintrag, dient zum Verschieben der Einträge in der internen Datenstruktur,

- write_menue_to_screen

  -schreibt den Inhalt der internen Datenstruktur auf den Bildschirm, die oberste und unterste Zeile dient zum Anwählen des Scroll-Modus,

- choice_menue

  liefert den Eintrag des ausgewählten Feldes im dargestellten Bereich des Menüs,

- scroll_up

  für Darstellung restlicher Einträge oberhalb des aktuellen Ausschnitts (Sprung um ein Drittel der dargestellten Zeilenanzahl),

- scroll_down

  für Darstellung restlicher Einträge unterhalb des aktuellen Ausschnitts (Sprung um ein Drittel der dargestellten Zeilenanzahl).

6.3.4 Operationsfeld

Das Operationsfeld dient zur Anzeige und Auswahl der aktuell zulässigen Operationen. Bei den Operationen handelt es sich um solche, die Modellobjekte manipulieren oder aber den Systemzustand beeinflussen können. Die Operationen sind:

- init_action

  initialisiert die interne Datenstruktur mit den ersten Einträgen,
- set_action

  schreibt einen neuen Eintrag in ein ausgewähltes Feld des Operations-
  feldes, dient zur Modifikation der Felder,
- write_actions_to_screen

  schreibt den Inhalt der internen Datenstruktur auf den Bildschirm,
- erase_actions_from_screen

  löscht die angezeigten Felder vom Bildschirm,
- choice_action

  liefert den Eintrag des aktuell angewählten Feldes.

6.3.5 Textfeld

Das Textfeld dient zur Anzeige von speziellen phasenbezogenen Hintergrund-
informationen (Modellinformationen usw.). Es wird nur optional (auf Verlan-
gen) angezeigt und überlagert das Arbeitsfeld. Beispielsweise nach Selektieren eines Modells oder eines Modellkopfes und der Operation Explane wird
der zugehörige Modelltext in das Textfeld eingetragen und angezeigt. Ist das
Textfeld angezeigt, sind keine graphischen Operationen ausführbar und auf
dem Arbeitsfeld werden keine graphischen Elemente dargestellt. Die
Operationen auf das Textfeld sind:
- init_textfield

  initialisiert das Textfeld mit den ersten Einträgen,
- change_lines

  ändert den Inhalt einer ausgewählten Zeile im Textfeld,
- write_text_to_screen

  schreibt den Inhalt der internen Datenstruktur auf den Bildschirm,
- text_visible

  setzt das Textfeld sichtbar,
- text_invisible

  setzt das Textfeld unsichtbar.

6.4 Gesamtablauf in einer Modellentwicklungsumgebung

Im fünften Kapitel wurde dargelegt, daß der Prozeß der Modellierung und
Simulation eines Systems ein iterativer aber kontinuierlicher Vorgang ist.
Ausgehend von der Modelleditierphase werden nacheinander alle einzelnen
Phasen durchlaufen, bis ein Modell für eine bestimmte Anwendung einge-

setzt werden kann. Eine einfache und aufwandsarme Sicherung der Modell-zuverlässigkeit erfordert eine Rechnerunterstützung schon direkt nach der Problemdefiniton. Da vor allem die Modellierungsphase sehr modifikations-freudig ist, muß eine durchgängige operationale und selbstdokumentierende Unterstützung mit einheitlicher Bedienoberfläche angeboten werden. Um Transformationsfehler trotz informaler Vorgehensweise bei der Modellierung wenigstens von der Methodik her auszuschließen, sind die Eingangsobjekte einer Phase, die phasenspezifische Transformationseigenschaft (der opera-tionale Charakter) und die Reihenfolge von Einzeloperationen genau zu spezifizieren, um die semantische Korrektheit der Transformationenen zu gewährleisten. Leider wird in der diesbezüglichen Literatur der Transforma-tionscharakter nur äußerst abstrakt abgehandelt. Durch eine Systemati-sierung und Methodisierung des Modellierungsprozesses kann ein pragma-tisch ausgerichtetes Konzept entwickelt werden. Trotz informaler Basis ist durch eine optimale und motivierende Benutzerunterstützung ein Anreiz zum Einsatz der verfügbaren Methoden und zur Erreichung einer hohen Modellkorrektheit realisierbar. Bild 6.15 zeigt schematisch den Ablauf in einer Modellentwicklungsumgebung.

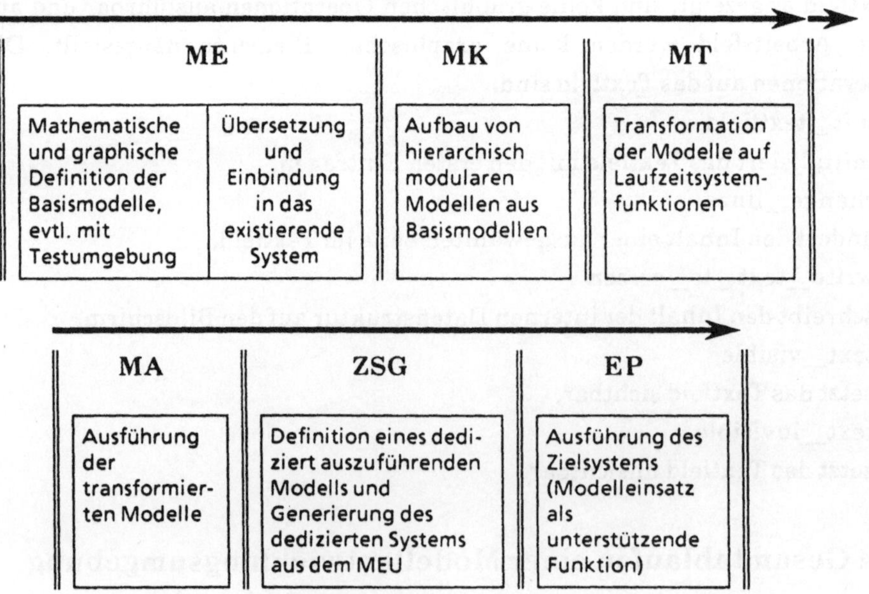

Bild 6.15: Schematischer Ablauf in einer MEU

6.5 Zusammenfassung

Im vorliegenden Kapitel wurde das Konzept einer Modellentwicklungsumgebung skizziert, um trotz einer informalen Beschreibung des Modellierungs- und Simulationsprozesses auch unter dem Gesichtspunkt der Modellvalidierung dem Benutzer ein methodisch fundiertes Werkzeug zu bieten. Nance /Nance 1984/ hat unter dem Begriff *model development environment* ein "System zur interaktiven Modellbildung und Simulation in einem axiomatischen Ansatz" definiert. Diese Einordnung erfolgte aus der Sicht der Softwaretechnologie und ordnet Modellentwicklungsumgebungen komplexitäts- und umfangsmäßig geringer als Softwareentwicklungsumgebungen ein. Diese Einteilung übersieht aber, daß es sich bei dem Ziel einer Modellierung nicht nur um ein methodisch korrekt entworfenes Programm handelt. Hinzu kommt vor allen Dingen eine wissenschaftliche Komponente, die nicht im Bereich der Softwareentwurfsmethoden angesiedelt ist, nämlich die wissenschaftliche Untersuchung des chemisch-physikalischen Wirkungsgefüge der realen technischen Systeme und deren mathematische Formulierung. Die zu modellierenden Systeme sind in aller Regel nicht durch Methoden des Software-Engineering zu erfassen. Erst wenn das technische System mathematisch gefaßt ist, liegt eine formale Fassung vor, die in ein Programm eingeht. Ein weiterer Punkt ist, daß Modellentwicklungsumgebungen nur als Entwicklungsumgebungen einsetzbar sind. Für spezifische Anwendungen sind solche Systeme zu umfangreich und beinhalten zu viele unnötige Komponenten. Sie können aber Ausgangspunkt zur Erzeugung anwendungsspezifischer Zielsysteme sein. Nach benutzerdefinierten Kriterien (Modell, Funktionsumfang) wird ein Zielsystem gebildet und als funktionale Komponente in einem anderen System eingesetzt. Diese Generierbarkeit auf der Grundlage von Basismodulen ist im bisherigen Begriff von Softwareproduktionsumgebungen ebenfalls nicht enthalten. Modell- und Methodenbanken sind zwar begrifflich in der Nähe einer solchen Modellentwicklungsumgebung einzuordnen, es ist aber anzumerken, daß keine Modell- und Methodenbank die anwendungsspezifische Generierung von Zielsystemen ermöglicht. Die Struktur und der Leistungsumfang von Modell- und / oder Methodenbanksystemen ist z. B. in /Dittrich et al. 1979/, /Barth 1980/ und /Bastian 1981/ dargelegt.

Wie die Erfahrung gezeigt hat, kann es beim Einsatz von Prozeßmodellen z. B. innerhalb der Prozeßführung trotz Parameteranpassung aufgrund fehlerhafter Abstraktion bei der Modellierung zu deutlichen Inkonsistenzen von

Prozeß und Modell kommen (/Lachmann 1986/). Da die Abstraktion formal nicht fixierbar ist, sondern durch die Wissensgrundlage des Modellierers und durch eine intuitive und meist pragmatische Vorgehensweise (Beschreibung sehr schneller Abläufe durch algebraische Gleichungen) bestimmt wird, muß versucht werden, bei der Modellierung vernachlässigte Abhängigkeiten zwischen einzelnen Größen (funktionale Beziehungen) textuell festzuhalten (auch zur Validierungsunterstützung). Treten beim Modelleinsatz Inkonsistenzen auf, die durch Parameteradaption nicht mehr korrigiert werden können, so sind anhand der dokumentierten Vernachlässigungen über Korrelationsrechnungen eventuell doch relevante Beziehungen zu erkennen und erkannte fehlende Beziehungen können im Modell berücksichtigt werden.

7 Ein numerisches Verfahren zur verteilten Echtzeitsimulation gekoppelter Systeme

Die Modellierung komplexer Systeme ergibt umfangreiche Systeme von gekoppelten Differentialgleichungssystemen mit in der Regel unterschiedlicher mathematischer Beschreibung und unterschiedlichen Eigenschaften. Sollen deren Lösungen zeitlich effizient berechnet werden, so sind modellspezifische Schrittweiten und/oderVerfahren zu verwenden. Außerdem kann durch die Verwendung von preiswerten Mehrprozessor- oder Mehrrechnersystemen die Simulation parallelisiert und mit einem wirtschaftlich vertretbarem Aufwand durchgeführt werden.

Im folgenden Kapitel werden mögliche Formen einer Parallelität und ihre Vor- und Nachteile bzgl. der verteilten Echtzeitsimulation untersucht. Die existierenden parallelen oder potentiell parallelen Verfahren auf der Basis einer problemstrukturellen Parallelität (pP) werden kurz dargestellt und als eng oder lose gekoppelte Verfahren eingeteilt. Lose gekoppelte Verfahren eignen sich für verteilte Rechnersysteme.

Eine Bewertung der existierenden Verfahren zeigt, daß sie für die vorliegende Problemstellung nicht einsetzbar sind. Im weiteren werden ein anwendbares Verfahren entworfen, die mathematischen Voraussetzungen für seine Anwendbarkeit hergeleitet und Randbedingungen für die Realisierung untersucht.

Die folgenden Ausführungen dienen als Grundlage für die späteren Untersuchungen. Ausgangspunkt bei einem System von gewöhnlichen Differentialgleichungen (ODEs) n-ter Ordnung ist die folgende vektorwertige Darstellung

$$\frac{\mathrm{d}x(t)}{\mathrm{d}t} = f(x(t), u(t), t) \, , \quad \text{mit } x(t_0) = x_0 \, , \ x \in \mathbf{R}^n \, , \ u \in \mathbf{R}^p \, .$$

Dieses System von ODEs wird durch den Übergang zu einem System von Differenzengleichungen gelöst

$$x_{k+1} = x_k + \Delta(x_{k+1}, x_k, \dots, x_{k-i}, u_{k+1}, \dots, u_k) \, , \ i \in \mathbf{N} \, .$$

Die Inkrementfunktion Δ ist dabei nach bestimmten Kriterien aufgebaut und kann zur Klassifikation der Verfahren verwendet werden:

- Implizite Verfahren. Bei impliziten Verfahren enthält die Inkrementfunktion den Funktionsausdruck zum Zeitpunkt t_{k+1} (also $f(x_{k+1})$). Die Lösung kann nur iterativ berechnet werden.
- Explizite Verfahren. Bei expliziten Verfahren errechnet sich der neue Wert bei t_{k+1} nur aus vergangenen Werten, also x_k, x_{k-1} usw..
- Einschrittverfahren. Bei Einschrittverfahren geht in die Inkrementfunktion nur der Zustand zum Zeitpunkt t_k (also x_k) ein. Im Intervall t_k bis t_{k+1} sind mehrere Funktionsauswertungen notwendig.
- Mehrschrittverfahren. Bei Mehrschrittverfahren gehen noch weiter zurückliegende Werte als nur x_k ein. Die Anzahl der Funktionsauswertungen im Intervall ist geringer.
- Prädiktor-Korrektor-Verfahren. Bei diesen Verfahren wird zuerst ein Näherungswert prädiziert, welcher in ein weiteres Verfahren eingeht.
- Multi-rate-Verfahren. Die multi-rate-Verfahren zerlegen das System in Teile mit unterschiedlicher Dynamik und lösen jedes Teilsystem mit einem eigenen Verfahren und spezifischer Schrittweite.

Neben den hier genannten Verfahren existieren noch weitere (z. B. /Halin 1983/).

Vor- und Nachteile der klassifizierten Verfahren:

- Implizite Verfahren haben eine größere Schrittweite, die Lösung ist aber iterativ zu berechnen.
- Explizite Verfahren orientieren ihre Schrittweiten aus Stabilitätsgründen an den kleinsten Zeitkonstanten und haben somit eine kleinere Schrittweite. Das Ergebnis ist aber ohne Iterationen verfügbar.
- Einschrittverfahren benötigen mehr Auswertungen im Intervall, verarbeiten aber unstetige Eingangsgrößen besser. (Fällt die Unstetigkeit auf einen Startzeitpunkt, so wird die Unstetigkeit korrekt verarbeitet.)
- Mehrschrittverfahren verwenden mehr vergangene Werte und weniger Auswertungen im Intervall, sie sind aber sensitiv gegen Unstetigkeiten. Außerdem brauchen sie Startwerte (auch bei Schrittweitenänderung).

Bei steifen Systemen existieren Zeitkonstanten, deren Verhältnis

$$|T_{max} / T_{min}| > 100$$

ist. Es gibt also neben langsamen noch sehr schnelle Vorgänge. Zur Lösung solcher Systeme nimmt man in der Regel implizite Verfahren, da diese stabiler sind und größere Schrittweiten erlauben. Die schnellen Anteile der

Lösung werden dabei als nicht relevant betrachtet und deshalb auch mit einer geringeren Genauigkeit gerechnet. Lassen sich die schnellen und langsamen Systemteile isolieren, kann man die Teilsysteme mit einem unterschiedlichen Verfahren oder unterschiedlichen Schrittweiten lösen (z. B. /Hofer 1976/). Diese Verfahren können als Ansatz von paralleler Verarbeitung betrachtet werden, obwohl die Motivation aufgrund von Rechenzeitverkürzungen kam (z. B. /Blum 1978/, /Palusinski et al. 1981/). Sie werden als multi-rate-Verfahren bezeichnet. Neben den Unstetigkeiten in den Eingangsgrößen gibt es auch Unstetigkeiten in der Funktion oder im Modell durch nur partiell definierte Funktionen. Solche Umschaltpunkte müssen iterativ ermittelt werden.

Beschreibungen der allgemein existierenden Verfahren zur Lösung von Anfangswertproblemen, wie Runge-Kutta Verfahren usw., findet man beispielsweise in /Lapidus et al. 1971/, /Stoer 1978/ und /Hairer et al. 1987/. Eine zusammenfassende Beschreibung obiger Verfahren ist in /Gupta et al. 1985/ und /Norsett 1985/ zu finden. Adaptive Verfahren mit automatischer Umschaltung zwischen Lösungsverfahren für steife und nichtsteife Systeme sind in /Petzold 1983/ beschrieben.

7.1 Überblick über den Stand bei parallelen Verfahren

In diesem Abschnitt sollen Verfahren betrachtet werden, welche eine parallele Ausführung von Problemlösungen (im allgemeinen numerische Integration) ermöglichen. Eine Parallelität auf der Ebene von Vektoroperationen oder sonstigen arithmetischen Operationen wird nicht betrachtet, gleichwohl die nebenläufig ausführbaren Algorithmen beispielsweise auch auf einem Vektorprozessor ausgeführt werden können. Die parallelen Verfahren zur Lösung von gewöhnlichen Differentialgleichungssystemen können in drei Gruppen eingeteilt werden.

7.1.1 Formen von parallelen Verfahren

7.1.1.1 Parallele Struktur im Algorithmus

Bei der ersten Gruppe wird für die Lösung des Gesamtproblems nur ein numerisches Verfahren verwendet, das so aufgebaut ist, daß parallel ausführbare Einzelschritte existieren (homogene Modellform). Diese Art der

Parallelität wird als algorithmische Parallelität (aP) bezeichnet. Der Grad der Parallelität hängt dabei von der Anzahl der überlappend ausführbaren Phasen ab. Unabhängig von der Komplexität des Problems besteht grundsätzlich eine obere Grenze in der Summe aller überhaupt parallel ausführbaren Einzelschritte. Das Prinzip beruht darauf, die Zustandswerte in einem Zeitintervall $[t_{k+1} \ldots t_k[$ (Blocklänge N) parallel zu berechnen, wobei jeweils nur Vergangenheitswerte aus dem Intervall $[t_{k-i} \ldots t_k]$ eingehen. Die wesentlichen Arbeiten auf diesem Gebiet sind etwa /Miranker et al. 1966/ und /Worland 1976/. Weitere Arbeiten sind noch /Franklin 1978/ und /Yen et al. 1982/. Eine Parallelität durch eine zeitparallele Berechnung der Lösung im gesamten Integrationsintervall hatte Nievergelt vorgeschlagen /Nievergelt 1964/.

7.1.1.2 Parallele Lösung von linearen Gleichungssystemen

Die zweite Gruppe von Verfahren geht nicht von dem Differentialgleichungssystem direkt aus, sondern von dem nach der Orts- und Zeitdiskretisierung des gesamten Systems (äquidistante Schrittweite für alle Teile bzw. Interpolation) sich ergebenden algebraischen Gleichungssystem (homogene Modellform). Das parallel zu lösende Problem ist hier die Lösung eines großen in der Regel linearen algebraischen Gleichungssystems. Die Verfahren berechnen die Lösung durch blockparallele Iteration. Dabei gibt es Unterschiede in der Steuerung des Gesamtablaufes (zentral / lokal). Beispiele für diese Art von Verfahren sind etwa /Malinowski et al. 1984/, /Maier et al. 1985/ und /Utku et al. 1986/. Diese Verfahren können als Verfahren mit algorithmischer Parallelität und Diskretisierung bezeichnet werden (aP/d).

7.1.1.3 Parallele Struktur im Problem

Die letzte Gruppe geht von einer Zerlegung des Problems (Differentialgleichungssystem) in parallel lösbare Teile aus (parallele Berechnung einzelner Funktionen), wobei das Lösungsverfahren das Problem der Kopplung zwischen den Problemteilen untereinander lösen muß (inhomogene Modellform). Diese Art der Parallelität wird als problemstrukturelle Parallelität (pP) bezeichnet. Der Vorteil dieser Verfahren besteht darin, daß herkömmliche Integrationsverfahren für die Lösung der Problemteile weiterhin einsetzbar sind. Das Problem besteht in der Gesamtkonvergenz bzw. -stabilität. Arbeiten zu diesen Verfahren werden im nächsten Abschnitt behandelt, die wesentlichen sind etwa /Blum 1978/, /Palusinski et al. 1981/, /Liu 1983/,

/Brosilow et al. 1985/ und /Palusinski et al. 1986/. Korn betrachtete die direkte Verteilung von Differentialgleichungen auf ein Mehrprozessorsystem /Korn 1972/.

Der Grad an möglicher Parallelität ergibt sich hier aus der Anzahl der Zerlegungen (parallel lösbaren Problemteile) und ist direkt mit der Komplexität des Problems korreliert. Die Komplexität definiert somit die obere Grenze an paralleler Verarbeitung. Dies ist insofern wesentlich, als auch die notwendige Rechenleistung mit der Komplexität des Problems korreliert ist. Besitzt das Problem eine topologische Struktur derart, daß die mittlere Anzahl der Kopplungen zwischen den Teilen (Anzahl der Kopplungen z. B. als Zahl der Informationsflüsse zu einem Teil von den entsprechend anderen Teilen definiert) von der Anzahl der Teile unabhängig ist, so sind Probleme beliebiger Komplexität lösbar, insofern wenigstens ein Problem dieser Klasse parallel lösbar ist. Dies ist anhand einer Plausibilitätsbetrachtung leicht einsichtig, denn die Erhöhung der Komplexität eines Problems resultiert in der Erhöhung der Anzahl der Teilkomponenten des Problems. Die zusätzlichen Teile sind aber, da die mittlere Anzahl der Kopplungen definitionsgemäß gleich bleibt, wiederum auf jeweils einem eigenen Prozessor ausführbar (die Kopplungen sind von der Art, daß die gleiche problemstrukturelle Parallelität wie zuvor besteht und damit die gleichen Zerlegungs- und parallelen Ausführungsprinzipien anwendbar sind). Diese topologische Struktur ist bei realen technischen Prozessen in der Regel nicht nur gegeben, sondern aus Entwurfs- und prozeßtechnischen Gründen beabsichtigt.

Eine *Problemzerlegung* kann nach mehreren Kriterien erfolgen:
- speichernde Elemente können aufgrund ihrer Verzögerungseigenschaft als Zerlegungsstellen dienen; dies ist allerdings eine Zerlegung auf beliebig niedrigem Niveau (bis auf eine Differentialgleichung) und berücksichtigt die auf der physikalischen Funktion basierende innere Bindung von Komponenten nicht (Kohäsion).
- die Anzahl der Kopplungen zwischen Komponenten sollte minimal sein; hier wird eine möglicherweise sinnvolle Zusammenfassung von dynamisch und/oder mathematisch gleichartigen Komponenten nicht beachtet.
- die physikalische Funktion von Komponenten; die naturgemäß hohe Kohäsion in einer Komponente und die minimalen Kopplungen zwischen Komponenten werden mitberücksichtigt; bei der Modellierung können auch eng zusammenhängende Komponenten zusammengefaßt werden; da

Komponenten immer eine speichernde Eigenschaft besitzen, ist diese Zerlegung auch mathematisch sinnvoll.

- die unterschiedliche dynamische Eigenschaft von Komponenten; bei nichtlinearen Systemen ist eine eindeutige Zerlegung durch eine zeitvariante Dynamik nicht möglich.
- lineare / nichtlineare Anteile; bei komplexen Systemen ist dies kein unmittelbar anwendbares Kriterium.
- zeitkontinuierlich / -diskret; diese Zerlegung wird allgemein durchgeführt, da die einzelnen Teile algorithmisch eine andere Behandlung benötigen (numerisches Integrationsverfahren / event-Liste).

Um eine optimale Zerlegung auf einer hohen Ebene zu erreichen, sollten systemtheoretische, mathematische und algorithmische Randbedingungen beachtet werden. Dies resultiert in einer Minimierung der Kopplungen, wobei die notwendigen Verknüpfungen zeitlich maximal entkoppelt sein sollten (Verzögerung) und die von Benutzer ursprünglich erwünschte Zielfunktion einer Komponente noch ersichtlich ist (Bedeutung).

Bei realen technischen Prozessen versucht man komplexe Funktionen aus immer weniger komplexen zu erzeugen. Die elementaren Funktionen werden dabei von Basiskomponenten erbracht. Diese haben intern eine hohe Kohäsion, da in ihnen ein komplexer mikroskopischer Prozeß abläuft. Um die gegenseitige Abhängigkeit gerade auch bei Störungen zu minimieren, wird versucht, die Anzahl der Kopplungen und die Störempfindlichkeit durch Puffer klein zu halten. Eine Zerlegung nach der physikalischen Funktion von (Sub-)Komponenten ist deshalb als das übergreifende Kriterium anzuwenden.

Der Grad an Parallelität, wie er oben definiert wurde, berücksichtigt allerdings noch nicht, daß reale Rechensysteme zur Kommunikation (Austausch gegenseitiger Ergebnisse) untereinander Zeit benötigen. Des weiteren sind die Übertragungszeiten stochastischer Natur (nur im statistischen Mittel gleich). Es ist also wichtig zu wissen, wie stark die Ausführung der Einzelproblemlösungen miteinander gekoppelt sind. Diese Kopplung hängt naturgemäß von der topologischen Struktur und den mathematischen Eigenschaften des Problems ab. Die Strenge der Kopplung kann durch das Zeitintervall definiert werden, nach dem spätestens ein Datenaustausch zu erfolgen hat. Dieses Zeitintervall sei als Kommunikationszeit T_K bezeichnet. Je nach dem Charakter der Kommunikationszeit, ob deterministisch oder stochastisch mit bestimmten statistischen Merkmalen, kann man zwei Arten der Kommunikation zwischen den Einzelproblemlösungen klassifizieren.

Einmal kann der Austausch *synchron* erfolgen, d.h. die parallelen Schritte werden insofern synchronisiert, als zu einem definierten Zeitpunkt Informationen ausgetauscht werden müssen. Die Kommunikationszeit kann als übergeordnete Rahmenzeit bezeichnet werden und tritt immer bei Verfahren mit einer zentralen Instanz (z. B. bei Dekomposition-Coordination-Algorithmen) auf. Die Ausführung wird an dieser Stelle unterbrochen und alle parallelen Rechenkomponenten tauschen zur gleichen Zeit ihre Daten aus (hohes Datenaufkommen).

Die Alternative ist ein *asynchroner* Datenaustausch, die einzelnen parallelen Schritte laufen asynchron zueinander ab. Es existiert keine übergeordnete Instanz und damit keine übergeordnete Rahmenzeit, das Verfahren ist dezentral. Jede Problemlösung läuft entkoppelt und lokal gesteuert ab und stellt die Ergebnisse nach dem Enstehungszeitpunkt nach außen zur Verfügung. Das Datenaufkommen ist im statistischen Mittel gleich. Der Aufwand zur Berücksichtigung der Kopplungen zwischen den Problemteilen ist höher (die Konvergenz kann nicht durch zentral gesteuerte Iteration oder sonstige Maßnahmen erzeugt werden). Außerdem sind die Anforderungen an die maximale Verzögerungszeit zwischen dem Enstehungszeitpunkt und dem notwendigen Verfügbarkeitszeitpunkt bei den abhängigen Problemteillösungen zu definieren. Diese Anforderungen richten sich nach den dynamischen Eigenschaften der Einzelproblemteile.

Ein drittes Kriterium, das beachtet werden muß, betrifft die besondere Problematik bei Echtzeitsimulationen und hängt mit der algorithmischen Lösungsstruktur zusammen. Die Lösung kann einmal iterativ oder aber explizit ermittelt werden. Bei iterativen Strukturen ergeben sich bei einer Kopplung mit der Umgebung eines Systems Schwierigkeiten, die iterative Verfahren für die Echtzeitsimulation nicht einsetzbar machen (siehe z. B. /Gear 1977/, /Bernstein 1979/ oder /Hartley 1985/). Bei expliziten Verfahren können Kopplungen mit der Systemumgebung leicht berücksichtigt werden, eine Synchronisierung der Ausführung mit der realen Zeitbasis ist bei gegebener Mindestrechenleistung zu gewährleisten (evtl. durch Genauigkeitsverlust). Bei extrem zeitkritischen Problemen mit komplexen Differentialgleichungen müssen allerdings explizite Verfahren eingesetzt werden, die mit einer minimalen Anzahl von Auswertungen der rechten Seiten der Differentialgleichung auskommen (Mehrschrittverfahren).

138

7.1.1.4 Allgemeine Bewertung

Die ersten beiden Verfahrensgruppen, Verfahren mit algorithmischer Parallelität und parallele Lösungsverfahren für lineare Gleichungssysteme, benötigen grundsätzlich eine homogene Systembeschreibung. Homogene Systembeschreibung bedeutet hier, daß die mathematische Darstellung aller Problemteile (Modell) von der gleichen Art ist. (Es wird hier bewußt von Problemteilen gesprochen, da sich ein komplexes Modell entsprechend dem Modellierungsvorgang immer aus der Verknüpfung von modellierten Teilkomponenten ergibt.) Für Systeme, die aus mehreren mathematisch verschiedenartigen Teilen aufgebaut sind, ist diese Art der Parallelisierung nicht anwendbar. Darüber hinaus wären auch keine teilmodellspezifischen Operationen (z. B. Austausch von Teilmodellen, Parameteradaption usw.) möglich. Die maximale Parallelität ist durch den Algorithmus begrenzt und nicht durch das Problem bestimmt (aP). Ein weiteres Hemmnis ist, daß im allgemeinen die Integrationsschrittweite für alle Problemteile gleich ist. Sind für Teilprobleme definierte Zeitpunkte als Intervallgrenzen notwendig (z. B. Reglerausgang), so sind diese Verfahren nicht anwendbar. Weiterhin laufen die parallelen Schritte synchron ab, was verteilten Rechnersystemen aufgrund ihrer fehlenden global konsistenten Sicht zuwiderläuft (siehe z. B. /Drobnik 1981/). Für die lokale Lösung sehr stark verkoppelter Teilprobleme (homogene Form) könnte man diese Verfahren allerdings einsetzen. Dann hätte man eine zweistufige Parallelität auf rein algorithmischer Basis, die durch parallele Vektoroperationen noch erweitert werden kann. Eine detaillierte Betrachtung von parallelen Verfahren für arithmetische Berechnungen oder große lineare Gleichungssysteme ist z. B. in (/Hoßfeld 1980/, /Hoßfeld et al. 1983/) durchgeführt.

7.1.2 Existierende pP-Verfahren

Aufgrund der Korrelation zwischen Problemkomplexität und Parallelitäts-
grad werden im weiteren ausschließlich Verfahren betrachtet, welche das
Problem zerlegen und getrennt lösen. Die Verfahren werden zunächst kurz
charakterisiert und dann bzgl. ihres Grads an Parallelität und dem Grad
ihrer Kopplung in eng und lose gekoppelte Verfahren eingeteilt. Eng gekoppelte Verfahren eignen sich für die Ausführung auf eng gekoppelten Rechnersystemen (Mehrprozessorsysteme), lose gekoppelte Verfahren entsprechend
für lose gekoppelte Rechnersysteme (verteilte Mehrrechnersysteme). Als eng
gekoppelt werden Verfahren definiert, in denen ein Datenaustausch
synchron und in der Größenordnung der Einzelintegrationsschrittweiten
erfolgt. Lose gekoppelte Verfahren liegen dann vor, wenn die Verfahren entweder erst nach mehreren Schritten einen Datenaustausch benötigen oder
wenn die Kommunikation nicht zu definierten Zeiten erfolgen muß, also
asynchron ist (wobei eine maximale Zeitverzögerung einzuhalten ist).

Ausgangspunkt der existierenden Verfahren auf der Basis der pP ist, daß die
Problemteile unterschiedliche Eigenschaften besitzen und somit eine
Zerlegung möglich ist. Die meisten Verfahren sind der Klasse der multi-rate-
Verfahren zuzuordnen. Diese Verfahren versuchen dynamisch verschieden-
artige Problemteile zu isolieren und getrennt zu behandeln. Die Motivation
bei der Entwicklung dieser Verfahren war aber nicht die parallele Ausführung, sondern das Einsparen an Rechenzeit durch Verwendung teilsystemspezifischer Algorithmen mit individuellen Schrittweiten. Schwierigkeiten ergeben sich, wenn die dynamischen Eigenschaften der Problemteile
zeitvariant sind.

Die einfachste Zerlegung erhält man, wenn jeder Zustand (abhängige Größe)
mit einer gemeinsamen globalen Schrittweite für sich gerechnet wird (Differentialgleichung). Allerdings ist dann ein Datenaustausch nach jedem Zwi-
schenschritt zur Berechnung des jeweiligen Integranden nötig. Dieses Verfahren wäre maximal gekoppelt und soll nur als Vergleichsmaß dienen. Ein
Vorschlag, welcher in diese Richtung geht, wurde von Korn /Korn 1972/ auf
der Basis eines Mehrprozessorsystems mit einer zentralen Kontrollinstanz
(separater Prozessor) und gemeinsamem lokalen Speicher gemacht. Die Idee
war, ein System von Differentialgleichungen auf mehrere Rechner (jeweils
CPU und FPU) zu verteilen und die Ausführung von einer zentralen Instanz
zu steuern.

In /Franklin 1978/ wurde die Zerlegung eines Systems in parallel lösbare Teile als Equation Segmentation Method (ES) bezeichnet. Die nur sehr kurz angesprochene Problematik war z. B. Strenge der Kopplung zwischen Teilsystemen, Zuordnung von Gleichungen zu Prozessoren, Informationsaustausch, Wahl der Integrationsverfahren, Lastverteilung und Kommunikationsstrukturen. Aufgrund der engen Kopplung bei der Ausführung ergab sich die ES-Methode als nicht optimales Verfahren im Vergleich zu anderen (parallele PC- und blockimplizite Verfahren).

Unter der Annahme, daß ein System in einen langsamen und einen schnellen Teil zerlegbar ist, wurde von Blum /Blum 1978/ eine Möglichkeit der teilsystemspezifischen Integration angegeben. Der Ansatz ist in diesem Sinne nicht parallel, hat aber interessante Details, wie z. B. das Glätten der schnellen Zustände als Eingänge des langsamen Teilsystems und das Extrapolieren der langsamen Zustände als Eingänge für das schnelle Teilsystem. Die Zielsetzung der Arbeit war ebenfalls die Einsparung an Rechenzeit auf einem Monoprozessorsystem. Die gleiche Aussage ist auch für die Arbeiten von Palusinski(/Palusinski 1981/ zutreffend, wobei das Verfahren von Blum das am wenigsten eng gekoppelte ist.

Ein erster Ansatz zu einem lose gekoppelten Verfahren ist in /Liu 1983/ zu finden (siehe auch /Liu et al. 1983/, /Brosilow et al. 1985/). Bei diesem Verfahren, *modular integration* genannt, wird die natürliche Kohäsion von technischen Subsystemen benutzt. Die Kopplungen (Funktionen) werden von einer zentralen Instanz, dem *Koordinator*, für ein bestimmtes Zeitintervall T_K vorausberechnet und von den lokalen Lösungsverfahren als Eingangsfunktionen verwendet. Die Teilsystemlösungen können nun für den Zeithorizont T_K entkoppelt berechnet werden. Nach der Zeit T_K prüft der Koordinator die Abweichung von den vorgegebenen und den neu berechneten Kopplungswerten. Bei einer Methode wird die Konvergenz des Gesamtverfahrens durch Iteration erreicht, bei zwei weiteren Methoden durch eine Intervallverkürzung. Die Teilsysteme sind also im Zeitraum T_K entkoppelt lösbar, davor und danach erfolgt grundsätzlich ein Datenaustausch. Der Koordinator als zentrale Kontrolle hat die Konvergenz der Lösungen zu prüfen und gegebenenfalls durch Iteration oder Verkürzung des Zeitintervalls zu garantieren.

Ein ähnliches Verfahren wird in /Palusinski 1984/ zur Lösung von *weakly-coupled multi-time-scale systems* beschrieben. Die einzelnen Komponenten werden bei der ersten Methode individuell und innerhalb eines Iterationsschrittes entkoppelt gerechnet. Die Konvergenz der Gesamtlösung wird durch Iteration (Gauss-Jacobi-Verfahren) erreicht. Pro Iterationsschritt wird jeweils ein Polynom berechnet, welches von den Teilsystemen zur Eingangsgrößenberechnung verwendet wird. Bei der zweiten Methode werden die Teilsysteme in Form von orthogonalen Funktionen (Polynom) gelöst. Es ergibt sich ein lineares Gleichungssystem, welches ebenfalls iterativ gelöst werden kann. Die zweite Methode ist jedoch nicht mehr als pP-Verfahren einzuordnen (teilsystemunspezifisch). Die in /Palusinski 1986/ als multi-rate Integrationsverfahren dargestellte Lösungsmethode erfordert den Datenaustausch im Integrationsintervall und ist deshalb im Sinne einer pP als eng gekoppelt einzustufen.

7.1.3 Bewertung und Zusammenfassung

Die betrachteten Ansätze zur Berechnung von miteinander gekoppelten Modellkomponenten (multi-time-scale systems) versuchen primär den Rechenaufwand auf Einrechnersystemen zu reduzieren. Für eine verteilte Simulation auf verteilte Rechnersysteme sind diese Verfahren zu eng gekoppelt. (Für die lokale Lösung entsprechender Teilmodelle sind sie und die aP-Verfahren einsetzbar.)

Eine lose Kopplung besitzen nur die iterativenVerfahren nach Liu /Liu 1983/ und Palusinski (/Palusinski 1984/, 1. Methode). Allerdings benötigen diese Verfahren eine zentrale Kontrollinstanz (Koordinator), die bei geeigneter Realisierung eventuell entfallen könnte. Insofern sind diese Verfahren für die *allgemeine verteilte* Simulation anwendbar. Die mathematischen Voraussetzungen werden im allgemeinen erfüllt /Liu 1983/.

Für die *verteilte Echtzeitsimulation* ergeben sich jedoch, wie gezeigt, erschwerende Randbedingungen. Ein Verfahren, das unter Echtzeitbedingungen eine verteilte Ausführung von miteinander gekoppelten Problemteilen erlauben soll, muß das Kopplungsproblem ohne zentralen Koordinator lösen. Eine iterative Lösung, um die Konvergenz des Verfahrens zu erreichen, ist aufgrund der zeitsynchronen Ausführung nicht möglich. Die größere Schrittweite iterativer Verfahren (Zeithorizont T_K) ist nur ohne Verwendung von Meßwerten einsetzbar /Bernstein 1979/, /Gear 1977/. Das Verfahren muß also die Lösung explizit berechnen, die Konvergenz kann aber nicht durch Intervallverkürzung erfolgen. Der Datenaustausch sollte wegen des nicht-deterministischen Verhaltens von Übertragungsmedien asynchron erfolgen.

Die Forderungen sind also explizite Lösungsberechnung mit zeitsynchroner Ausführung (lokal), Einbeziehung von Meßwerten in den Integrationsablauf, keine zentrale Instanz zur Konvergenzprüfung und ein asynchroner Datenaustausch. In diesem Sinne sind alle vorher dargestellten Verfahren nicht einsetzbar (einige schon aufgrund der engen Kopplung). Die verteilte Lösung von miteinander gekoppelten Problemteilen erfordert aus mathematischen Gründen die Verfügbarkeit von maximal genauen Koppelgrößenwerten zu definierten Zeiten, um korrekte Eingangswerte für die lokale Lösung zu haben (Bild 7.1).

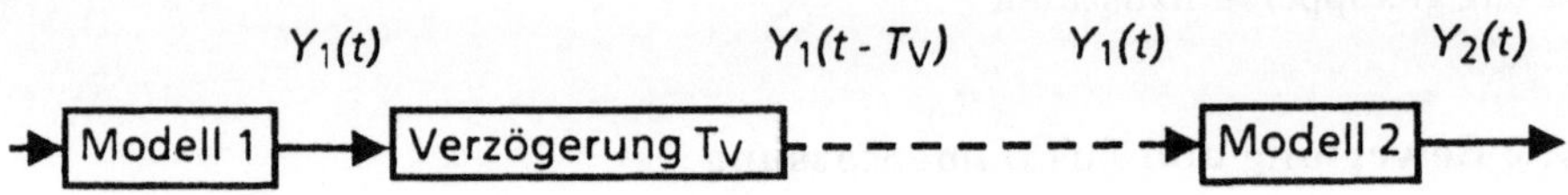

Bild 7.1: Verzögerte Verfügbarkeit von Eingangswerten

Da ein Modell aus Teilmodellen mit vorher nur bedingt bekannten Eigenschaften aufgebaut wird und die Ausführung asynchron erfolgt, sollte die Lösung des Koppelproblems sich nur an den Eigenschaften des lokalen Teilmodells orientieren. Diese Anforderungen lassen sich erfüllen, wenn bestimmte systemtheoretische und mathematische Gegebenheiten von dynamischen Systemen berücksichtig werden. Im nächsten Abschnitt wird unter Berücksichtigung der genannten Kriterien ein geeignetes Verfahren entworfen.

7.2 Ein Verfahren zur verteilten numerischen Integration von gekoppelten Differentialgleichungssystemen unter Echtzeitbedingungen

7.2.1 Lösungsansatz / Verfahrensbeschreibung

Die allgemeinen Randbedingungen für ein verteiltes Verfahren sind:

a) die Teilmodelle werden individuell integriert,

b) die zur Rechnung notwendigen Werte der Eingangsgrößen liegen als Ergebnisse anderer Modellrechnungen um einen Zeitraum T_V verzögert vor,

c) die eingehenden Werte besitzen eine modellspezifische und nicht notwendig äquidistante Zeitdiskretisierung (folgt aus a)),

d) die Verzögerung T_V ist stochastischer Natur,

e) die eingehenden Werte werden in einem Puffer (Speicher) endlicher Länge für eine bestimmte Zeit zwischengespeichert,

f) der lokale zeitliche Ablauf der Modellrechnung ist autonom (verteiltes Konzept),

g) die Kommunikation ist asynchron (aus a), d), e)),

h) für die eigentliche Integration wird ein explizites Verfahren verwendet (Echtzeitrandbedingung),

i) der zusätzliche Aufwand für die Entkopplung in Form von Speicher und Rechenzeit muß vertretbar sein (Wirtschaftlichkeit).

Zu jedem Integrationsschritt müssen die entsprechenden Werte der Eingangsgrößen vorliegen. Diese können aber nur anhand der verzögert eingehenden Werte approximiert werden. Die Approximation der Eingangswerte erfordert eine Extrapolation vom Zeitpunkt des zuletzt eingegangenen Wertes bis zum Integrationsintervallanfang. Eine Approximation der zur Integration notwendigen Werte aus den vergangenen Werten bedeutet, daß das lokale Modell mit einem Fehler

$$\varepsilon(t) = u(t) - \bar{u}(t)$$

in den Eingangswerten integriert wird. Damit die Lösung dennoch korrekt ist, muß der Fehler in den Lösungen des Differentialgleichungssystems aufgrund der Abweichung in den Eingangswerten abklingen.

Die einzelnen Modelle besitzen im allgemeinen eine unterschiedliche Dynamik (Eigenbewegungen). Die Eigenbewegungen (Eigenwerte, Moden) sind bei expliziten Integrationsverfahren die Kriterien für die Schrittweitenwahl bzw. -steuerung. Damit hat jede Gruppe von modellspezifischen Eingangssignalen unterschiedliche spektrale Anteile und eine unterschiedliche Zeitdiskretisierung der Eingangswertefolgen. Vorgängermodelle mit kleineren Zeitkonstanten (schnelleren Eigenbewegungen) als das lokale Modell, werden mit einer kürzeren Integrationsschrittweite gerechnet. Die Eingangsgrößen besitzen dann auch höherfrequente Anteile und kürzere Zeitdiskretisierungsabstände. Die Anzahl der eingehenden Werte zwischen zwei lokalen Integrationsschritten ist damit erheblich größer als bei gleich- oder niederfrequenteren Eingangsgrößen. Unter der Voraussetzung, daß die Energie im Eingangssignal im Intervall unterhalb einer Grenzfrequenz ($< \omega_g$) die wesentliche, das Eingangssignal bandbegrenzt ist und das Teilsystem verzögernden Charakter (Tiefpaßverhalten) besitzt, werden die höherfrequenten Anteile oberhalb einer systemeigenen Grenzfrequenz stark gedämpft und sind für das Systemverhalten quasi vernachlässigbar. Ist weiterhin gegeben, daß die Eingänge nicht direkt auf die Ausgänge wirken (nur differentielle Kopplung), so filtert das System die Eingangssignale entsprechend seinem Übertragungsverhalten und den Einwirkungspfaden des Eingangs mit mindestens einem Tiefpaß. Diese Abhängigkeit wird durch folgende Gleichungen beschrieben (vektorwertig, autonomes System):

$$\frac{dx(t)}{dt} = f(x(t), u(t)) \quad \text{bzw.} \quad \frac{dx(t)}{dt} = Ax(t) + Bu(t), \quad y(t) = Cx(t) \quad ,$$

mit

$$t_0 \leq t \leq t_e , \; x(t_0) = x_0 , \; t \in \mathbf{R} , x \in \mathbf{R}^n , \; u \in \mathbf{R}^p , \; y \in \mathbf{R}^q \;.$$

Im Ausgang eines Tiefpasses sind deshalb die höheren Anteile ab einer bestimmten Frequenz vernachlässigbar. Das Signal kann als bandbegrenzt betrachtet werden, wobei die obere Grenze der relevanten Spektralteile im Ausgangssignal nur vom lokalen System abhängt und nicht vom Vorgängermodell. Bild 7.2 zeigt die Abhängigkeit zwischen den Systemgrenzfrequenzen und den Signalgrenzfrequenzen. Die Extrapolation muß nur im relevanten Spektralbereich erfolgen. Bei höherfrequenten Anteilen würde bei gleicher Pufferlänge der prognostizierte Wert aufgrund möglicher schneller Änderungen der zuletzt eingegangenen Werte erheblich vom richtigen Wert abweichen. Die Ausblendung der hochfrequenten Anteile (Glättung) kann

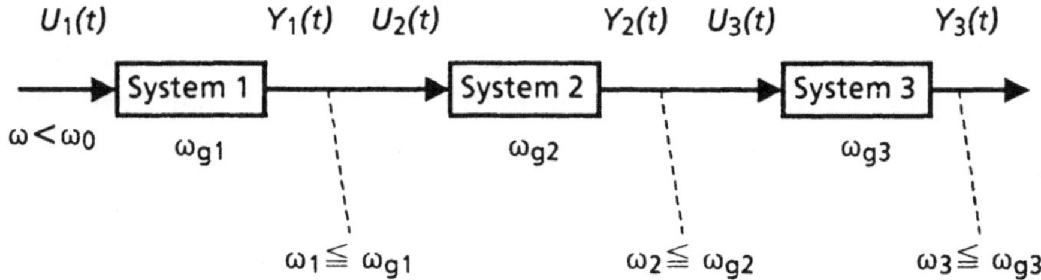

Bild 7.2: Filterwirkung von Tiefpaßsystemen

durch ein gleitendes Mittel (moving average) oder durch Mittelung von einer gegeben Anzahl Werte auf einen bestimmten Zeitpunkt (springendes Mittel) erfolgen. Mit einer Glättung wird die zur Speicherung notwendige Pufferlänge (bzgl. des relevanten Frequenzbereichs) minimiert und der Extrapolationsfehler aufgrund hochfrequenter Anteile verringert. Bei gleich- oder niederfrequenten Anteilen ist eine Glättung nicht zulässig (Informationsverlust). Ein bandbegrenztes Signal besteht aus einer endlichen Summe von harmonischen Komponenten und ist n-fach stetig differenzierbar. Der zu extrapolierende Wert kann deshalb z. B. über einen Polynomansatz (Lagrange) berechnet werden.

Die zulässige Zeitverzögerung darf einen aus den Systemeigenschaften ableitbaren Maximalwert nicht überschreiten. Diese Bedingung ist für das lokale Modell einzuhalten. Für ein Nachfolgermodell kann diese Bedingung allgemein nur dann eingehalten werden, wenn die Ausgangsgrößen des lokalen Modells *nicht* algebraisch von den Eingangsgrößen abhängen. (Dies ist eine frühere Voraussetzung.) Bei einer algebraischen Kopplung würde sich zur Verzögerungszeit der Werte des lokalen Modells die nächste Verzögerungszeit addieren und damit den zulässigen Maximalwert übersteigen. Außerdem würde sich dann eine gegenseitige Abhängigkeit von der jeweiligen Ausführung aufgrund interner Laufzeiten ergeben. Der Ausschluß von Modellen mit einer algebraischen Kopplung ist keine einschneidende Einschränkung, da bei den betrachteten Systemen, unter der Voraussetzung einer rückwirkungsfreien Kopplung, physikalisch algebraische Kopplungen nicht auftreten. Sie treten nur dann auf, wenn z. B. der Volumenfluß von einem Staudruck abhängt und diese physikalische Abhängigkeit nicht durch Differentialgleichungen beschrieben wird, sondern, aufgrund der bzgl. des eigentlichen Systemverhaltens schnelleren Dynamik, algebraisiert wird. Das

Problem läßt sich aber dennoch umgehen, da der Druck als physikalische Größe leicht meßtechnisch erfaßbar ist und deshalb nicht über eine Restmodellnachbildung ermittelt werden muß. Analog kann der Durchfluß (Volumenfluß) bei Annahme konstanter Dichte leicht meßtechnisch erfaßt und eine algebraische Kopplung umgangen werden.

Zusammenfassend lassen sich die folgenden Schritte definieren:
- die Eingangsreihe wird in dem Spektralbereich betrachtet, der vom lokalen System noch verarbeitet werden kann
- die Kriterien zur Filterung ergeben sich aus den Zeitkonstanten des lokalen Systems und können aus den Rechenschrittweiten abgeleitet werden
- die dazu notwendige Transformation der Zeitreihe wird durch einen mittelnden Prozeß erreicht und
- der benötigte Wert wird durch eine einfache Extrapolation anhand der Differenzenquotienten berechnet.

Die angesprochenen Voraussetzungen werden im nächsten Kapitel mathematisch gefaßt und diskutiert.

7.2.2 Verfahrensschritte

7.2.2.1 Numerische Integration

Die numerische Integration erfolgt mit einem expliziten Integrationsverfahren und normalerweise äquidistanter Schrittweite. Das Verfahren erlaubt aber auch eine variable Schrittweite und bei entsprechender Meßwerterfassung und -vorverarbeitung eine anforderungsgesteuerte Übernahme gefilterter Meßwerte. Die allgemeinen mathematischen Bedingungen für die numerische Lösbarkeit von Differentialgleichungssystemen ist die Existenz einer Lösung und ihre Eindeutigkeit (siehe z. B. /Knobloch et al. 1974/). Dann kann mit einem numerisch stabilen Integrationsverfahren die Lösung rechnerisch ermittelt werden. Die Stabilität eines expliziten Integrationsverfahrens ist in einem bestimmten Gebiet G_I der komplexen Ebene (Komplexe Lösungen einer Gleichung) gegeben. Die Schrittweite h des Integrationsverfahrens muß so bemessen sein, daß die Lösungen einer verfahrensspezifischen Gleichung in diesem Gebiet liegen. Die Lösungen hängen dabei von den Eigenwerten des Differentialgleichungssystems und der Schrittweite h ab. Je größer die Eigenwerte sind, um so kleiner muß die Schrittweite h sein. Hieraus resultiert auch dieProblematik bei steifen Systemen, da dort aufgrund der sehr kleinen Schrittweite (jede Lösung der verfahrensspezifischen Gleichung hat in G_I zu liegen) die Rundungsfehler anwachsen und die Genauigkeit stark abnimmt. Bei gegebenem Verfahren und einem gegebenem System mit entsprechenden Eigenwerten ist die maximale Schrittweite h vorgegeben. Aus Genauigkeitsgründen (Abbruchfehler des Verfahrens) wird für die interessierenden Anteile in den Lösungen die Schrittweite zu

$$h \approx \frac{1}{10}\, h_{max}$$

gewählt (/Lapidus et al. 1971/ und /Schmidt 1980/). Bei selbststeuernden Verfahren kann dies in etwa über das Fehlerkriterium erreicht werden. Die Eigenwerte sind nur bei linearen zeitinvarianten Systemen konstant und direkt berechenbar. Bei nichtlinearen Systemen kann im Arbeitspunkt eine Linearisierung erfolgen und dann die Eigenwerte des Systems im Arbeitspunkt berechnet werden.

Mathematisch läßt sich diese Aussage für ein gegebenes System wie folgt fassen (vektorielle Darstellung, autonomes System):

$$\frac{dx(t)}{dt} = f(x(t), u(t)) , \quad y(t) = Cx(t)$$

mit

$$t_0 \leq t \leq t_e,\, x(t_0) = x_0\, ,t \in \mathbb{R}\, ,\, x \in \mathbb{R}^n,\, u \in \mathbb{R}^p,\, y \in \mathbb{R}^q\quad .$$

Gilt $u(t), x(t)$ stetig in $\qquad$ $[t_0, t_e]$,

$\qquad f(x(t), u(t)) < M$ in $\qquad$ $[t_0, t_e]$ und

$\qquad f(x(t), u(t))$ Lipschitz-stetig in $[t_0, t_e]$,

dann existiert eine eindeutige Lösung $x(t, u(t), x(t_0))$ mit

$$\frac{dx(t)}{dt} = f(x(t), u(t))\ \text{ und }\ x(t_0) = x_0\ ,\quad \text{Ausgangsfunktion: } y(t) = Cx(t)\quad .$$

Das numerische Verfahren ist stabil und die rechnerische Lösung $\bar{x}(t)$ konvergiert gegen die analytische Lösung $x(t)$, wenn die Stabilitätsbedingung erfüllt ist (homogener Fall).

Das lineare oder linearisierte System (zeitinvariant) möge die Eigenwerte

$$\lambda_i = \alpha + j\omega \quad , \quad \text{mit} \quad i = 1, \dots, n$$

und n als die Ordnung des Systems besitzen. Dann ist h so zu wählen, daß die Stabilitätsbedingung des numerischen Verfahrens für alle λ_i

$$\lambda_i \in [\lambda_1, \dots, \lambda_n]$$

erfüllt ist. Damit ist das Verfahren stabil und die Lösung $\tilde{x}(t)$ konvergiert gegen die Lösung $x(t)$. Als Stabilitätsbedingung für ein $RK4$-Verfahren ergibt sich nach /Lapidus et al. 1971/ (Testgleichung $x' = ax$)

$$z = 1 + h\lambda + \frac{1}{2}h^2\lambda^2 + \frac{1}{6}h^3\lambda^3 + \frac{1}{24}h^4\lambda^4 \quad , \quad \text{und} \quad |z| < 1 \quad .$$

Die graphische Darstellung des Stabilitätsbereiches findet sich z. B. in /Lapidus et al. 1971, Seite 120/. Aus Genaugigkeitsgründen wird dieser Bereich nicht voll ausgenutzt. Außerdem ist in den betrachteten Modellen zu beachten, daß es sich um Beobachtermodelle handelt, die eine höhere Dynamik und damit eine kürzere Schrittweite als die eigentlichen Modelle selbst haben. Die höhere Dynamik resultiert aus dem Adaptionsterm, der bzgl. des eigentlichen Modells eine höhere Dynamik besitzt, um die Adaption schneller als die Änderung der Modellgrößen selbst zu machen (Annäherung an die Trajektorie trotz Änderung derselben). Aus den Stabilitätsanforderungen ergibt sich somit bei den Beobachtermodellen eine Schrittweite, die grundsätzlich klein genug ist, um alle relevanten Spektralanteile in den Eingängen entsprechend dem Tiefpaßverhalten des lokalen Systems exakt genug zu berücksichtigen. Die Approximation wird damit ebenfalls genauer. Im folgenden soll kurz eine systemtheoretische Betrachtung von zwei Differentialgleichungstypen durchgeführt werden, die die elementaren Verzögerungsglieder (speichernde Elemente) darstellen (siehe z. B. /Föllinger 1979/). Diese Betrachtung dient als Grundlage für spätere Untersuchungen.

Einen reellen Eigenwert λ erhält man für die folgende lineare Differentialgleichung (Verzögerungsglied 1. Ordnung)

$$T\frac{dx(t)}{dt} + x(t) = Ku(t) \quad \text{oder} \quad \frac{dx(t)}{dt} = -\frac{1}{T}x(t) + \frac{K}{T}u(t) \quad .$$

Aus der charakteristischen Gleichung (s = Laplace-Operator)

$$s + \frac{1}{T} = 0$$

erhält man für λ (reellwertig)

$$\lambda = -\frac{1}{T} \quad .$$

Die Frequenz $\omega_0 = 1/T$ definiert die Grenzfrequenz, ab der der Betrag des Frequenzganges mit 20 dB pro Dekade abfällt (asymptotische Näherung). Die Abweichung bei ω_0 beträgt dabei schon -3 dB.

Ein konjugiert komplexes Polpaar oder zwei reelle Eigenwerte $\lambda_{1,2}$ erhält man für ein Verzögerungsglied 2. Ordnung, das durch folgende Differentialgleichung beschrieben wird

$$T^2 \frac{d^2 x(t)}{dt^2} + 2dT \frac{dx(t)}{dt} + x(t) = Ku(t) \quad .$$

Die zustandsraumorientierte Darstellung liefert

$$\frac{dy(t)}{dt} = x(t) \ , \quad \frac{dx(t)}{dt} = -\frac{2d}{T} x(t) - \frac{1}{T^2} y(t) + \frac{K}{T^2} u(t) \quad .$$

Aus der charakteristischen Gleichung

$$s^2 + \frac{2d}{T} s + \frac{1}{T} = 0$$

erhält man für die Eigenwerte $\lambda_{1,2}$

$$\lambda_{1,2} = -\frac{d}{T} \pm \frac{1}{T} (d^2 - 1)^{1/2} \quad .$$

Hier definiert

$$\omega_S = (2 - 4d^2)^{1/2} \omega_0 \ , \quad \text{mit } 0 < d < \frac{1}{2} (2)^{1/2} \text{ und } \omega_0 = \frac{1}{T}$$

die Grenzfrequenz, ab der der Betrag des Frequenzganges mit 40 dB pro Dekade abfällt ($\omega_g \to \omega_0$ als asymptotische Näherung für wachsendes d). Diese kurze Darstellung reicht für die weitere Betrachtung aus. Eine detaillierte Betrachtung ist in /Föllinger 1979/ zu finden. Im nächsten Abschnitt werden die Möglichkeiten zur Eingangsnachbildung untersucht.

7.2.2.2 Approximation der Eingänge

Die betrachteten Teilsysteme besitzen verzögernden Charakter (speichernde Systeme) und Tiefpaßverhalten. Wie im vorigen Abschnitt gezeigt, dämpfen sie Frequenzanteile im Eingang oberhalb einer gewissen Grenzfrequenz. Diese Grenzfrequenz läßt sich aus den Eigenwerten ableiten, wobei der größte Eigenwert als Kriterium zur Schrittweitenwahl dient. Die Schrittweite wird so gewählt, daß die Stabilitätsbedingung erfüllt und die Rechnung genau genug ist ($h \approx 1/10\ h_{\max}$). Somit werden Frequenzanteile des Eingangs auch oberhalb der systemeigenen Grenzfrequenz noch korrekt verarbeitet (siehe z. B. /Schmidt 1980/ Seite 123). Diese werden aber bei Tiefpaßverhalten stark gedämpft und können unter bestimmten Voraussetzungen vernachlässigt werden. Die Voraussetzung hierfür ist, daß der Energieeintrag vom Eingang in das System unterhalb ω_g der wesentliche ist und der Ausgang nicht algebraisch vom Eingang abhängt. Ist dies erfüllt, so können die höheren Frequenzanteile aus dem Eingangssignal ausgefiltert werden. Der zur Integration notwendige Wert $u(t_I)$ kann dann aus den vorliegenden Werten errechnet werden.

Der Verlauf von u im Intervall der Pufferlänge ist durch ein Polynom n-ter Ordnung approximierbar und der notwendige Wert kann über eine Extrapolation berechnet werden. Ein einfaches Verfahren bei nicht notwendig äquidistanter Schrittweite und vernachlässigbaren höherfrequenten Anteilen im Eingangssignal (glatter Funktionsverlauf) ist die Interpolationsformel nach *Lagrange* /Werner et al. 1979/, /Stummel 1982/.

$$u_l(t) = P(t) = \sum_{i=0}^{n} u_i^l \prod_{j=0 \wedge \neq i}^{n} \frac{t-t_j}{t_i-t_j} \quad , \quad mit\ l=1,...,p$$

Da das Eingangssignal als bandbegrenzt betrachtet werden kann, ist es als endliche Summe von harmonischen Funktionen auffaßbar und n-fach stetig differenzierbar. Hieraus folgt, daß die für die Lagrangeformel notwendigen Differenzenquotienten existieren. Ist die Lösung eines Teilsystems im betrachteten Bereich als ein Polynom darstellbar, so ist die Approximation bei entsprechender Ordnung genau. Beim Start der Rechnung sind naturgemäß nur die Anfangswerte im Puffer verfügbar. Es ist deshalb notwendig, am Anfang mit verminderter Schrittweite zu rechnen oder den Wert der Ableitung neben den Anfangswerten zu übermitteln.

Für die Glättung der Eingangsfunktion als Transformation in den relevanten Frequenzbereich ist wesentlich, daß das bzgl. der Schrittweitenwahl h Gesagte für alle Teilsysteme gilt. Ein Eingangssignal mit der gleichen Zeitdiskretisierung beinhaltet dann höchstens in etwa die gleichen Spektralanteile wie der Ausgang des lokalen Systems. (*Anmerkung*: Wirkt der Eingang über mehrere interne und verzögernde Pfade auf den Ausgang, und wirken die schnellen Eigenbewegungen nur auf nicht im Ausgang direkt auftretende Zustände, dann liegen die relevanten Spektralanteile im Ausgang erheblich unterhalb der dann aufgrund der Zeitdiskretisierung anzunehmenden Grenzfrequenz des Signals. Die Annahme bzgl. der zu erwartenden Spektralanteile aufgrund der Diskretisierung ist daher immer auf der sicheren Seite. Außerdem besitzen die Adaptionsterme bei Beobachtern eine höhere Dynamik als das eigentliche Modell und die resultierende Schrittweite ist entsprechend kleiner.) Aus dem Verhältnis der Zeitdiskretisierung des Eingangssignals und dem lokalen System in Verbindung mit dem oben Gesagten ergibt sich eine einfache Methode der Glättung. Alle in einem linksseitig offenen Intervall $]t_k,\ t_{k+1}]$, dem Integrationsintervall des lokalen Systems liegenden Eingangswerte X_i werden gemittelt und als Wert mit der gemittelten Zeit aller eingegangenen Werte für das Intervall in den Puffer eingetragen

$$X_{k+1} = \frac{\sum X^i_{k,k+1}}{N+1} \quad , \quad \text{mit} \quad i = 1,...,N+1 \text{ und } t_k < t(X^i_{k,k+1}) \le t_{k+1} \quad .$$

Diese Glättung läßt sich als rekursives Verfahren realisieren

$$X^{N+1}_{k,k+1} = \frac{NX^N_{k,k+1} + X^{\text{Neu}}_{k,k+1}}{N+1} \quad , \quad \text{mit} \quad t(X^{N+1}_{k,k+1}) = t(X^{\text{Neu}}_{k,k+1}) \quad ,$$

$$\text{mit} \quad X^0_{k,k+1} = 0 \quad \text{und} \quad t_k < t(X^i_{k,k+1}) \le t_{k+1} \, , \ i = 1,,N+1 \quad .$$

Die letzten Werte zwischen dem Intervallanfang und einem Zwischenwert ergeben keine echte Glättung und sind deshalb mit dem geglätteten Wert des vorherigen Intervalls mit einer geeigneten Gewichtung zu mitteln (abhängig von $N+1$).

Eine Anpassung der Extrapolation kann sowohl über die Ordnung des Polynoms (Werteanzahl im Puffer) als auch über die Glättung (Verwendung von Zwischenwerten) erfolgen. Damit ist es möglich, den Fehler zwischen dem berechneten und dem tatsächlichen Wert zu minimieren. Weiterhin ist es auch möglich, andere Methoden zur Approximation zu benutzen (z. B. rationale Funktionen). Bei oszillierenden Systemen wäre die Approximation mit komplexen Funktionen durchzuführen (Fourieransatz). Für die betrachteten Systeme ist dies im allgemeinen nicht notwendig. Im nächsten Abschnitt wird untersucht, welche Auswirkungen ein Fehler im Eingang auf die lokale Lösung haben kann.

7.2.2.3 Abhängigkeit der Lösung von einem Eingangsfehler

Bei der Approximation von $u(t)$ können zwei Fälle unterschieden werden, im ersten Fall kann die Abweichung für die Lösung vernachlässigt werden und im zweiten Fall ist der Fehler endlich, aber nicht vernachlässigbar. Der zweite Fall tritt dann auf, wenn die Approximationsfehler in den Eingangsgrößen in einer Größenordnung (dynamisch und amplitudenmäßig) liegen, daß sie eine partielle Änderung des Differentials verursachen, die gegenüber den partiellen Änderungen aufgrund der nominalen Größen nicht vernachlässigbar ist. Die an $u(t)$ gestellten Forderungen waren bandbegrenzt, n-fach stetig differenzierbar und daß die Signalenergie im wesentlichen von Spektralanteilen unterhalb einer gegebenen Frequenz ω_g herrühren sollte. Eine weitere Forderung ist, daß die Änderung der Eingangsgrößen zu einem gegebenen Zeitpunkt t_0 ebenfalls stetig differenzierbar sei. Dies ist keine Einschränkung der Allgemeinheit, denn eine solche Änderung ist leicht mathematisch modellierbar und entspricht der physikalischen Realität.

Der Approximationsfehler $\varepsilon = u(t)\text{-}\bar{u}(t)$ mit $t \in [t_0, t_E]$ ist selbst als eine Funktion der Zeit darstellbar

$$\varepsilon(t) = u(t) - \bar{u}(t), \quad \text{mit } t_0 \leq t \leq t_E \text{ und } |\varepsilon(t)| < \delta, \; \delta > 0 \quad .$$

Die Lösung eines Differentialgleichungssystems (vektorwertig)

$$\frac{dx(t)}{dt} = f(x(t), u(t), x(t_0)) \;, \quad x \in \mathbb{R}^n, \; u \in \mathbb{R}^p$$

ist (Existenz und Eindeutigkeit vorausgestzt)

$$x(t, u(t), x(t_0)) \text{ in } G \quad .$$

Die Lösung bei einer gestörten Erregung $\bar{u}(t)$ von

$$\frac{d\bar{x}(t)}{dt} = f(\bar{x}(t), \bar{u}(t), \bar{x}(t_0)) \quad , \quad \bar{x}(t) \in \mathbf{R}^n \quad , \quad \bar{u}(t) \in \mathbf{R}^p \quad , \quad \text{mit} \quad \bar{x}(t_0) = x(t_0)$$

sei

$$\bar{x}(t, \bar{u}(t), \bar{x}(t_0)) \quad \text{in} \quad G \quad \text{mit} \quad \bar{x}(t_0) = x(t_0) \quad .$$

Die Frage ist nun, unter welchen Vorausstzungen die gestörte Lösung

$$\bar{x}(t, \bar{u}(t), \bar{x}(t_0))$$

gegen die ungestörte Lösung

$$x(t, u(t), x(t_0))$$

konvergiert, also gilt, daß

$$\lim_{t \to \infty} [x(t, u(t), x(t_0)) - \bar{x}(t, \bar{u}(t), \bar{x}(t_0))] \to 0$$

Die Funktion $f(x(t), u(t))$ möge dabei in einem Gebiet $G_{x,u}$ bzgl. x und u beschränkt und stetig differenzierbar (Lipschitz-stetig) sein und $\bar{u}(t) \in G_u$.

Die Fragestellung wird aus Gründen der Übersichtlichkeit an linearen Systemen untersucht. Nach der Methode der ersten Näherung kann das Ergebnis auf nichtlineare Systeme übertragen werden (Linearisierung im Arbeitspunkt). Außerdem wird angenommen, daß die Abweichung von $\varepsilon(t)$ bei t_0 schon einen endlichen Wert besitzen kann. Diese Annahme wird aus Gründen einer einfacheren mathematischen Beschreibung von $\varepsilon(t)$ gewählt. Dies ist bei Untersuchungen bzgl. des dynamischen Verhaltens von allgemeinen Systemen üblich (Sprungfunktion) und stellt für den vorliegenden Fall ($t \geqq t_0$) keine Beschränkung der Allgemeinheit dar.

Lineare Differentialgleichung 1. Ordnung:

Gegeben sei eine lineare Differentialgleichung 1. Ordnung mit $a,b \neq 0$ und ihre Lösung bei ungestörter Erregung

$$\frac{dx(t)}{dt} = -ax(t) + bu(t) \quad , \; x(t_0) = x_0 \quad , \quad x \in \mathbb{R} \; , \; u \in \mathbb{R} \; \rightarrow \; \text{Lös.:} \; x(t, u(t), x(t_0)) \quad .$$

Die Differentialgleichung und ihre Lösung bei einer Störung in der Erregung
ist

$$\frac{d \bar{x}(t)}{dt} = -a \, \bar{x}(t) + b \, \bar{u}(t) \quad , \; \bar{x}(t) \in \mathbb{R} , \; \bar{u}(t) \in \mathbb{R} \; \rightarrow \text{Lös.:} \; \bar{x}(t, \bar{u}(t), \bar{x}(t_0)) \; \text{ mit } \; \bar{x}(t_0) = x(t_0) \quad .$$

Frage: Unter welchen Voraussetzungen gilt

$$\lim_{t \to \infty} [\, x(t, u(t), x(t_0)) - \bar{x}(t, \bar{u}(t), \bar{x}(t_0)) \,] \; \rightarrow \; 0 \qquad ? \; .$$

Für die Störung in $x(t)$ läßt sich über

$$\mu(t) = [\, x(t, u(t), x(t_0)) - \bar{x}(t, \bar{u}(t), \bar{x}(t_0)) \,]$$

eine Differentialgleichung der Störung ableiten

$$\frac{d\mu(t)}{dt} = \frac{dx(t)}{dt} - \frac{d\bar{x}(t)}{dt} \quad ,$$

$$\frac{d\mu(t)}{dt} = -a\,(x(t) - \bar{x}(t)) + b(u(t) - \bar{u}(t))$$

bzw.

$$\frac{d\mu(t)}{dt} = -a\mu(t) + b\varepsilon(t) \quad , \quad \text{mit } \mu(t_0) = 0 \quad .$$

Obige Frage reduziert sich nun auf das Verhalten der Lösung $\mu(t)$ für große t
für bestimmte $\varepsilon(t)$ und Koeffizienten a,b. Die allgemeine Lösung der
Störungsdifferentialgleichung lautet

$$\mu(t) = \left\{ e^{-p(t)} [C + \int^{t} b\varepsilon(t) \, e^{p(t)} \, dt \,] \right\}_{t_0}^{t} \quad , \text{ mit } p(t) = \int^{t} a(t) dt \quad .$$

An dieser Stelle sei eine Beschränkung für $\varepsilon(t)$ gefordert. Die Abweichung $\varepsilon(t)$
möge am Anfang beliebig groß aber endlich sein und dann mit wachsendem t
gegen 0 gehen. Dies ist keine Beschränkung der Allgemeinheit, denn es ist
nur erforderlich, daß die Approximation der Eingangsgrößen am Anfang *be-*

liebig ungenau ist, aber für wachsende t genauer wird. Dies ist z. B. erfüllt, wenn das System aus einem momentanen Ruhepunkt bei gegebener Erregung aufgrund einer Änderung in den Eingangsgrößen ausgelenkt wird und die Eingangsgrößen sich nach einer beliebigen, aber endlichen Zeit auf ihren neuen Wert einschwingen oder die höheren spektralen Anteile in der Änderung von $u(t)$ so stark abgeklungen sind, daß die Approximation einen vernachlässigbaren Fehler besitzt. Die Beschränkung für $\varepsilon(t)$ lautet also

$$\lim_{t \to \infty} \varepsilon(t) \to 0 \quad , \text{ mit } \quad \varepsilon(t_0) = k \quad , \quad |k| > 0$$

und es soll gelten

$$-|K| e^{-\gamma t} < \varepsilon(t) < +|K| e^{-\gamma t} \quad \text{für } t \in [t_0, t_E] \quad \text{und} \quad 0 < \gamma < M \quad .$$

Anmerkung: Für $\varepsilon(t)$ ließen sich noch andere Beschränkungsfunktionen angeben, die Verwendung einer e-Funktion erleichtert die Rechnung aber wesentlich, ohne die allgemeine Aussage zu beeinflussen. Mit obiger Beschränkung ergibt sich für $\mu(t)$

$$\mu(t) = \left\{ e^{-p(t)} [C + \int^t bK e^{-\gamma t} e^{p(t)} dt] \right\}_{t_0}^t \quad , \text{ mit } p(t) = \int^t a(t) dt \quad ,$$

also (bei $a = \text{const}$)

$$\mu(t) = \left\{ e^{-at} [C + \int^t bK e^{-\gamma t} e^{at} dt] \right\}_{t_0}^t \quad ,$$

bzw.

$$\mu(t) = \left\{ e^{-at} [C + \int^t bK e^{(a-\gamma)t} dt] \right\}_{t_0}^t \quad .$$

Für $a = \gamma$ ergibt sich

$$\mu(t) = \left\{ e^{-at} [C + \int^t bK \, dt] \right\}_{t_0}^t \quad , \text{ da } e^{(a-\gamma)t} = 1 \text{ für } a = \gamma \quad ,$$

bzw.

$$\mu(t) = \left\{ e^{-at} \left[C + bKt \right] \right\}\Big|_{t_0}^{t} \ .$$

Nach einigen Umformungen erhält man

$$\mu(t) = bK \left\{ t\, e^{-at} - t_0\, e^{-at} \right\} \quad [\text{mit } C = -bKt_0] \ . \qquad (7.2-1)$$

Für $a \neq v$ ergibt sich

$$\mu(t) = \frac{bK}{a-\gamma} \left\{ e^{-\gamma(t-t_0)} - e^{-a(t-t_0)} \right\} \quad [\text{mit } C = -\frac{bK}{a-\gamma}] \ . \quad (7.2-2)$$

Wie verhält sich nun $\mu(t)$ für große t nach (7.2-1)

$$\lim_{t\to\infty} \mu(t) = \lim_{t\to\infty} bK \left\{ t\, e^{-at} - t_0\, e^{-at} \right\} = ? \quad , \quad t > t_0 \ ,$$

bzw. nach (7.2-2)

$$\lim_{t\to\infty} \mu(t) = \lim_{t\to\infty} \frac{bK}{a-\gamma} \left\{ e^{-\gamma(t-t_0)} - e^{-a(t-t_0)} \right\} = ? \quad , \quad t > t_0 \ .$$

Der Grenzwert $\mu(t)$ für $t\to\infty$ existiert nur dann, falls $a > 0$ ist $(a, b \neq 0)$. Dann gilt für den Grenzwert von (7.2-1)

$$\lim_{t\to\infty} \mu(t) = \lim_{t\to\infty} bK \left\{ t\, e^{-at} - t_0\, e^{-at} \right\} = 0 \quad , \quad t > t_0$$

und für den zweiten Term von (7.2-2)

$$\lim_{t\to\infty} \mu(t) = \lim_{t\to\infty} \frac{bK}{a-\gamma} \left\{ - e^{-a(t-t_0)} \right\} = 0 \quad , \quad t > t_0 \ .$$

Bei (7.2-2) war für den ersten Term $\gamma > 0$ gefordert. Bei $\gamma = 0$ ergibt sich ein endlicher Grenzwert und damit eine endliche Abweichung. Dies tritt aber nur bei einem über alle Zeiten endlichen Fehler in der Approximation auf, was ja ausgeschlossen wurde.

Für $\gamma > 0$ ergibt sich als Grenzwert

$$\lim_{t \to \infty} \mu(t) = \lim_{t \to \infty} \frac{bK}{a - \gamma} \left\{ e^{-\gamma(t - t_0)} - e^{-\alpha(t - t_0)} \right\} = 0 \quad .$$

Die Abweichungen in der Lösung der Differentialgleichung aufgrund einer gestörten Erregung klingen bei beiden Lösungsgleichungen (7.2-1) und (7.2-1) für wachsende t ab. Die hierfür notwendige und hinreichende Bedingung ist die asymptotische Stabilität des lokalen Systems. Bei einem System 2. Ordnung kann sich ein konjugiert komplexes Polpaar ergeben. Die obigen Aussagen gelten aber für Realteil $(\lambda_i) < 0$ ebenfalls. Bei einem linearen System n-ter Ordnung sind die Aussagen auch anwendbar. Gilt für den Realteil jedes Eigenwertes λ_i obige Forderung, das System ist also gobal asymptotisch stabil, so klingen die Störungen in den Lösungen für wachsende t ebenso ab. Bei nichtlinearen Systemen läßt sich eine solch einfache Aussage nicht machen. Man kann aber das nichtlineare System um einen Zustandspunkt (Ruhepunkt) linearisieren und nach der Methode der 1. Näherung eine Abschätzung machen. Dann muß das linearisierte System im Linearisierungspunkt ebenfalls global asymptotisch stabil sein, damit die Störung in den Lösungen abklingt (/Knobloch et al. 1974/, S. 164, Satz 9.1). Eine lokal asymptotische Stabilität in $G_{u,x}$ und $\bar{u}(t)$ bzw. $\bar{x}(t)$ aus $G_{u,x}$ für alle t darf dann für das nichtlineare Systeme als ebenfalls hinreichend und notwendig angenommen werden. Dann ist gewährleistet, daß die gestörte Lösung sich der nominalen Lösung für wachsende t nähert und die Differenz zu Null wird.

Die Gesamtsystemstabilität bei mehreren Teilsystemen sowie die praktische Anwendbarkeit des entwickelten Verfahrens wird anhand einiger Beispiele exemplarisch demonstriert. Bei gutmütigem Verlauf der Eingangswerte, die spektralen Anteile liegen erheblich unter der Systemgrenzfrequenz, ist das Verfahren auch für nichtstabile Systeme anwendbar. Die Approximation ist dann so exakt, daß der Fehler in den Zuständen des nichtlinearen und instabilen Systems vernachlässigbar ist. Bei oszillierenden Systemen wird aus Genauigkeitsgründen die Schrittweite klein genug, so daß auch solche

Systeme bei nicht zu großer Verzögerung modular gerechnet werden können (Anhang B, Beispiel 3). Zunächst werden aber noch einige Randbedingungen bzgl. der Realisierung diskutiert.

7.2.2.4 Adaptionsmöglichkeiten

Bei der numerischen Integration mit Eingangsapproximation können zwei Verfahrensschritte adaptiert werden. Einmal können die Eingangsgrößen im Integrationsintervall $[t_k, t_{k+1}]$ als konstant oder als nicht konstant betrachtet und zum anderen kann die Approximation exakter durchgeführt werden. Bei der Entscheidung, ob zu internen Stützstellen neue Eingangswerte berechnet werden, kann die maximale relative Änderung aller Eingangsgrößen herangezogen werden

$$\Delta \bar{u} = \max \left| \frac{\bar{u}_i(t_k) - \bar{u}_i(t_{k-1})}{\bar{u}_i(t_k)} \right| \quad , \quad \text{mit } i = 1, \dots, p \ .$$

Eine Umschaltung wäre z. B. nach folgender Vorschrift möglich

$$\Delta \bar{u} < 10^{-2} \ \Rightarrow \ u = \text{const} \ \text{in} \ ]t_k, t_{k+1}] \ ,$$

bzw.

$$\Delta \bar{u} \geq 10^{-2} \ \Rightarrow \ u \neq \text{const} \ \text{in} \ ]t_k, t_{k+1}] \ .$$

Diese Bewertung berücksichtigt allerdings nicht die unterschiedliche partielle Abhängigkeit des Differentials von u bzw. x

$$d\left(\frac{dx_i}{dt}\right) = \frac{\delta f_i}{\delta u_j}\Big|_{u,x} \Delta u_j + \frac{\delta f_i}{\delta x_l}\Big|_{u,x} \Delta x_l \quad , \quad \text{mit } i,l = 1, \dots, n \quad j = 1, \dots, p \quad .$$

Falls die Bedingung

$$\max_{i=1,n; j=1,p} \left\{ \frac{\delta f_i}{\delta u_j}\Big|_{u,x} \Delta u_j \right\} << \min_{i=1,n; l=1,n} \left\{ \frac{\delta f_i}{\delta x_l}\Big|_{u,x} \Delta x_l \right\}$$

erfüllt ist, so kann $u_i = \text{const}$ im Integrationsintervall $[t_k, t_{k+1}]$ gesetzt werden. Die Auswertung der obigen Gleichung erfordert aber die Verfügbarkeit der partiellen Änderungen vom Differential und ist aufwendig in ihrer

Auswertung. Der pragmatischere Weg ist die Verwendung der relativen Änderung der u_i zur Bewertung ob $u = const$ ist oder nicht.

Eine Verbesserung der Approximation ist dann notwendig, wenn die Differenz zwischen den extrapolierten Werten und den später eintreffenden Werten (Interpolation auf den Extrapolationszeitpunkt) einen maximalen Fehler übersteigt. Die Entscheidung ob das Glättungsintervall verkleinert werden muß, ist pro Komponente jedes Einganges zu treffen. Bei großen Abweichungen ist das Glättungsintervall zu halbieren und die Pufferlänge zu vergrößern. Die Ordnung des Approximationspolynoms nimmt entsprechend zu. Reichen diese Maßnahmen nicht aus, so können die Schrittweiten des lokalen und der Vorgängermodelle noch verkleinert werden. Bei den betrachteten Systemen besteht im allgemeinen intern eine höhere Dynamik, so daß diese Adaptionsmaßnahme nur von Fall zu Fall durchgeführt werden muß. Eine Extrapolation der Eingänge zu den internen Stützstellen dürfte allerdings notwendig sein. Dies erfordert die Zerlegung der Integrationsverfahren in einzeln aufrufbare Verfahrensschritte.

7.3. Realisierung / Randbedingungen

7.3.1 Meßwerterfassung

Die zur Adaption der Modelle (Beobachter) notwendigen Meßwerte sind parallel zur Extrapolation bereitzustellen. In der Regel sind die Integrationsschrittweiten äquidistant und die Meßwerte können nach dem gleichen Zeittakt erfaßt werden. Dies erfordert aber eine sehr enge Synchronisation zwischen der Modellintegration und der Meßwerterfassung (Filterung). Über einen Meßwerterfassungskanal oder sogar über einen A/D-Wandler werden in der Regel mehrere Meßgrößen im Multiplex-Betrieb erfaßt. Die Wandlung der kontinuierlichen Werte in die diskrete und digitalisierte Darstellung benötigt eine bestimmte Zeit, welche bei autonom arbeitenden A/D-Wandlern nicht deterministisch ist. Dies stellt ein erhebliches Problem bzgl. einer engen Synchronisation dar.

Wird die Meßwerterfassung unabhängig und nach einem Meßgrößen-spezifischem Zeittakt mit redundanter Erfassung für die Filterung stochastischer Einflüsse durchgeführt, so kann eine einfache Kopplung zwischen Integration und Meßwertverarbeitung erfolgen. Parallel zur Extrapolation werden die benötigten Meßwerte vom Meßwerterfassungs- und Meßwertvorverarbeitungssystem angefordert. Da die Meßwerterfassung aufgrund der Redundanz in einem bzgl. der Dynamik engeren Zeitraster erfolgt, liegen für jeden Anforderungszeitpunkt die entsprechenden gefilterten Werte vor. Die reine Übergabe nimmt erheblich weniger Zeit in Anspruch. Für den Fall, daß im Integrationsintervall, also zu den Stützstellen, aufgrund schneller Änderungen in den Eingängen Meßwerte benötigt werden, so sind diese ebenfalls verfügbar. Eine Änderung des Modus (von $u = $ const zu $u \neq$ const) ist dann auch unabhängig von dem Meßwerterfassungssystem möglich. Die Meßwerterfassung ist damit zeitlich und logisch (adreßspezifisch) autonom.

Die Meßwerterfassung und die Umsetzung zwischen logischen Bezeichnern (Namen) und den realen HW-Adressen kann in einem separaten Paket realisiert werden und ist damit leicht an das Simulationspaket anbindbar (einfach modifizierbar).

7.3.2 Ereignisse

Die einzelnen Modelle werden autonom gerechnet und es gibt keine algebraischen Kopplungen zwischen Ein- und Ausgangsgrößen innerhalb eines Modells. Für das Auftreten von externen Ereignissen können zwei Fälle unterschieden werden:
a) das Ereignis betrifft die Eingangsgrößen und
b) das Ereignis betrifft modellinterne Größen.

Bezieht sich ein Ereignis nur auf die Eingangsgrößen, so werden die Änderungen entsprechend dem Tiefpaßverhalten des betreffenden Modells gefiltert und die direkten Auswirkungen bleiben lokal begrenzt. Bei den nachfolgenden Modellen entsteht zwar eine Abweichung bei der Eingangsgrößenapproximation, ihre Auswirkungen in den Zuständen klingen jedoch wie vorher dargelegt ab. Ereignisse, welche modellinterne Größen betreffen, können so im Ablauf berücksichtigt werden, daß sie wie im vorherigen Fall keine direkte Beeinflussung der nachfolgenden Modelle erzeugen. Die Berechnung der zeitlich aufeinander folgenden Zustände erfolgt ja durch Addition der Inkremente zu den bisherigen Zustandswerten, also

$$X_{k+1} = X_k + \Delta X .$$

Werden nur die in die numerische Integration eingehenden Werte X_k modifiziert, so bewirken sie keine direkte (algebraische) Beeinflussung der Modellausgänge und damit der nachfolgenden Modelle. Allerdings wird die aktuelle Integrationsschrittweite beeinflußt, da die Änderung eines Zustandes bei nichtlinearen Modellen über die Stabilitätsbedingung die maximal zulässige Schrittweite h verändert. Es kann deshalb notwendig sein, die aktuelle Schrittweite zu reduzieren (falls nicht schon eine minimale und feste Schrittweite für alle Fälle definiert wurde). Ereignisse, welche meßtechnisch erfaßbar sind, können wertemäßig direkt im Ablauf berücksichtigt werden. Das Sperren eines Ventils bei meßtechnischer Erfassung des Durchflusses geht direkt in die Rechnung ein. Voraussetzung ist natürlich, daß bei der Meßwerterfassung mit Filterung diese Änderung sofort als "gefilterter" Wert erscheint (keine Mittelung mit älteren Werten).

Im Integrationsablauf sind die Ereignisse auf zwei Arten zu berücksichtigen:
- Bei $u = $ const im Intervall $]t_k, t_{k+1}]$ wird der Wert $x(t_{k+1})$ um eine gewisse Berechnungszeit vor t_{k+1} berechnet. Tritt ein Ereignis nicht in der Nähe des Startzeitpunktes der Rechnung auf, so wird der Wert $\dot{x}(t_e > t_k)$ berechnet. Tritt das Ereignis in der Nähe auf, so ist es beim nächsten Rechenschritt zu berücksichtigen.
- Bei $u \neq $ const im Intervall $]t_k, t_{k+1}]$ wird zur Berechnung der internen Stützstellen eine Extrapolation und eine Meßwerterfassung durchgeführt. Ein Ereignis kann also hier bei jedem Stützstellenschritt berücksichtigt werden.

Sind nicht meßtechnisch erfaßbare Ereignisse im Integrationsablauf zu berücksichtigen, so muß die Meßwerterfassung diese Ereignisse an die lokale Integrationsablaufsteuerung melden. Eine entsprechende Schnittstelle mit einer Umsetzung von HW-Adresse in logische Bezeichner ist in einem Meß-werterfassungspaket leicht realisierbar.

Ereignisse von Reglermodellen, welche zu definierten Zeiten von einem Modell Werte benötigen und Reglerwerte zurückgeben, sind über eine spezifische Schnittstelle zu berücksichtigen, da diese die lokale Zeitführung beeinflussen. Das Reglermodell muß bei jedem Werteaustausch den nächsten Kommunikationszeitpunkt als neuer rechter Integrationsintervallrand der Integrationsablaufsteuerung übergeben. Dazwischen können dann beide wieder entkoppelt rechnen. Eine Modell-Reglerkopplung kann aufgrund der engen Verzahnung auch nur lokal (nicht verteilt) zugelassen werden. Sind die Reglerwerte aufgrund der neuen Modellwerte sofort wieder zu übergeben (es wurde keine Berechnungszeit für die Regelvorschrift modelliert), so müssen diese neuen Werte während der Kommunikation selbst berechnet werden. Dies ist nur für einfache Regler realistisch und zulässig. Ansonsten wird abwechselnd abgetastet und in das Modell eingegriffen. Reglermodelle werden als diskrete Modelle gesondert gekennzeichnet und im Ablauf gesondert behandelt.

7.3.3 Grenzen und Aufwand der verteilten Simulation

Bei der verteilten Simulation werden gekoppelte Modelle entkoppelt gerechnet. Bei den jeweiligen Abhängigkeiten zwischen den Modellen besteht eine $n{:}1$ Relation, d.h. ein bestimmter Teil der Ausgangsgrößen von n Teilmodellen beeinflussen als Eingangsgrößen ein einziges Modell. Aufgrund der früher dargelegten Abhängigkeit zwischen maximal vorhandenen spektralen Signalkomponenten und der Schrittweite kann bei einer maximalen noch vertretbaren Polynomordnung im schlechtesten Falle die zulässige Verzögerung des Datenaustausches in der Größenordnung der größten Schrittweite in dieser $n{:}1$ Relation liegen

$$T_\mathrm{V} \approx \max(h_i, \; i = 1, \; \dots, \; n+1).$$

Sind im Eingangssignal nur niedrigere Spektralanteile vorhanden, d. h. der Signalverlauf ist gutmütig, so ist entsprechend eine bedeutend höhere Verzögerung zulässig. Für die Integration ist allerdings eine Extrapolation der Eingänge zu den Stützstellen notwendig.

Die maximale Verzögerung bei feststehender Ordnung des Polynoms zur Nachbildung der Signalverläufe liegt also wertemäßig anhand der einzelnen Systemeigenschaften fest. Bei Systemen, welche Rechenschrittweiten unterhalb einer minimalen Übertragungszeit besitzen, sind die Grenzen einer verteilten Echtzeitsimulation mit dem vorliegenden Verfahren erreicht. Dies gilt aber primär für Zerlegungen nach topologischen Kriterien. Für die lokal entkoppelte Rechnung aufgrund unterschiedlicher Modellformen, Integrationsschrittweiten oder -verfahren gilt das nicht (ebenso ist die Datenaustauschzeit bei eng gekoppelten Mehrprozessorsystemen kleiner). Zerlegt man ein System (falls möglich) auch nach dynamischen Aspekten, so sind die Grenzen die gleichen, aufgrund der anderen Zerlegung die maximalen Schrittweiten jedoch größer. Ob das Verfahren bei Verwendung von spezieller Koppelhardware für dynamisch sehr schnelle und eng gekoppelte Systeme eventuell verwendbar ist, ist individuell zu überprüfen. Bei den hier primär betrachteten Systemen sind solche Änderungen und Kopplungen nicht vorhanden oder transiente Größen wie Druckschwankungen können meßtechnisch erfaßt werden.

Rechneranwendungen haben vom Aufwand her immer wirtschaftlich vertretbar zu sein. Bei der vorliegenden Anwendung besteht ein erhöhter Bedarf an

Speichermedien (Hauptspeicher) und an Rechenleistung. Einmal müssen Eingangswerte über einen bestimmten Zeitraum hinweg zwischengespeichert werden, zum anderen erfordert die Eingangsgrößenapproximation eine zusätzliche Rechenleistung neben der allgemeinen Integration. Pro Signaleingang ist ein Puffer und mindestens eine Extrapolation pro Zeitschritt notwendig.

Aufwandsabschätzung:

- Speicherbedarf:
  - die Kosten für Speichermedien sind drastisch gefallen,
  - die Adressierkapazität und der Hauptspeicherausbau gängiger Prozeßrechner und Minirechner ist erheblich gestiegen (z. B. Micro Vax: HS 16 MB, virtuelle Adreßkapazität 4GB).

  Rechenzeit:
  - die Rechenzeit orientiert sich stark an der Genauigkeit der Modellintegration,
  - durch die Akkumulation von Fehlern ist bei einer hohen Anzahl von Folgeoperationen eine grundsätzlich hohe Genauigkeit pro Einzeloperation notwendig
  - die Extrapolationen bei einer geringen Anzahl von nachzubildenden Eingängen erfordern hierzu eine weit geringere Rechenleistung,
  - stark vernetzte Komponenten (viele Kopplungen) können eventuell anders zerlegt oder gekoppelt gerechnet werden.

Durch die Verwendung von preisgünstigen Hochleistungsmikroprozessoren können verteilte Rechensysteme aufgebaut werden, wobei jedes Rechnersystem (Knoten) etwa ein Zehntel der Leistung eines Superminirechners erbringen kann, aber nur einen Bruchteil dessen Preises kostet. Man erhält somit in aller Regel eine erhebliche Kostenersparnis bei gleichzeitiger Verringerung der Gesamtausführungszeit.

Der zusätzliche Aufwand durch das Verfahren bleibt bei realen Apparaten in erträglichen Dimensionen. Als Beispiel sei das Modell der HA-Kolonne der Wiederaufarbeitungsanlage bei Mol in Belgien /Bühler 1980/ angeführt. Es ergab sich ein Modell mit minimal 114 internen Zuständen (Differentialgleichungen). Von den Eingängen sind drei aus Vorlagebehältern, bei denen die Stoffkonzentrationen quasi konstant sind und die Flüsse meßtechnisch erfaßt werden können. Nur ein rückgekoppelter Eingang mit drei Größen (Stoffkonzentrationen) ist anhand der verzögerten Eingangswerte zu approximieren. Gegenüber 114 durch numerische Integration zu berechnenden Modellgrößen und zustandsabhängigen Parametern liegen nur drei durch die Approximation zu berechnende Eingangsgrößen vor. Dies nur als Hinweis, um den Sachverhalt bei einer realen Anlage zu vermitteln.

7.4 Zusammenfassung

Im vorliegenden Kapitel wurden die verschiedenen Arten zur parallelen Integration dynamischer Modelle untersucht. Die problemstrukturelle Parallelität und die ansatzweise darauf aufbauenden Verfahren wurden diskutiert. Von den untersuchten Verfahren eignete sich keines für die verteilte Echtzeitsimulation (auch nicht für eine lokale modulare). Deshalb wurde, ausgehend von dem bei realen Systemen vorliegenden Tiefpaßverhalten und bei nicht algebraischer Kopplung ein Verfahren entworfen, welches für Systeme mit nicht zu hoher externer Kopplung und Dynamik eine Echtzeitsimulation auf sowohl eng gekoppelten wie auch verteilten Rechnersystemen erlaubt. Die notwendigen und hinreichenden Voraussetzungen für die Anwendbarkeit des Verfahrens wurden an einem linearen System 1. Ordnung hergeleitet. Die Ergebnisse können auf lineare Systeme n-ter Ordnung und auch auf nichtlineare Systeme (Methode der 1. Näherung) übertragen werden. Eine Abschätzung bzgl. des zusätzlichen Rechen- und Speicheraufwandes zeigt, daß das Verfahren eine Beschleunigung der Ausführung bringt und gleichzeitig wirtschaftlich vertretbar ist. Im nächsten Kapitel wird für die modulare Echtzeitsimulation ein entsprechendes Simulationslaufzeitsystem entworfen. Dieses Laufzeitsystem dient zur Transformation und Ausführung der in der Modellkonfigurationsphase definierten Modelle.

8 Entwurf und Realisierung des K_advice-Systems

In diesem Kapitel werden der Entwurf und die Realisierung des Laufzeitsystems für die rechnerunterstützte graphisch orientierte Modellierung und
für die modulare / verteilte Echtzeitsimulation beschrieben. Die wesentlichen
System- bzw. Subsystemzustände, Datenstrukturen und Operationen werden
diskutiert. Für eine vollständige Beschreibung der Paketschnittstellen oder
Paketrümpfe des Systems sei auf die Dokumentation verwiesen /Keller 1988/.

Die Modellierung basiert dabei auf existierenden Basismodellen (elementare
Modellbausteine). Eine Erstellung dieser Bausteine und deren graphische
Sinnbilder wird mit dem Modelleditor durchgeführt, welcher im Rahmen
dieser Arbeit nur skizziert wird. Die Modellierung wird von einem interaktiven graphischen System unterstützt. Der Benutzer kann in dieser Phase
der Modellierung vollständig von mathematischen oder programmtechnischen Gegebenheiten abstrahieren. Die Ausführung der Modelle erfolgt
teilmodellspezifisch mit dem in dieser Arbeit entwickelten mathematischen
Verfahren. Auf einem Monorechnersystem erfolgt die Ausführung modular
parallel oder nebenläufig, auf einem Mehrrechnersystem modular verteilt.
Für den hier entworfenen Prototyp wird von einer modularen und nebenläufigen, aber noch nicht verteilten Ausführung ausgegangen. Eine Erweiterung des Systems durch die Verwendung von Kommunikationsdiensten wie
z. B. *DEC-Net* für die verteilte Echtzeitsimulation wird in einem abschlies-
senden Kapitel betrachtet. Die Modelle (Teilmodelle) werden in Hinblick auf
eine flexible Handhabung bei der Modellierung (Test) und die notwendigen
teilmodellspezifischen Operationen interpretativ ausgeführt. Der Nachteil
einer oft zeitlich ineffizienten interpretativen Ausführung wird durch Verwendung von vorübersetzten und direkt ausführbaren elementaren Modellfunktionen umgangen. Es erfolgt also keine Interpretation auf der Ebene von
arithmetischen Operationen, sondern auf der höheren Ebene der elementaren
Modellbausteinfunktionen (Apparate).

8.1 Interpretatives Systemkonzept

Das System ist als hierarchischer Kommandointerpreter entworfen. Dies bedeutet, daß alle vom Benutzer in den entsprechenden Phasen ausführbaren Operationen übersetzt im System verfügbar sind. Die Modelle bzw. die Modellfunktionen, die dem Benutzer zur Modellierung seiner Modelle bereitgestellt werden, sind ebenfalls in Form vorübersetzter Operationen vorhanden. Die Systemstruktur wurde bewußt so gewählt, daß in der Modellierungsphase eine maximale Flexibilität vorliegt und in der Ausführungsphase durch die Verwendung generischer Pakete ein optimal struktureller Aufbau bei gleichzeitiger hoher Speicher- und Rechenzeiteffizienz erreicht wurde. Dieses Entwurfskriterium wurde gewählt, um bei einer dedizierten Modellausführung ohne Modellierungsumgebung den zeitlichen und hardwaremäßigen Randbedingungen zu genügen. Das bei Interpreterkonzepten oft vorliegende Manko einer zwar hochflexiblen aber langsamen Ausführung wurde durch die Verwendung von übersetzten Modellbausteinfunktionen umgangen. Für eine dedizierte Anwendung kann auf der Basis der definierten Modellinformationen und der Laufzeitsystemfunktionen ein anwendungsspezifisches Zielsystem generiert werden.

8.1.1 Zustandsgraph des Gesamtsystems

Das Gesamtsystem realisiert die im *MEU*-Konzept dargestellten Phasenoperationen. Die Ausführung der einzelnen Operationen erfolgt durch einen Kommandointerpreter. Nach dem Start des Systems kann der Benutzer über die graphische Schnittstelle die entsprechende Phase auswählen.

Die möglichen Systemzustände auf dieser Ebene mit den zulässigen Übergängen zeigt Bild 8.1. Die Steuerung des Ablaufs und die Auswahl der phasenspezifischen Operationen entsprechend dem definierten Zustand erfolgen in der Prozedur *K_advice*. Die hierzu im Paket *advice_control* realisierten Operationen sind:

- *initialize*

  In dieser Phase des Systems wird das graphische System initialisiert und die Benutzeroberfläche erzeugt. Liegen benutzerdefinierte Modelle vor, so könen diese unter Angabe der entsprechenden Datei eingelesen werden. Der Zustand ist nach der Initialisierung *activ*.

- *choose_action*

  Nach der Initialisierung und nach Beenden jeder Phasenoperation wird das Hauptmenü zur Auswahl der nächsten Phase angezeigt. Der interne

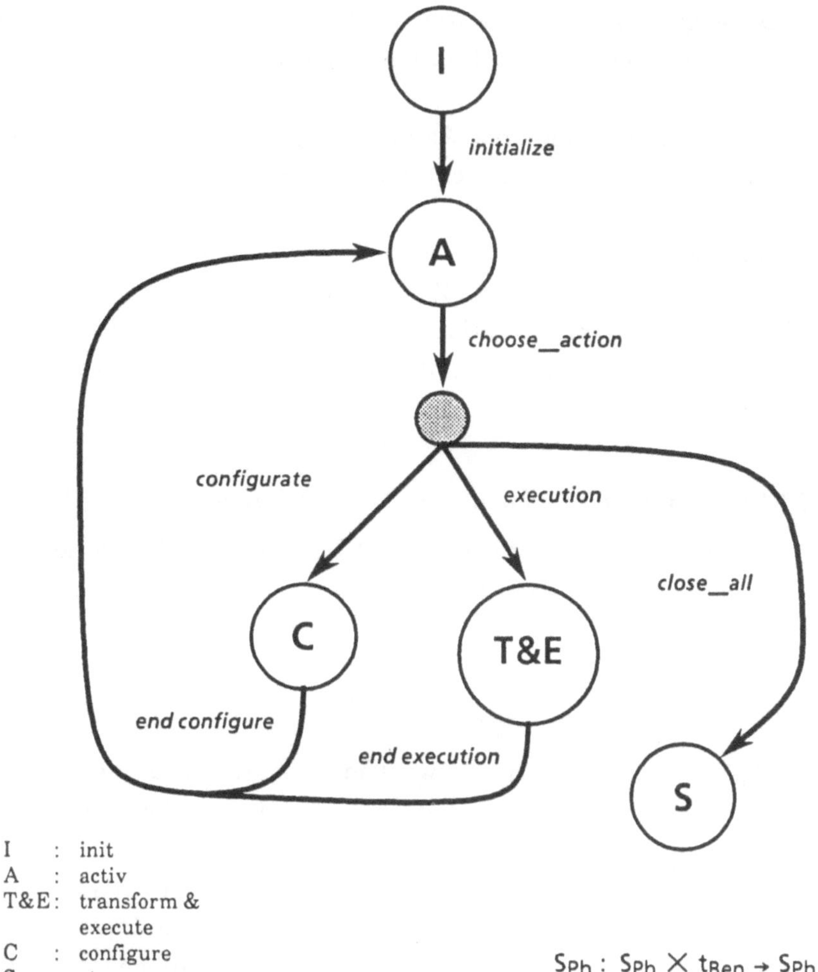

I   : init
A   : activ
T&E : transform &
         execute
C   : configure
S   : stop

$S_{Ph} : S_{Ph} \times t_{Ben} \rightarrow S_{Ph}$

Bild 8.1: Zustandsgraph für das Gesamtsystem

aktuelle Zustand (*advice__state*) wird von dieser Prozedur gesetzt und anschließend die entsprechende Phase ausgewählt.

- *configurate*

Diese Prozedur realisiert die Modellkonfigurationsphase, in der die mathematischen Modelle auf der Basis der graphischen Symbole aus Bausteinen erstellt werden.

- *execution*

In dieser Prozedur werden die ausgewählten Modelle in ausführbare Funktionen transformiert und unter der Benutzerkontrolle ausgeführt.

Die Ergebnisse der Simulation oder die Modellhierarchie werden unabhängig von der Modellausführung graphisch dargestellt.

- *close_all*

  Diese Prozedur führt die Archivierung der Modelle in eine benutzerdefinierte Datei aus, schließt die graphische Oberfläche und stoppt das System.

- *edit / generate*

  Diese Operationen sind zur Zeit noch nicht verfügbar.

Alle implementierten Operationen definieren sich intern die anzuzeigenden Fensterobjekte und deren Inhalte zur Anzeige auswählbarer Befehle oder Modelle.

8.1.2 Grundtypen und elementare Operationen

Zum Aufbau eines Modells werden elementare Datentypen benötigt. Diese Grundtypen und die darauf definierten Operationen sind in zwei Paketen realisiert.

8.1.2.1 Das Paket basic_types

Im Paket *basic_types* sind sowohl mathematische Grundtypen wie auch elementare Modellobjektypen definiert. Hier werden die in der Paketschnittstelle spezifizierten Typen erläutert. Das Paket benutzt die vordefinierten Pakete *math_lib* und *calendar*. Das Paket *calendar* (Zeittyp und Operationen) verfügt nur über primitive Operationen auf den Typ *time*. Das Paket *basic_types* wurde deshalb um zusätzliche Operationen wie *wait_until* (zeitliche Ablaufkontrolle) oder *change_time* (Konvertierung auf Textdarstellung) erweitert.

```
WITH math_lib, calendar;
USE  calendar;

PACKAGE basic_types IS

        ---------------------------------

        -- Definition von Grundkonstanten
    word_length      : natural := 20;
    line_length      : natural := 70;
    text_line_num    : natural := 10;
```

```ada
-----------------------------
-- Definition von Grundtypen
TYPE my_float IS NEW long_float;
TYPE my_fixed IS DELTA 1.0E-5 RANGE 0.0 .. 1.0E3;
SUBTYPE step_size_type IS my_fixed DELTA 1.0e-4 RANGE 0.0 .. 1.0e3;
TYPE complex IS
   RECORD
      real : my_float;
      imag : my_float;
   END RECORD;
TYPE vektor IS ARRAY (integer RANGE <>) OF my_float;
TYPE t_vektor IS ARRAY (integer RANGE <>) OF my_float;
TYPE matrix IS ARRAY (integer RANGE <>, integer RANGE <>)
   OF my_float;
SUBTYPE word            IS string (1 .. word_length);
empty_word        : word := (OTHERS => ' ');
SUBTYPE line            IS string (1 .. line_length);
TYPE text IS ARRAY (1 .. text_line_num) OF line;
TYPE name_vektor IS ARRAY (integer RANGE <>) OF word;


--------------------------------------
Ausprägung des mathematischen Pakets
PACKAGE my_math_lib IS NEW math_lib (my_float);
USE  my_math_lib;


-------------------------------
Operationen für komplexe Zahlen
FUNCTION  "+" (a,
               b : complex) RETURN complex;
FUNCTION  "-" (a,
               b : complex) RETURN complex;
FUNCTION  "*" (a,
               b : complex) RETURN complex;
FUNCTION  "/" (a,
               b : complex) RETURN complex;
FUNCTION  modulus (a : complex) RETURN my_float;
FUNCTION  argument (a : complex) RETURN my_float;
```

```
---------------------------------------------------------
Operationen zum Einlesen der Modellnamen und von Text
PROCEDURE get_word (wort : OUT word);
PROCEDURE get_string (wort : OUT string);


-----------------------------------
-- Definition von Modellbasistypen


TYPE mod_kind_type IS (cont, disc);
TYPE type_of_fun IS (ode, pde);
TYPE type_of_int IS (rk4, fehl);
TYPE unit_type IS
    (m        , -- Meter
     m2       , -- Quadratmeter
     m3       , -- Kubikmeter
     s        , -- Sekunde
     min      , -- Minuten
     pro_s    , -- Hertz
     m_pro_s  , -- Geschwindigkeit
     m_pro_s2 , -- Beschleunigung
     kg       , -- Masse
     kg_pro_s , -- Massenstrom
     n        , -- Kraft
     pa       , -- Druck
     j        , -- Energie
     w        , -- Leistung
     k        , -- Kelvin
     mol      , -- Stoffmenge
     •
     • );
TYPE unit_array IS ARRAY (integer RANGE <>) OF unit_type;
TYPE step_type IS
    RECORD
        step_value : step_size_type;
        step_unit  : unit_type := s;
    END RECORD;
```

```ada
----------------------------------
-- Definition des Zustandsvektors
TYPE state_type (state_num : natural) IS
   RECORD
      name  : name_vektor (1 .. state_num) :=
                  (1 .. state_num => empty_word);
      value : vektor (1 .. state_num);
       unit : unit_array (1..state_num);
   END RECORD;


----------------------------------
-- Definition des Parametervektors
TYPE para_type (para_num : natural) IS
   RECORD
      name  : name_vektor (1 .. para_num);
      value : vektor (1 .. para_num);
       unit : unit_array (1..para_num);
   END RECORD;


----------------------------------
-- Definition des Eingangsvektors
TYPE kind IS (e, m, r, c);        -- e -> extrapolieren,
                                  -- m -> messen
                                  -- r -> Eingang fuer Regler
                                  -- c -> constant
TYPE c_attr_type IS ARRAY (integer RANGE <>) OF kind;
TYPE s_index_type IS ARRAY (integer RANGE <>) OF natural;
TYPE in_stream_type (all_comp_num,
                  stream_num   : natural) IS
   RECORD
      c_name  : name_vektor (1 .. all_comp_num);
      c_value : vektor (1 .. all_comp_num);
        unit  : unit_array (1..all_comp_num);
      c_attr  : c_attr_type (1 .. all_comp_num) := (OTHERS => e);
      s_index : s_index_type (1 .. stream_num);
      s_name  : name_vektor (1 .. stream_num);
      m_refer : name_vektor (1 .. stream_num);
      s_refer : name_vektor (1 .. stream_num);
   END RECORD;
```

```
----------------------------------
-- Definition des Ausgangsvektors
TYPE out_stream_type (all_comp_num,
                      stream_num   : natural) IS
   RECORD
      c_name  : name_vektor (1 .. all_comp_num);
      c_value : vektor (1 .. all_comp_num);
        unit  : unit_array (1..all_comp_num);
      s_index : s_index_type (1 .. stream_num);
      s_name  : name_vektor (1 .. stream_num);
      m_refer : name_vektor (1 .. stream_num);
      s_refer : name_vektor (1 .. stream_num);
   END RECORD;


   false_first_char,
   false_char       : EXCEPTION;

END basic_types;
```

Im System werden die allgemeinen vordefinierten Datentypen benutzt. Als Gleitpunktzahlentyp wird ein vordefinierter Typ mit 15 Stellen dezimaler Genauigkeit bzgl. seiner Repräsentation verwendet. Die explizite Genauigkeitsspezifikation ist durch die Ausprägung (... *my_float is new long_float*...) nicht notwendig. Die Operationen für komplexe Zahlen sind als überladene Funktionen implementiert. Der Compiler erkennt aufgrund des Typs der zu verknüpfenden Operanden automatisch die entsprechend auszuwählenden Funktionen. Die e-Funktion war nur für ganze Zahlen verfügbar und wurde auf Gleitpunktzahlen erweitert (Reihenansatz). Zur Spezifikation der Einheiten der Modellobjekte wurde ein Aufzählungstyp definiert.

Der Zustandsvektor besteht aus drei Objektfeldern, dem Namensfeld zur Identifikation während der Laufzeit, dem Wertefeld und dem Einheitenfeld. Der Parametervektor besitzt den gleichen Aufbau wie der Zustandsvektor. Die lineare Anordnung in einem eindimensionalen Feld besitzt Vor- und Nachteile. Der Entwurf wurde aus folgenden Gründen gewählt: Bei nicht-linearen Systemen ist keine Darstellung in Matrizenschreibweise möglich. Eine zweidimensionale Darstellung ergibt also keinen Sinn. Bei linearen

Systemen erhält man in der Regel Bandmatrizen aufgrund der geographischen Abhängigkeiten verteiltparametrischer Systeme. Außerdem sind oft zustandswertabhängige Parameter vorhanden, die als Elemente einer intern definierten Matrix bei der Deklaration über arithmetische Ausdrücke aus den Eingangsparametern berechnet werden können.

Der Eingangstyp ist der aufwendigste Modellobjekttyp (siehe Bild 8.2). Da die einzelnen Eingänge eine unterschiedliche Anzahl von Komponenten besitzen können, eine Matrix aber nur Zeilen gleicher Länge besitzt, wurde folgender Aufbau gewählt. Die Komponenten aller Eingangsströme sind in einem eindimensionalen Feld enthalten. Ein spezieller Typ erlaubt die Festlegung der stromspezifischen Komponenten durch einen Indexeintrag. Die Komponentenbeschreibung erfolgt wie der Zustandsvektor und zusätzlich um einen Attributstyp. Dieser Attributstyp definiert, ob eine Komponente gemessen oder per Restmodellnachbildung berechnet wird, oder ob sie von einem Regler kommt oder konstant ist. Weiterhin sind im Eingangstyp die Stromreferenzen definierbar. Der Ausgangstyp entspricht dem Eingangstyp vermindert um die Komponentenattribute.

e	m	e	m	c	e	m	c	e	Komponentenattribut
c1	c2	c3	c4	c5	c6	c7	c8	c9	Komponentenname
v	v	v	v	v	v	v	v	v	Komponentenwert
I = 1		I = 3		I = 6					Stromkomponentenindex
S1		S2		S3					Stromname
MR1		MR2		MR3					Modellreferenz
SR1		SR2		SR3					Stromreferenz

Bild 8.2: Ausprägung des Eingangstyps für drei Ströme

Die Stromnamen der Ein- und Ausgangsströme sind beliebig wählbar. Die Komponentennamen dagegen müssen der physikalisch-chemischen Bedeutung entsprechen (z. B. Komponentenname: $H\_2\_SO\_4$, Einheit: mol_pro_l) und bzgl. des jeweiligen Stroms alphabetisch geordnet sein. Bei Verbindungen zwischen einem Ein- und einem Ausgang müssen die Komponentenbezeichnungen und die Einheiten aufeinander passen (Schnittstellengleichheit des Stroms).

8.1.2.2 Das Paket array__functions

Im Paket *array__functions* sind die für Matrizen, Vektoren und Skalare definierten mathematischen Operationen als generische und überladene Funktionen realisiert. Durch die Ausprägung dieses Pakets unter Angabe der zu verwendenden Grundtypen (aus dem Paket *basic__types*) sind die Paketoperationen mit spezifizierbarer Genauigkeit verfügbar. Weiterhin sind noch spezielle Operationen für Matrizen realisiert (Inversion usw.).

```
WITH math_lib;

GENERIC
  TYPE my_float IS DIGITS <>;
  TYPE vektor IS ARRAY (integer RANGE <>) OF my_float;
  TYPE t_vektor IS ARRAY (integer RANGE <>) OF my_float;
  TYPE matrix IS ARRAY (integer RANGE <>, integer RANGE <>)
     OF my_float;


PACKAGE array_functions IS


  PACKAGE my_math_lib IS NEW math_lib (my_float);
  USE  my_math_lib;


  ---------------------------------------------------------------
  Definition von überladenen Prozeduren für Matrizenoperationen
  FUNCTION  I (n : integer) RETURN matrix;
  FUNCTION  "*" (skalar : my_float;
                 v      : vektor) RETURN vektor;
  FUNCTION  "*" (v      : vektor;
                 skalar : my_float) RETURN vektor;
  FUNCTION  "*" (skalar : my_float;
                 t_v    : t_vektor) RETURN t_vektor;
  FUNCTION  "*" (t_v    : t_vektor;
                 skalar : my_float) RETURN t_vektor;
  FUNCTION  "+" (v_1,
                 v_2 : vektor) RETURN vektor;
  FUNCTION  "-" (v_1,
                 v_2 : vektor) RETURN vektor;
  FUNCTION  "+" (tv_1,
```

```
                         tv_2 : t_vektor) RETURN t_vektor;
FUNCTION   "-" (tv_1,
                         tv_2 : t_vektor) RETURN t_vektor;
FUNCTION   "*" (v   : vektor;
                         t_v : t_vektor) RETURN matrix;
FUNCTION   "*" (t_v : t_vektor;
                         v   : vektor) RETURN my_float;
FUNCTION   "*" (t_v : t_vektor;
                         m   : matrix) RETURN t_vektor;
FUNCTION   "*" (m : matrix;
                         v : vektor) RETURN vektor;
FUNCTION   "*" (skalar : my_float;
                         m      : matrix) RETURN matrix;
FUNCTION   "*" (m      : matrix;
                         skalar : my_float) RETURN matrix;
FUNCTION   "+" (m_1,
                         m_2 : matrix) RETURN matrix;
FUNCTION   "-" (m_1,
                         m_2 : matrix) RETURN matrix;
FUNCTION   "*" (m_1,
                         m_2 : matrix) RETURN matrix;


---------------------------------------------

Definition spezieller Matrizenoperationen
FUNCTION   vektor_transposition (v : vektor) RETURN t_vektor;
FUNCTION   vektor_transposition (t_v : t_vektor) RETURN vektor;
FUNCTION   array_transposition (m_in : matrix) RETURN matrix;
PROCEDURE array_inversion_crout (m       : IN OUT matrix;
                                      epsilon : IN my_float);
PROCEDURE array_inversion_cholesky (m       : IN OUT matrix;
                                         epsilon : IN my_float);
PROCEDURE invers_triangular_low (m       : IN matrix;
                                      low     : IN OUT matrix;
                                      epsilon : IN my_float);
PROCEDURE invers_triangular_up (m       : IN matrix;
                                      up      : IN OUT matrix;
                                      epsilon : IN my_float);
PROCEDURE norm_max (m     : IN matrix;
```

```
                norm : IN OUT my_float);


    no_corresponding_dimensions,
    ill_conditioned_matrix,
    no_positiv_matrix,
    no_symmetrical_matrix·        : EXCEPTION;


END array_functions;
```

In der generischen Schnittstelle sind alle mathematischen auf dem Gleitpunktzahlentyp aufbauenden Datentypen angegeben. Dies ist bei reinen Funktionsmodulen notwendig, da in Ada eine strukturell und namentlich gleiche Typdefinition in einer Paketschnittstelle einen vollständig neuen Typ definiert, welcher mit dem alten Typ nicht verträglich ist. Generische Schnittstellenspezifikationen können daher ziemlich lange werden, wenn viele globale zusammenhängende Typen genauigkeitsspezifisch erzeugt und in Funktionsmodulen benutzt werden.

8.1.3 Modelltypen und -funktionen

Die Grundlage zur interpretativen Modellausführung sind die elementaren Modellbausteine, aus denen ein Modell letztendlich immer besteht. Ein Modellbaustein besteht aus den Objekten eines Modells und den bzgl. dieser Objekte definierten Funktionen. Alle Objekte eines Bausteins lassen sich zu einer Struktur zusammenfassen. Diese Struktur stellt zusammen mit den zugehörigen Funktionen eine Klasse eines elementaren Modellbausteins dar. Bei der interpretativen Form erfolgt eine Trennung zwischen den für alle Ausprägungen einer Klasse definierten Funktionen und den Ausprägungen selbst. Die Ausprägung der Struktur ergibt einen Modellbaustein mit den Modellobjekten als Werteträger des Bausteins. Alle Ausprägungen einer Klasse werden vom Laufzeitsystem mit den objektspezifischen Werten auf die klassenspezifischen Funktionen abgebildet. Die Funktionen sind dabei direkt ausführbar (vorübersetzt). Alle Bausteinklassen genügen einer gemeinsamen Grundstruktur und ermöglichen dadurch die allgemeine Abarbeitung aller möglichen Modellbausteine durch ein und dasselbe Ablaufschema. Der interne Charakter eines Bausteins wird entsprechend einem abstrakten Datentyp durch die klassenspezifischen Operationen nach außen verdeckt.

8.1.3.1 Globaler Modelltyp

Aus den elementaren Modellobjekttypen des Pakets *basic_types* wird der allgemeine Modellbausteintyp wie folgt aufgebaut:

```
WITH basic_types;
USE  basic_types;


PACKAGE basic_model_types IS
●
●

   TYPE model_type
      (state_num,
       s_para_num,
       in_comp_num,
       in_str_num,
       out_comp_num,
       out_str_num,
       out_para_num : natural) IS
      RECORD
         m_kind     : mod_kind_type := cont;
         fun_typ    : type_of_fun := ode;
         mod_fun    : element_sort;
         int_typ    : type_of_int := rk4;
         def_step   : step_size_type := 0.0;
         states     : state_type (state_num);
         s_para     : para_type (s_para_num);
         in_stream  : in_stream_type (in_comp_num, in_str_num);
         out_stream : out_stream_type (out_comp_num, out_str_num);
         o_para     : para_type (out_para_num);
         mod_desc   : text;
      END RECORD;
●
●

END basic_model_types;
```

Der allgemeine Modelltyp ist für die Klasse der kontinuierlichen Modelle vorbesetzt. Bei diskreten Modelle können einzelne Elemente keinen direkten Sinn besitzen.

8.1.3.2 Modellbausteintypen und -funktionen

Von dieser Grundstruktur kann jeder Bausteintyp als eigene Klasse abgeleitet werden. Die bausteinspezifische Ausprägung dieser Struktur für eine Modellbausteinklasse erfolgt durch die Angabe der Sorte (*element_sort*) und der Feldgrenzen (*discriminants*). Die Erzeugung eines Objekts erfolgt durch eine später erläuterte Funktion (*create*). Die möglichen Bausteinsorten sind in einem Aufzählungstyp (*enumeration_type*) im Paket *basic_model_types* definiert:

-
-

```
TYPE element_sort IS (list, bro_2, lap_6, single_col);
```

-
-

Jede Bausteinklasse erbt von der allgemeinen Modellklasse die globalen strukturellen Eigenschaften. Ebenso ergeben sich für jede Bausteinklasse bestimmte weitervererbbare neue Eigenschaften. Diese bausteinspezifischen festen Eigenschaften werden über eine bausteinspezifische Initialisierungsoperation (*init'element_sort*) in der erzeugenden Funktion gesetzt. Als Beispielmodell sei ein zum Test verwendetes Basismodell angeführt. Die Funktionen sind:

```
FUNCTION  lap_6 (x   : IN vektor;
               u   : IN vektor;
               s_p : IN vektor) RETURN vektor;


--  FUNCTION lap_6_out does not exist


PROCEDURE init_lap_6 (model : IN OUT model_type);
```

Die Funktion *lap_6* stellt die klassenspezifische Zustandsüberführungsfunktion dar. Das Modell ist ein isoliertes Einzelmodell und besitzt als Ausgänge die Zustände selbst. Eine Ausgangsfunktion existiert deshalb nicht. Die prozedur *init_lap_6* setzt die klassenspezifischen weitervererbbaren Werte im Modellbaustein.

8.1.3.3 Klassenspezifische Ausprägung

Die nicht vorbesetzten Objekte einer Bausteinklasse werden bei jeder teilmodellindividuellen Ausprägung benutzerspezifisch definiert und es ergibt sich somit ein individuelles Teilmodell (TM_0). Die klassenspezifische Ausprägung für obiges Beispiel ist für ein statisch deklariertes Objekt wie folgt definiert:

```
lap_6 : model_type ( state_num => 6,
                     s_para_num => 6,
                     in_comp_num => 0,
                     in_str_num => 0,
                     out_comp_num => 0,
                     out_str_num => 0,
                     out_para_num => 0
```

Das Modell besitzt keine Eingänge, deshalb sind die Werte für Stromanzahl und die Stromkomponentenanzahl des Eingangs zu Null gesetzt (analog die Ausgänge). Nach der Ausprägung (Erzeugung) wird das Modell initialisiert.

8.1.4 Die globale Zustandsüberführungs- und Ausgangsfunktion

Jeder Bausteinklasse sind klassenspezifische Funktionen zugeordnet. Diese Funktionen sind die Zustandsüberführungsfunktion und die Ausgangsfunktion. Die Ausgangsfunktion definiert dabei nur eine algebraische Beziehung zwischen den Ausgangsgrößen und den Zustandsgrößen. Alle Bausteinklassen und die zugehörigen Funktionen sind im Paket *basic_model_types* realisert. Der Zugriff erfolgt über eine universale Zustandsüberführungsfunktion und eine universale Ausgangsfunktion. Diese sind im Paket *model_fun* realisiert. Dieses Paket liegt als generisches Paket vor. Bei der Ausprägung wird die Bausteinklasse des auszuführenden Teilmodells als generischer Parameter angegeben (Typ *element_sort*) und damit die aktuelle Modellfunktionen definiert. Die Bausteinklasse ist im Modelltyp über den Wert des von der *create*-Funktion gesetzten Objekts *mod_fun* definiert.

```
WITH basic_types, basic_model_types;
USE  basic_types, basic_model_types;
```

```
GENERIC
    act_mod_fun : element_sort;

PACKAGE model_fun IS

    -------------------------------------------------------
    -- Prozedur zur Konsistenzprüfung der Modelltypen
    PROCEDURE cons_check;


    ---------------------------------------------------
    -- Globale Zustandsüberführungsfunktion
    FUNCTION   state_trans (x   : IN vektor;
                            u   : IN vektor;
                            s_p : IN vektor) RETURN vektor;


    ----------------------------------
    -- Globale Ausgangsfunktion
    FUNCTION   output_trans (x   : IN vektor;
                             o_p : IN vektor) RETURN vektor;

END model_fun;
```

Die Prozedur *cons_check* erlaubt die Prüfung der Konsistenz der Modelltypen (Bausteinklassen) zu den zugehörigen Funktionen.

8.1.5 Operationen zur Modellintegration

Die Integration der Modelle erfolgt über die im Paket *integration_operations* definierten Integrationsverfahren. Die Auswahl des entsprechenden Integrationsverfahrens erfolgt anhand der im Teilmodell (Datenstruktur) festgelegten Eigenschaften. Das Paket *integration_operations* ist generisch in den mathematischen Grundtypen und in der zu integrierenden Funktion. Dies bedeutet, daß jedes beliebige System von gewöhnlichen Differentialgleichungen mit angebbarer Genauigkeit numerisch integriert werden kann. Das Paket *integration_operations* stellt somit auch wieder klassenspezifische Funktionen zu Verfügung. Die Klassenzugehörigkeit ergibt sich nach mathematischen Kriterien (*ODE/PDE*).

```ada
GENERIC
   TYPE my_fixed IS DELTA <>;
   TYPE my_float IS DIGITS <>;
   TYPE vektor IS ARRAY (integer RANGE <>) OF my_float;
   TYPE t_vektor IS ARRAY (integer RANGE <>) OF my_float;
   TYPE matrix IS ARRAY (integer RANGE <>, integer RANGE <>)
     OF my_float;


   WITH FUNCTION  f (x,
                     u,
                     s_p : vektor) RETURN vektor;


PACKAGE integration_operations IS


   ------------------------------------
   -- Standard-Runge-Kutta-4 Verfahren
   PROCEDURE runge_kutta_4 (x       : IN OUT vektor;
                            u       : IN vektor;
                            s_p     : IN vektor;
                            delta_t : IN my_float);


   ------------------------------------
   -- Fehlberg 4/5 Verfahren
   PROCEDURE fehlberg (x       : IN OUT vektor;
                       u       : IN vektor;
                       s_p     : IN vektor;
                       delta_t : IN OUT my_float;
                       epsilon : IN my_float);


   ------------------------------------------------
   -- Einzelschritte des Runge-Kutta-4 Verfahren
   PROCEDURE r_k_4_k1 (x       : IN vektor;
                       u       : IN vektor;
                       s_p     : IN vektor;
                       k1      : OUT vektor;
                       delta_t : IN my_float);
   PROCEDURE r_k_4_k2 (x       : IN vektor;
                       u       : IN vektor;
```

```
                s_p      : IN vektor;
                k1       : IN vektor;
                k2       : OUT vektor;
                delta_t  : IN my_float);
   PROCEDURE r_k_4_k3 (x  : IN vektor;
                u        : IN vektor;
                s_p      : IN vektor;
                k1       : IN vektor;
                k2       : IN vektor;
                k3       : OUT vektor;
                delta_t  : IN my_float);
   PROCEDURE r_k_4_k4 (x  : IN OUT vektor;
                u        : IN vektor;
                s_p      : IN vektor;
                k1       : IN vektor;
                k2       : IN vektor;
                k3       : IN vektor;
                delta_t  : IN my_float);


END integration_operations;
```

Vorläufig sind nur Lösungsverfahren für gewöhnliche Differentialgleichungen verfügbar. Das Integrationsverfahren für die numerische Integration unter Echtzeitbedingungen ist das Standard-Runge-Kutta-4-Verfahren. Zum Testen der Modelle und zum Feststellen der minimalen Schrittweiten usw. steht ein Fehlberg 4(5)-Verfahren zur Verfügung. Für Modelle mit Eingangsgrößen, welche sich im Integrationsintervall (h) signifikant ändern, sind die RK4-Einzelschrittoperationen verfügbar. Damit wird zur internen Stützstelle der jeweils aktuelle Eingangsgrößenwert für die numerische Integration verwendet (Bild 8.3). Der Test, ob Größen sich signifikant ändern, erfolgt dynamisch zur Laufzeit.

8.2 Modellkonfiguration

Die Modellkonfigurationsphase dient zum Aufbau der Modelle anhand der vordefinierten Modellbausteine. Der Aufbau erfolgt dabei graphisch mit Hilfe des graphischen Subsystems *GAP*.

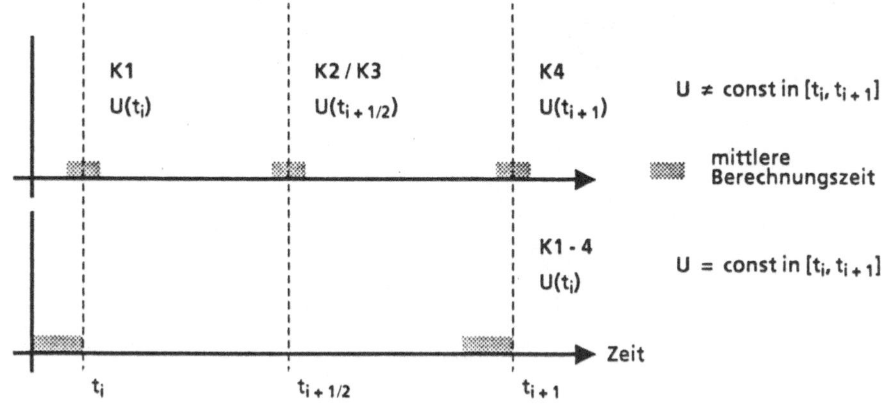

Bild 8.3: Integrationsschema bzgl. der Eingangsänderung

8.2.1 Zustandsgraph

Die in der Modellkonfigurationsphase verfügbaren Operationen und deren
zulässige Reihenfolge zeigt Bild 8.4. Aus dem Zustandsgraphen ist ersichtlich, daß zwei wesentliche Zustände vorliegen. Der eine Zustand definiert die
zulässigen Operationen auf die allgemeinen Modelle (O), der andere die zulässigen Operationen zur graphischen Konfiguration eines ausgewählten
Modells (W). Am Anfang der Konfigurationsphase (*configurate*) werden dem
Benutzer die vorhandenen Basismodelle in der Objektliste (*object__field*)
angezeigt. Im Befehlsmenü (*action__field*) sind die entsprechenden Operationen eingeblendet. Durch die Selektion eines Befehls und des zu verwendenden Modells (Objekt) wird die Operation ausgeführt. Nach der Auswahl
eines Befehls, welcher einen Übergang zum Arbeitsfeld (*working__field*)
bewirkt, wird die Objektliste ausgeblendet. Dadurch steht ein größerer Platz
zur Modellierung zur Verfügung. Wird in der Folge eine Operation bzgl. der
Objektliste ausgewählt, so erscheint diese wieder auf dem Bildschirm.

Die interpretativ ausgeführten Operationen der Modellkonfigurationsphase
sind in Befehle bzgl. der Objektliste und Befehle bzgl. des Arbeitsfeldes
einteilbar:
- Objektlistenbefehle:
  create__model
  copy__model
  draw__model
  exit

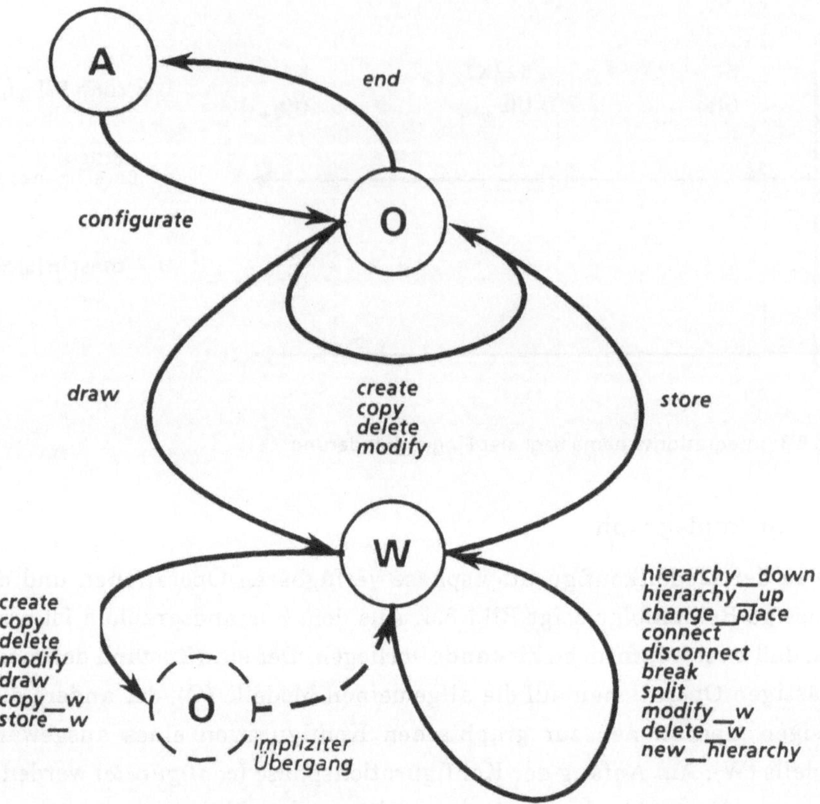

Bild 8.4: Modellkonfigurationsphase

delete__model

modify__model

Arbeitsfeldbefehle:

hierarchy__down

hierarchy__up

change__place

copy__w__model

delete__w__model

connect

disconnect

break

store

modify__w__model

new__hierarchy
split

Bei einer Objektlisten-spezifischen Operation im Zustand W wird implizit über O wieder in den Zustand W zurückgegangen. Der Befehl *store* schließt den Arbeitsfeldmodus W ab und setzt das System in den Zustand O.

8.2.2 Hierarchische Modellierung

Die Modelle von komplexen technischen Systemen sind aus Übersichtlichkeitsgründen modular und hierarchisch aufzubauen. Die strukturelle und die modellspezifische Information wird in einer hierarchisch aufgebauten dynamischen Liste abgespeichert. Bild 8.5 zeigt den globalen Aufbau einer solchen Liste und die zur Verkettung notwendigen Objekte.

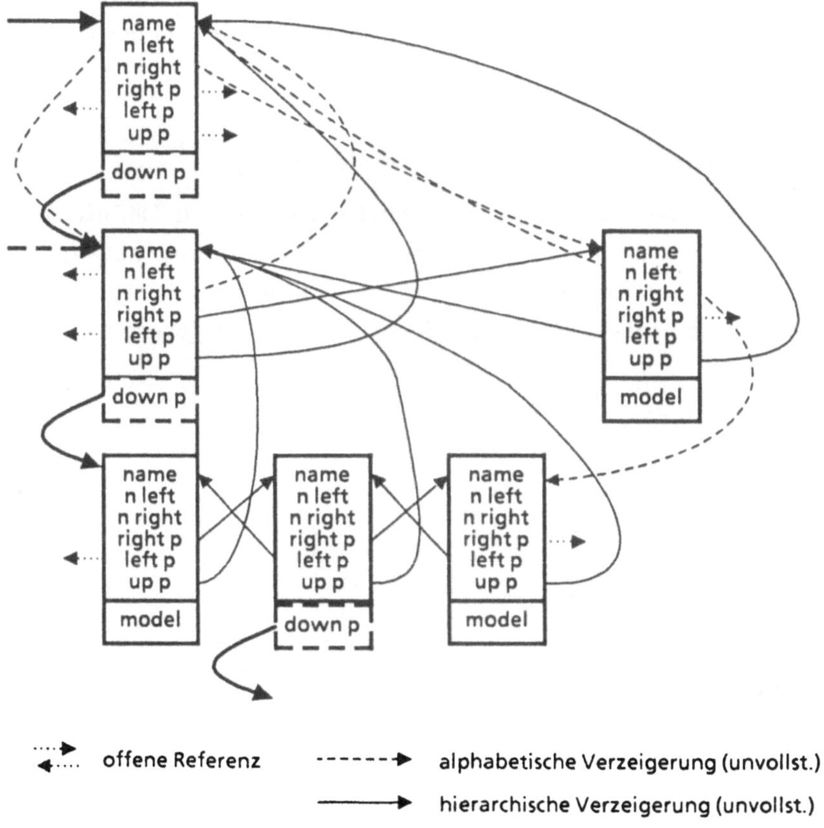

Bild 8.5: Hierarchische Liste

Die topologische Struktur eines Systems ist durch die entsprechende hierarchische Liste vollständig beschrieben. Die Listenelemente sind zusätzlich alphabetisch verkettet (zweifach), um Teilmodelle auf beliebiger Hierarchiestufe einfach zu finden. Ein Listenelement definiert einen Knoten falls unter ihm noch andere Listenelemente hängen. Ein Knoten und der unter ihm hängende Teilbaum beschreibt einen einzelnen Teilprozeß auf einer bestimmten Hierarchieebene. Besitzt ein Listenelement keine weiteren Unterelemente, so stellt es ein echtes Teilmodell (Ausprägung einer Basismodellklasse) dar. Der höchste Knoten in der Gesamtmodelliste ist ein ausgezeichneter Knoten. Dieser Knoten definiert die Hauptliste (*main_list*), in welche alle autonomen Modelle (*PAM*) eingefügt werden. Ein weiteres ausgezeichnetes Listenelement (Knoten oder echtes Teilmodell) ist der alphabetische Anfang der Hauptliste (*main_list_alph_first*). Ausgehend von diesem Listenelement sind alle anderen Listenelmente in alphabetischer Reihenfolge vorwärts und rückwärts verkettet. Dies impliziert, daß alle vorhandenen Listenelementennamen eindeutig sein müssen (wird bei der Namensvergabe vom System geprüft).

8.2.3 Das Listenelement als Teilmodellbeschreibung

Ein Element der hierarchischen Liste besitzt neben den zur Definition der topologischen Struktur und zur alphabetischen Verkettung notwendigen Objekten noch die entsprechenden Modellbausteininformationen. Die Struktur eines Listenelements ist wie folgt aufgebaut (Paket list_operations):

```
WITH basic_types, basic_model_types;
USE  basic_types, basic_model_types;


PACKAGE list_operations IS
  •
  •

   --------------------------------------------------
   -- Unvollständige Definition des Listenelements
   TYPE list_element
      (sort        : element_sort := list;
       state_num,
       s_para_num,
       in_comp_num,
```

```
       in_str_num,
       out_comp_num,
       out_str_num,
       out_para_num : natural := 0);
   TYPE list_access IS ACCESS list_element;
   TYPE list_array IS ARRAY (integer RANGE <>) OF list_access;


   -- Vollständige Definition des Listenelements
   TYPE list_element
      (sort            : element_sort := list;
       state_num,
       s_para_num,
       in_comp_num,
       in_str_num,
       out_comp_num,
       out_str_num,
       out_para_num : natural := 0) IS
      RECORD
         name            : word;
         name_right      : list_access;
         name_left       : list_access;
         right_pointer : list_access;
         left_pointer  : list_access;
         up_pointer      : list_access;
         CASE sort IS
            WHEN list =>
               down_pointer : list_access;
            WHEN OTHERS =>
               model : model_type
                        (state_num    , s_para_num   , in_comp_num ,
                         in_str_num   , out_comp_num, out_str_num ,
                         out_para_num);
         END CASE;
      END RECORD;
   •
   •
END list_operations;
```

Das Listenelement besteht aus dem Teilmodellnamen (Listenelementidentifikator) und minimal fünf Zeiger auf Listenelemente zur strukturellen und
alphabetischen Verzeigerung. Ist das Listenelement ein Knoten, so enthält es
noch einen weiteren Zeiger auf das erste in der darunterliegenden Liste
enthaltene Listenelement (Anfang der Subliste). Als Listenelement mit
einem Inhalt (echtes Teilmodell) enthält es die Modellobjekte entsprechend
der bausteinspezifischen Ausprägung des globalen Modelltyps. Diese
Struktur ist auch für andere Bausteine (Nichtknotenelemente) verwendbar,
da die Semantik der echten Bausteine die Struktur des Listenelements als
Knoten nicht beeinflußt.

8.2.4 Operationen zur Modellerstellung

Die obige Struktur und der Listenelementtyp definieren alle zur Modellbeschreibung notwendigen Objekte. Zur Ausprägung von Modellbausteinklassen zu realen Teilmodellobjekten und deren Verknüpfung, Verwaltung
sowie Modifikation stehen zwei Pakete zur Verfügung. Das eine Paket
definiert nur die für die reine Listenverwaltung notwendigen Operationen,
ist also vollkommen unabhängig von dem konkreten Listenobjekt (syntaktisch orientiert). Das zweite Paket definiert die Listenobjekt-spezifischen
Operationen (semantisch orientiert). Dies erfolgte im Sinne einer wiederverwendbaren Software.

Zur eindeutigen Identifizierung besitzen die einzelnen Elemente einen
unterschiedlichen Namen. Eine alphabetische Verzeigerung ermöglicht das
schnelle Auffinden jedes Modellelements. Dies ist für die Definition von
Modellverknüpfungen wie später gezeigt notwendig. Jedes Element dieser
Liste läßt sich durch eine selbst wieder hierarchisch strukturierte Liste
austauschen und umgekehrt. Dies ermöglicht den beliebigen Tausch von
Modellbausteinen und komplexeren Modellen (offene Hierarchie). Der
oberste Knoten (Element) einer Hierarchie bezeichnet ein autonomes
Gesamtmodell. Es können mehrer Gesamtmodelle nebeineinander existieren.
Sie sind wieder in einer besonders ausgezeichneten Liste geführt (Hauptliste).

8.2.4.1 Das Paket list__operations

Die allgemeinen Listenoperationen sind im Paket *list__operations* realisiert.
Die Operationen orientieren sich dabei ausschließlich an der hierarchischen
Struktur und sind vollkommen unabhängig vom eigentlichen Aufbau der zu

verwaltenden Objekte. Die Identifikation der Objekte wird über den Listen-
elementnamen durchgeführt, der eindeutig ist.

```
WITH basic_types, basic_model_types;
USE  basic_types, basic_model_types;


PACKAGE list_operations IS
   list_already_exists,
   no_such_element,
   double_name,
   empty_list,
   no_plot              : EXCEPTION;


   ----------------------------------------------------
   -- Unvollständige Definition des Listenelements
 •
 •

   -- Vollständige Definition des Listenelements
 •
 •

   ------------------------------------------
   -- Funktion zum Erzeugen der Hauptliste
   FUNCTION  create_main_list RETURN list_access;
   ------------------------------------------
   -- Funktion zum Test auf Namensgleicheit
   FUNCTION  test_name (element_name : IN word;
                        alph_anf     : IN list_access) RETURN boolean;
   ---------------------------------------------------------------
   -- Funktion zum Setzen auf den Knoten unterhalb des aktuellen
   FUNCTION  set_down (knoten : IN list_access) RETURN list_access;
   ---------------------------------------------------------------
   -- Funktion zum Setzen auf den Knoten oberhalb des aktuellen
   FUNCTION  set_up (adresse : IN list_access) RETURN list_access;
   ---------------------------------------------------------------
   -- Funktion zum Erzeugen eines Knotens oder eines Teilmodells
   FUNCTION  create (element_name : IN word;
                     sort         : IN element_sort)
       RETURN list_access;
```

```
------------------------------------------------------------------
-- Funktion zum Suchen eines Teilmodells direkt unter einem Knoten
FUNCTION   search (element_name : IN word;
                   knoten        : IN list_access)
   RETURN list_access;
-------------------------------------------------------------------
-- Funktion zum Suchen eines Teilmodells in einer alphabetischen
-- Liste
FUNCTION   get_element (element_name : IN word;
                        alph_anf     : IN list_access)
   RETURN list_access;
-------------------------------------------------------------------
-- Funktion zum Feststellen der Anzahl echter Teilmodelle unter
- einem Knoten
FUNCTION   number_of_elem (knoten : IN list_access) RETURN natural;


-------------------------------------------------------------------
-- Funktion zur Lieferung der echten Teilmodelle unter einem Knoten
FUNCTION   get_all_elem (knoten : IN list_access;
                         number : IN natural) RETURN list_array;
-------------------------------------------------------------------
-- Funktion zum Suchen eines Teilmodells, das Teilmodell wird aus
-- der Struktur und der alphabetischen Verzeigerung herausgenommen
-- und in eine neue Modellhierarchie eingefügt
PROCEDURE select_element (element_name : IN word;
                          knoten        : IN list_access;
                          top_alph_anf : IN OUT list_access;
                          adresse       : OUT list_access;
                          alph_anf      : OUT list_access);
-------------------------------------------------------------------
-- Funktion zum Einfügen eines Teilmodells in eine Hierarchie
PROCEDURE insert (element      : IN list_access;
                  knoten       : IN list_access;
                  lok_alph_anf : IN list_access;
                  ziel_alph_anf : IN OUT list_access);
------------------------------------------------
-- Funktion zum Löschen eines Teilmodells
PROCEDURE delete (element_name : IN word;
```

```
                    knoten       : IN list_access;
                    alph_anf     : IN OUT list_access);
  --------------------------------------------------------------
  -- Funktion zur Erzeugung eines neuen Teilmodells als neue
  -- Hierarchiestufe mit Einfügen der bisherigen Teilmodelle
  PROCEDURE make_plot (element       : IN list_array;
                       alph_anf      : IN list_array;
                       name          : IN word;
                       knoten        : OUT list_access;
                       top_alph_anf  : OUT list_access);
  --------------------------------------------------------------
  -- Funktion zum Kopieren einer Teilmodellhierarchie
  PROCEDURE copy (element  : IN list_access;
                  knoten   : OUT list_access;
                  alph_anf : OUT list_access);

END list_operations;
```

Die im Programmtext enthaltenen Erläuterungen sind ausreichend. Eine
weitere Besprechung der einzelnen Operationen erfolgt nicht.

8.2.4.2 Das Paket model_operations

In diesem Paket sind die modellspezifischen Operationen der Modellkon-
figurationsphase realisiert. Ein Teil der Operationen wird auch in der
Ausführungsphase benutzt. Wie aus Bild 8.4 ersichtlich, sind sie in
Operationen auf die gesamte Modellhierarchie bzw. auf ein einzelnes vom
Benutzer selektiertes Modell unterteilbar. Das Paket benutzt die reinen
Listenoperationen zur Modellhierarchieverwaltung.

```
WITH basic_types, basic_model_types, list_operations, gap;
USE  basic_types, basic_model_types, list_operations, gap;


PACKAGE model_operations IS

  element_is_plot : EXCEPTION;
  --------------------------------------------------------------
  -- Benennt eine Modellhierarchiekopie vollständig um
  PROCEDURE rename (alph_anf : IN OUT list_access);
```

192

```
----------------------------------------------
-- Speichert die ganze Struktur in eine Datei
PROCEDURE save (alph_anf  : IN list_access;
                file_name : IN string);
----------------------------------------------------------------
-- erzeugt die gespeicherte Struktur wieder und liefert ihre
-- Anfangsadresse und den alphabetischen Anfang
PROCEDURE restore (file_name : IN string;
                   hauptliste : OUT list_access;
                   alph_anf   : OUT list_access);
-----------------------------------------------------
-- Setzt den Typ des Integrationsverfahrens
PROCEDURE set_int_typ (int_typ : IN type_of_int;
                       element : IN list_access);
---------------------------------------------------
-- Setzt die zu benützende Schrittweite
PROCEDURE set_def_step (def_step : IN step_size_type;
                        element  : IN list_access);
-----------------------
-- Setzt Zustandswerte
PROCEDURE set_state_val (name  : IN name_vektor;
                         value : IN vektor;
                         model : IN OUT list_access);
-------------------------
-- Setzt Parameterwerte
PROCEDURE set_s_p_val (name  : IN name_vektor;
                       value : IN vektor;
                       model : IN OUT list_access);
------------------------------------------
-- Setzt Komponentenwerte der Eingänge
PROCEDURE set_in_stream_val (str_name : IN word;
                             name     : IN name_vektor;
                             value    : IN vektor;
                             model    : IN OUT list_access);
-------------------------------------
-- Setzt Stromreferenzen im Eingang
PROCEDURE set_in_ref (s_name  : IN word;
                      m_refer : IN word;
```

```
                        s_refer : IN word;
                        model   : IN OUT list_access);
---------------------------------------
-- Löscht Modellreferenzen im Eingang
PROCEDURE clear_in_ref (s_name : IN word;
                        model  : IN OUT list_access);
---------------------------------------
-- Setzt Komponentenwerte im Ausgang
PROCEDURE set_out_stream_val (str_name : IN word;
                              name     : IN name_vektor;
                              value    : IN vektor;
                              model    : IN OUT list_access);
---------------------------------------
-- Setzt Modellreferenzen im Ausgang
PROCEDURE set_out_ref (s_name  : IN word;
                       m_refer : IN word;
                       s_refer : IN word;
                       model   : IN OUT list_access);
---------------------------------------
-- Löscht Modellreferenzen im Ausgang
PROCEDURE clear_out_ref (s_name : IN word;
                         model  : IN OUT list_access);
---------------------------------
-- Setzt Ausgangsparameterwerte
PROCEDURE set_o_p_val (name  : IN name_vektor;
                       value : IN vektor;
                       model : IN OUT list_access);
---------------------------------------
-- Trägt die Modelldokumentation ein
PROCEDURE set_mod_desc (mod_desc : IN text;
                        model    : IN list_access);
-------------------------------------------------------
-- Gibt die Modellhierarchiestruktur auf eine Datei aus
PROCEDURE print_structure (mod_name  : IN word;
                           file_name : IN string);
-------------------------------------------------------
-- Blendet die Modelldokumentation im Textfeld ein
PROCEDURE explane (model : IN list_access);
```

194

```
-------------------------------------------------
-- Erzeugt ein Teilmodell und setzt Werte
PROCEDURE create_model (model_name : IN word;
                        mod_kind   : IN mod_kind_type;
                        main_list  : IN OUT list_access;
                        alph_first : IN OUT list_access);
-------------------------------------------------------
-- Kopiert eine Modellhierarchie und benennt sie um
PROCEDURE copy_model (model_name          : IN word;
                      alph_first          : inout;
                      main_list           : IN OUT list_access;
                      main_list_alph_first : IN OUT list_access);
--------------------------------------------------------
-- Zeichnet den obersten Knoten einer Modellhierachie
PROCEDURE draw_model (model_name : IN word;
                      main_list   : IN OUT list_access;
                      alph_first  : IN OUT list_access;
                      w_model     : IN OUT list_access;
                      w_alph_first : IN OUT list_access);
---------------------
-- Löscht ein Modell
PROCEDURE delete_model (model_name : IN word;
                        list       : IN OUT list_access;
                        alph_first : IN OUT list_access);
-----------------------------
-- Modifiziert die Modellwerte
PROCEDURE modify_model (model_name : IN word;
                        alph_first : IN OUT list_access);
-------------------------------------------------------
-- Setzt auf das Teilmodell unter dem aktuellen
PROCEDURE hierarchy_down (model_name : IN word;
                          alph_first : IN OUT list_access);
-------------------------------------------------------
-- Setzt auf das Teilmodell oberhalb des aktuellen
PROCEDURE hierarchy_up (model : IN OUT list_access);
----------------------------------------
-- Erzeugt eine neue Hierarchieebene
PROCEDURE create_next_hierarchy (model_name : IN word;
```

```
                                    list        : IN OUT list_access;
                                    alph_first : IN OUT list_access);

------------------------------------------------

-- Verbindet einen Eingang mit einem Ausgang
PROCEDURE connect
   (first_model_name,
    first_stream_name  : IN word;
    second_model_name,
    second_stream_name : IN word;
    alph_first         : IN OUT list_access);

--------------------------

-- Löscht eine Verbindung
PROCEDURE disconnect (model_name  : IN word;
                      stream_name : IN word;
                      alph_first  : IN OUT list_access);

-----------------------------------------------

-- Löscht alle Verbindungen eines Modells
PROCEDURE break (model_name : IN word;
                 alph_first : IN OUT list_access);


-------------------------------------------------

-- Speichert das bearbeitete Arbeitsfeldmodell ab
PROCEDURE store_w_model
   (list                 : IN OUT list_access;
    alph_first           : IN OUT list_access;
    main_list            : IN OUT list_access;
    main_list_alph_first : IN OUT list_access);


END model_operations;
```

Die Schnittstelle zum Benutzer stellt das graphische System *GAP* dar. Es liefert die Namen der zu verarbeitenden Objekte und die darauf auszuführenden Operationen und führt die ausgeführten Operationen graphisch nach. Somit erhält der Benutzer immer ein Bild des aktuellen Modellzustandes. In der Modellkonfigurationsphase ist das graphische System algorithmisch an das Simulationssystem gekoppelt.

8.3 Modelltransformation und -ausführung

In der Modelltransformations- und Modellausführungsphase werden benutzerdefinierte Modelle in Laufzeitsystemfunktionen transformiert und unter Kontrolle des Benutzers ausgeführt.

8.3.1 Globaler Zustandsgraph

Die Modelltransformation und die Modellausführung sind eng miteinander gekoppelt. Der Hauptzustand ist die Ausführungsphase. Ein auszuführendes Modell wird vom Benutzer in der Objektliste ausgewählt, vom *Transformator* überprüft, alle echten Teilmodelle festgestellt, die entsprechenden Laufzeit-funktionen erzeugt und dem *Executor* übergeben. Der *Executor* startet und kontrolliert die Ausführung aller aktiven Modelle entsprechend den Benutzervorgaben. Der Benutzer kann im Ausführungsmodus weitere Modelle transformieren und ausführen. Die maximale Anzahl der aktiven Modelle ist systemintern festgelegt. Aktive Modelle können angehalten, fortgesetzt, modifiziert oder vollständig gestoppt werden. Bild 8.6 zeigt den Zustandsgraph der *transform&execute*-Phase.

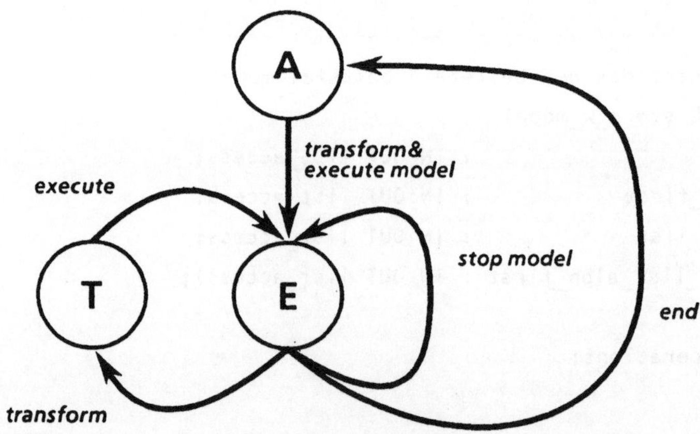

Bild 8.6: Globaler transform_&_execute Zustand

8.3.2 Transformationsphase

Die Transformationsphase ist Teil der Ausführungsphase. Der *Transformator* erhält den Namen einer auszuführenden Modellhierarchie (Modellumfang $\leqq$ *PAM*), die einen Teilprozeß beschreibt. Diese Modellhierarchie wird aus der Hauptliste herausgenommen und in die Liste der aktuellen auszuführenden Modelle eingetragen. Dann erfolgt die Ermittlung aller echten und ausführbaren Teilmodelle (TM$_0$) und deren Eintrag in eine lineare Liste. Die Teilmodelle werden auf Vollständigkeit ihrer Modellobjektwerte geprüft. Hierzu zählen z. B. die Prüfung der Anfangswerte, der Schrittweite, der Modellreferenzen usw.. Sind die Modellwerte vollständig, so wird ein die Ausführung dieser Teilmodelle überwachender und steuernder autonomer Prozeß (*model_server*) erzeugt und die Teilmodelle übergeben. Dieser *supervisor*-Prozeß wird vom *Executor* verwaltet und bildet jedes echte Teilmodell wiederum auf Laufzeitfunktionen ab. Unvollständige Modellobjektwerte werden vom Benutzer angefordert oder aus einer optional angebbaren Initialisierungsdatei (Datenbank) entnommen. Bild 8.7 zeigt den Zustandsgraphen des *Transformators*.

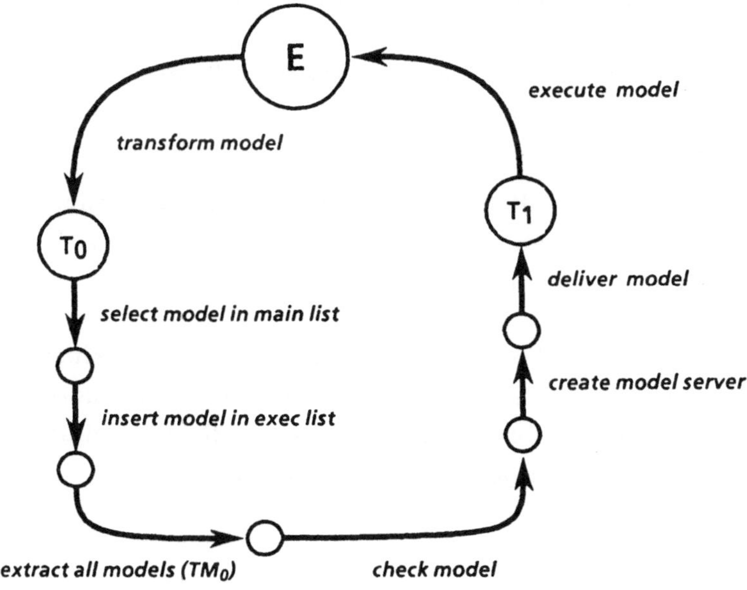

Bild 8.7: Zustandsgraph des Modelltransformators

8.3.3 Ausführungsphase

Die vollständig transformierten Modelle werden unter der Aufsicht des *supervisor*-Prozeß ausgeführt. Dieser wiederum wird vom *Executor* entsprechend den Benutzervorgaben bzgl. des Simulationsablaufes verwaltet. Die dem Benutzer in der Ausführungsphase zur Verfügung stehenden Operationen können im wesentlichen in zwei Klassen eingeteilt werden. Die eine Klasse (*control*) enthält steuernde Befehle:

- *start*

  startet ein Modell (alle darin enthaltenen echten Teilmodelle) sofort oder zu einer definierten Zeit

- *stop*

  stoppt die Ausführung eines Modells und löscht alle erzeugten Laufzeitfunktionen (Datenobjekte, Funktionsmodule und Prozesse)

- *wait*

  setzt die Ausführung eines Modells auf unbestimmte Zeit aus, dient für umfangreiche Modifikationen eines Modells, die zur Ausführungszeit nicht erfolgen können

- *cont*

  setzt die unterbrochene Ausführung eines Modells wieder fort

- *modify*

  dient zur Modifikation von einzelnen Modellobjektwerten, kann für kleine Änderungen während der Modellausführung aufgerufen werden, größere Änderungen sind im Modellzustand *wait* durchzuführen,

Die zweite Klasse (*graphic*) beinhaltet Befehle zur graphischen Darstellung der Simulationsergebnisse in Form von Kurven oder zur Darstellung der Modellstruktur von gerade ausgeführten Modellen:

- *draw_plot*

  zeichnet den zeitlichen Verlauf von bis zu vier Modellobjekten in einem Diagramm, in der nächsten Systemversion werden die Kurven durch zyklische Datenbankanfragen fortlaufend aktualisiert, die Darstellung erfolgt vollständig entkoppelt von der Simulation (autonomer Prozeß)

- *end_plot*

  bendet die Kurvendarstellung

- *draw_model*

  zeichnet die hierarchische Struktur des Modells wie in der Konfigurationsphase

- *up / down*

  dient zur Auswahl der darzustellenden Hierarchieebene
- *store_model*

  beendet die Darstellung der Modellhierachie.

Bild 8.8 zeigt den Zustandsgraph des Executors.

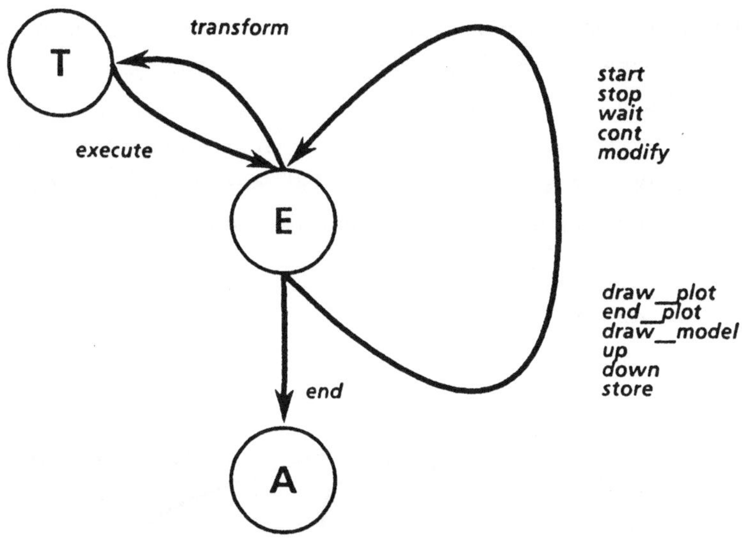

Bild 8.8: Zustandsgraph des Executors

8.4 Laufzeitsystemfunktionen für die Modellausführung

Die Ausführung eines hierarchisch definierten Modells erfordert die Ermittlung der echten Teilmodelle, die Erzeugung eines *model_server* und dessen Verwaltung durch den *Executor*. Die zur Modellausführung notwendigen Laufzeitfunktionen sind in den Paketen *server_operations* und *executor_operations* realisiert. Nachfolgend werden die Prinzipien des Laufzeitsystems zur modularen Echtzeitsimulation und die entsprechenden Strukturen erläutert.

8.4.1 Das Prinzip des model_server

Für ein prozeßautonomes Modell (*PAM*) oder aber für eine Untermenge der im *PAM* definierten Modelle (ausgewählter Ast der Modellhierarchie) wird ein eigener Verwaltungsprozeß (*model_server*) erzeugt, welche die Ausführung der in dem ausgewählten Modell enthaltenen echten Teilmodelle überwacht und im Ablauf steuert. Dieser *supervisor*-Prozeß läuft als eigenständiger Prozeß parallel zum *Executor*.

8.4.1.1 Zustandsgraph

Bild 8.9 zeigt den Zustandsgraph für den *model_server*. In der Initialisierungsphase erhält der *modelserver* die auszuführenden echten Teilmodelle und erzeugt entsprechend ihrer Anzahl genauso viele *model_executor*. Dann wartet er auf das Startkommando (mit Startzeitpunkt) und startet seinerseits die *model_executor*. Im Zustand *activ* kann er angehalten oder gestoppt werden. Aus dem Wartezustand *wait* geht er bei *cont* in den *activ* Zustand über, bei *stop* werden die *model_executor* ebenfalls gestoppt.

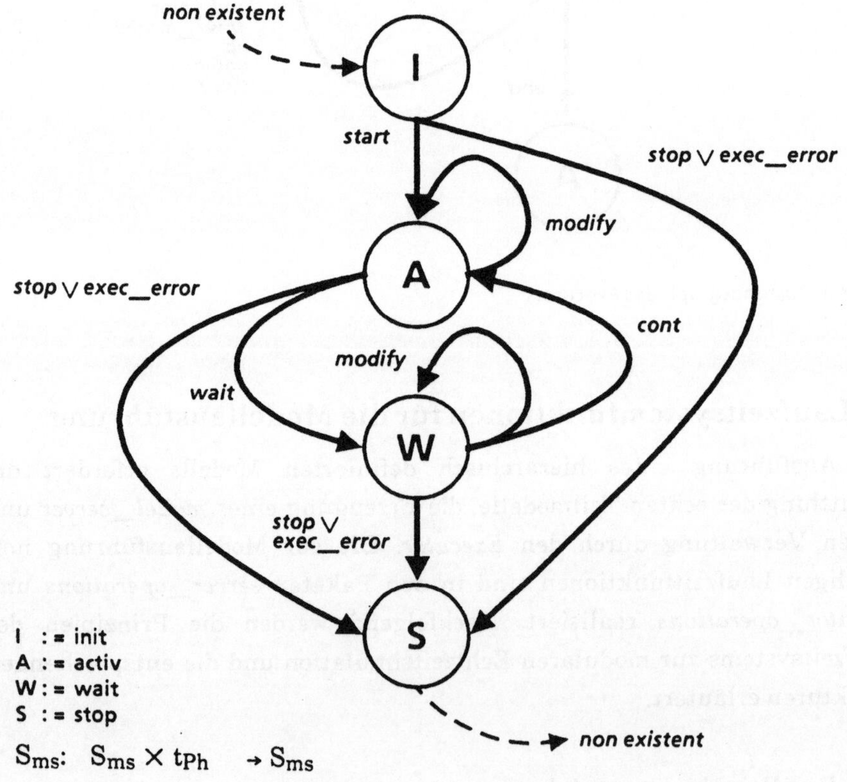

Bild 8.9: Gobale Zustände des model_server

8.4.1.2 Das Paket server__operations

Das Paket *server__operations* ist ein Modul, der Operationen zur Erzeugung und Verwaltung von Objekten vom Typ *model__server* bereitstellt.

```
WITH basic_types, calendar, list_operations, executor_operations;
USE  basic_types, calendar, list_operations, executor_operations;


PACKAGE server_operations IS


    -------------------------------------------------
    -- Definition der Kommando zur server-Steuerung
    TYPE exec_command_type IS (start, wait, cont, stop, modify);
    -----------------------------------------------------------
    -- Spezifikation des server-Tasktyps als streng privaten Typ
    TASK TYPE model_server IS LIMITED PRIVATE;
    -----------------------------------------------------------
    -- Typ- und Funktionsdefinitionen zur Erzeugung und Verwaltung
    -- der models_erver
    TYPE server_access IS ACCESS model_server;
    TYPE server_array IS ARRAY (integer RANGE <>) OF server_access;
    FUNCTION  create_server RETURN server_access;
    PROCEDURE put_server_command (server     : IN OUT server_access;
                                 command    : IN exec_command_type;
                                 time_value : IN time);
    PROCEDURE put_server_model
       (server           : IN OUT server_access;
        super_model_name : IN word;
        model            : IN list_array);
    PROCEDURE get_server_model (server : IN OUT server_access;
                               model  : OUT list_array);
    PROCEDURE put_modification (server     : IN OUT server_access;
                               model_name : IN word;
                               mode_obj   : IN mode_type;
                               name       : IN name_vektor;
                               value      : IN vektor;
                               str_name   : IN word := empty_word);
    PRIVATE
    TASK TYPE model_server IS
```

●

●

```
END server_operations;
```

8.4.1.3 Kommunikation

Die Schnittstellen des *model_server* dienen zur Kommunikation mit dem *Executor* als Kontrollinstanz. Der *model_server* besitzt Eingänge zur Modell- und Kommandoübernahme, wobei die Kommandoübernahme zusätzlich durch eine Zeitschnittstelle ergänzt wird. Zur Modifikation besitzt er ebenfalls entsprechend den zu modifizierenden Objekten zugehörige Schnittstellen. Die Eingänge sind im privaten Teil der Paketspezifikation verborgen und sind folgendermaßen aufgebaut:

```
TASK TYPE model_server IS
    ENTRY get_model (super_model_name : IN word;
                     model                : IN OUT list_array);
    ENTRY exec_command (command : IN exec_command_type);

    ENTRY time_mode (time_value : IN time);
    ENTRY first_mode (model_name : IN word;
                      mod_object : IN mode_type;
                      name       : IN name_vektor;
                      value      : IN vektor);
    ENTRY second_mode (model_name : IN word;
                       mod_object : IN mode_type;
                       str_name   : IN word;
                       c_name     : IN name_vektor;
                       c_value    : IN vektor);
    END model_server;
```

8.4.2 Das Prinzip des model_executor

8.4.2.1 Allgemeine Beschreibung

Zur Ausführung eines echten Teilmodells sind mehrere Schritte auszuführen, wobei einige logisch parallel zu erfolgen haben. Die Aufspaltung eines Gesamtmodells in einzeln ausführbare Teilmodelle erfordert die Nachbildung

der Modelleingangswerte zu den erforderlichen Zeitpunkten, die numerische
Integration entsprechend den zeitlichen Randbedingungen, die Berechnung
der Modellausgangsgrößen, den Eintrag der berechneten Ergebnisse in eine
zentrale Datenbasis und die Steuerung dieses gesamten Ablaufs nach vom
Benutzer und intern vorgegebenen Randbedingungen. Hierzu ist aufgrund
der zeitlichen Randbedingungen ein Set von drei eng gekoppelten Prozeß-
arten notwendig. Dieser Set besteht aus der compute-Task zur Steuerung des
Ablaufs und der eigentlichen Integration, der input-Task zur Entgegen-
nahme verfügbarer Werte der referenzierten Modelle und der Restmodellnachbildung sowie der output-Task zur Weitergabe der neuen Modellwerte
an die input-Tasks entsprechend den Stromreferenzen. Dieser muß für jedes
Teilmodell erzeugt werden. Hierzu sind im nachfolgend beschriebenen Paket
entsprechende Tasktypen definiert.

8.4.2.2 Das Paket executor_operations

Das Paket stellt Operationen zur Erzeugung und Verwaltung von teilmodell-
ausführenden Prozessen nach außen zur Verfügung.

```
WITH basic_types, basic_model_types, list_operations,
   calendar;
USE  basic_types, calendar, list_operations;


PACKAGE executor_operations IS


   server_command_error,
   command_error        : EXCEPTION;
   ------------------------------------------
   -- Kommandos zur Steuerung der compute-Task
   TYPE server_command_type IS (start, wait, cont, stop);


   ----------------------
   -- Modifikationsobjekte
   TYPE mode_type
      IS (state_obj, o_p, s_p, out_obj, in_obj, step_size);
   ------------------------------------------------------------
   -- Definition des model_executor als limited private Typ
   -- und der zur Erzeugung und Verwaltung nötigen Typen
   TYPE executor (mod_kind : mod_kind_type) IS LIMITED PRIVATE;
```

```
TYPE executor_access IS ACCESS executor;
TYPE executor_access_array IS ARRAY (integer RANGE <>)
   OF executor_access;
TYPE executor_access_array_access IS ACCESS executor_access_array;
----------------------------------------------
-- Definition der Erzeugungsoperationen
FUNCTION  create_executor (mod_kind : mod_kind_type)
    RETURN executor_access;
FUNCTION  create_executor_array (exec_num : IN integer)
    RETURN executor_access_array_access;
----------------------------------------------
-- Definition der Kommunikationsoperationen
PROCEDURE put_model (all_executor_access : IN OUT
                             executor_access_array_access;
                 sup_model_name       : IN word;
                 model                : IN OUT list_array);
PROCEDURE put_state_command (all_executor_access : IN OUT
                                executor_access_array_access;
                    command             : IN
                              server_command_type;
                    time_value          : IN
                                time := clock);
PROCEDURE put_modification (all_executor_access : IN OUT
                               executor_access_array_access;
                    model_name          : IN word;
                    mode_obj            : IN mode_type;
                    name                : IN name_vektor;
                    value               : IN vektor;
                    str_name            : IN word :=
                                empty_word);
--------------------------------------------------------
-- Privater Teil der Spezifikation, Definition des Typs
PRIVATE

SUBTYPE first_mode_type  IS mode_type RANGE state_obj .. s_p;
SUBTYPE second_mode_type IS mode_type RANGE out_obj .. in_obj;
SUBTYPE third_mode_type  IS mode_type RANGE step_size .. step_size;
TYPE command_type IS (start, wait, cont, stop);
```

```
   ---------------------------------
   -- Spezifikation der input-Task
   TASK TYPE input IS
●
●
   ----------------------------------
   -- Spezifikation der output-Task
   TASK TYPE output IS
●
●

   -----------------------------------
   -- Spezifikation der compute-Task
   TASK TYPE compute IS
●
●

   ------------------------------
   -- model_executor-Definition
   TYPE executor (mod_kind : mod_kind_type) IS
      RECORD
         t_name : word;
         CASE mod_kind IS
            WHEN cont =>
               t_com : compute;
               t_in  : input;
               t_out : output;
            WHEN disc =>
               NULL;
         END CASE;
      END RECORD;

END executor_operations;
```

8.4.3 Die compute-Task

Die compute-Task führt das vom modelserver erhaltene Teilmodell unter
Echtzeitbedingungen aus. Die compute-Task kommuniziert über ihre
Schnittstellen mit dem modelserver zur Steuerung des lokalen Ablaufs.
Außerdem steuert sie selbst die input- und die output-Task. Für die

eigentliche Integration prägt sie entsprechend dem im Modell definierten Funktionstyp die globalen Modellfunktionen aus. Benötigte Eingangswerte werden von der input-Task angefordert, die Simulationsergebnisse werden der output-Task zur Weitergabe an die in den Modellreferenzen des Ausgangstromes angegebenen Modelle (dort input-Task) übergeben. Die compute-Task prüft zur Ausführungszeit, ob im Integrationsintervall die Eingangsgrößen als konstant betrachtet werden können, oder ob die Eingangswerte in die Einzelschritten der Integration einfließen müssen.

8.4.3.1 Zustände

Die compute-Task besitzt sechs globale Zustände (Bild 8.10), welche wiederum in Subzustände unterteilt sind (siehe Anhang). Nach der Erzeugung ist die compute-Task im Zustand I und wartet auf das auszuführende Teilmodell. Nach dessen Erhalt erwartet sie den Sartbefehl. Sie startet ihrerseits die input- und die output-Task und geht dann in den Zustand B. In diesem Zustand wird mit verminderter Schrittweite gerechnet, um die Eingangspuffer der Referenztasks zu initialisieren. Im nächsten Zustand wird die eigentliche Simulation durchgeführt. Von diesem Zustand aus kann die Ausführung angehalten (W) oder gestoppt (S) oder aber Modellmodifikationen durchgeführt (M) werden. Im Zustand S werden die *input-* und die *output-*Task gestoppt und die *compute-*Task terminiert.

8.4.3.2 Kommunikation

Zur Kommunikation mit dem modelserver besitzt die compute-Task die in der Spezifikation aufgeführten Eingänge. Der erste Eingang dient zum Erhalt der taskspezifischen *executor_id*, der nächste Eingang zur Übernahme der Steuerbefehle. Die Modifikationen werden über die nächsten zwei Eingänge abgewickelt, der letzte Eingang dient zur Übernahme von Zeitwerten.

```
TASK TYPE compute IS
    ENTRY get_id (id : IN natural);

    ENTRY get_model (sup_model_name : IN word;
                     model          : IN OUT list_access);
    ENTRY server_command (command : IN server_command_type);
    ENTRY first_mod (mod_object : IN first_mode_type;
                     name       : IN name_vektor;
```

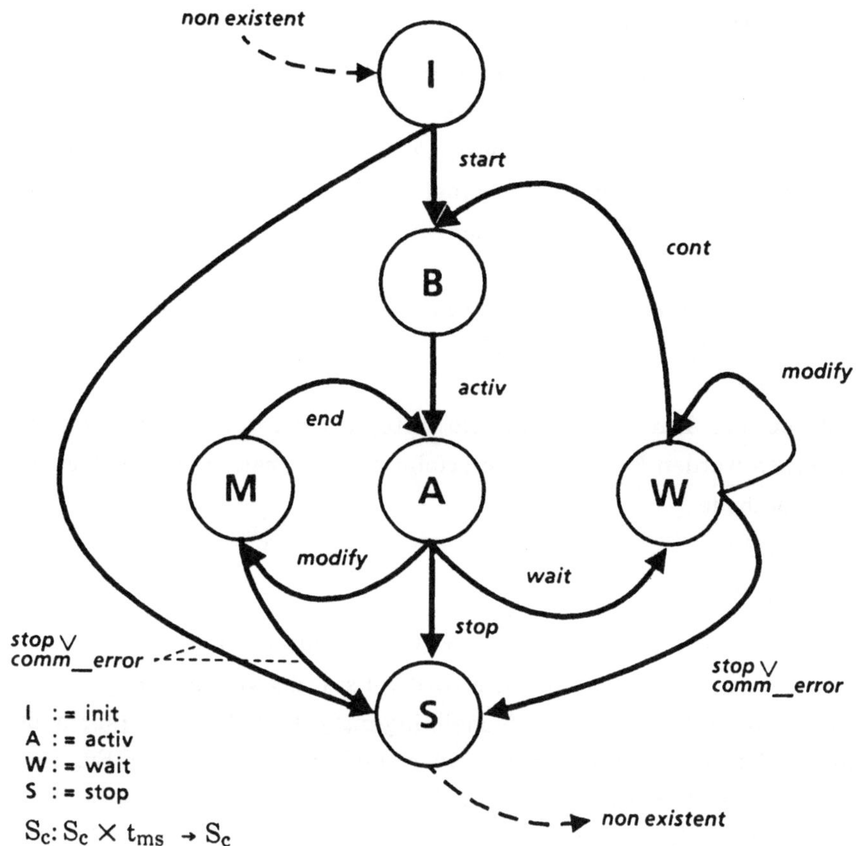

$$S_c: S_c \times t_{ms} \to S_c$$

Bild 8.10: Globale Zustände der compute-Task

```
                value       : IN vektor);
    ENTRY second_mod (mod_object : IN second_mode_type;
                str_name    : IN word;
                c_name      : IN name_vektor;
                c_value     : IN vektor);
    ENTRY time_mod (time_value : IN time);
END compute;


FOR compute'storage_size USE 150*512;
```

8.4.3.3 Interne Operationen

Die *compute*-Task benutzt Operationen, welche sowohl intern im Paket verborgen sind, als auch aus externen Paketen stammen. Die externen Operationen sind die globalen Modellfunktionen, die Integrationsverfahren, die Modelloperationen und die Ausgabefunktionen. Intern benutzt sie zwei Funktionen zum Test der Änderung der Eingangsgrößen:

- *check_upper*
  prüft, ob die Änderungsrate so hoch ist, daß die Integration in Einzelschritten durchgeführt werden muß
- *check_lower*
  prüft, ob die Eingangsgrößen im Integrationsintervall als konstant angesehen werden können, dann erfolgt die Integration mit der Gesamtschrittmethode.

8.4.4 Die input-Task

Die input-Task hat die Aufgabe, alle für die Integration benötigten Eingangswerte zeitgerecht bereitzustellen. Sie wird vollständig von der *compute*-Task verwaltet, von welcher sie den Modelleingang erhält. Sie untersucht den Eingang bzgl. zu messender, berechnender und konstanter Größen. Für die zu berechnenden Größen erzeugt sie ein Paket für die Restmodellnachbildung (*buffer_operations*). Für jede Stromreferenz erfragt sie über eine Funktion die Task-Id der entsprechenden modellausführenden Task. Anhand dieser *Id* kann die Kommunikation mit der jeweiligen *output*-Task zum Erhalt der neuen verfügbaren Werte durchgeführt werden. Die neuen Werte werden gefiltert und in einen Puffer mit dem Zeitstempel der Entstehung versehen eingetragen. Auf Anforderung ermittelt sie aus den im Puffer vorliegenden Werten die Eingangswerte für den angeforderten Zeitpunkt.

8.4.4.1 Zustände

Die globalen Zustände der input-Task zeigt Bild 8.11. Der globale Zustandsgraph entspricht in etwa dem der anderen Prozesse. Die detaillierte Darstellung der Subzustände ist im Anhang aufgeführt. Treten im Ablauf Kommunikationsfehler aufgrund falscher Zustände auf, so terminiert die *input*-Task, nachdem sie einen Ausnahmezustand ausgerufen hat. Dieser muß im *model_server* behandelt werden.

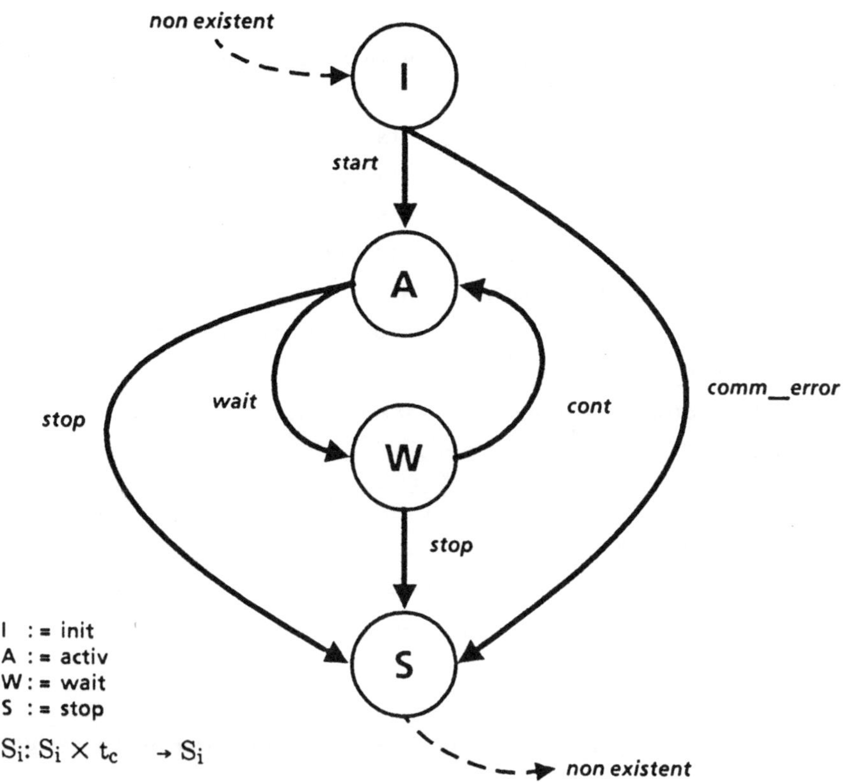

$$S_i\colon S_i \times t_c \ \to S_i$$

Bild 8.11: Globale Zustände der input-Task

8.4.4.2 Kommunikation

Die input-Task kommuniziert sowohl mit der zugehörigen compute-Task, als auch über die Task-Ids der referenzierten Modelltasks mit den dortigen output-Tasks. Die eigene Id erhält die input-Task über den ersten Eingang. Der zweite Eingang dient zum Erhalt des Modelleingangtyps. Die Werte der Modelleingänge erhält die input-Task über den Eingang *get_output*. Die Werteanforderung der compute-Task erfolgt über den Eingang *rec_input*. Die Kommunikation mit der compute-Task hat Vorrang, deshalb wird vor jedem Datenaustausch der nächste einzuhaltende Kommunikationszeitpunkt mitübermittelt (Eingang *next_time*). Die eigentliche Steuerung (Befehls-übergabe) erfolgt mit dem letzten Eingang (*c_command*).

```
TASK TYPE input IS
    ENTRY get_id (id          : IN natural;
```

```
                model_name : IN word);
   ENTRY get_input_part (input : IN in_stream_type);
   ENTRY get_output (out_model  : IN word;
                     out_s_name  : IN word;
                     out_c_name  : IN name_vektor;
                     out_c_value : IN vektor;
                     time_value  : IN time);
   ENTRY rec_input (time_point : IN time;
                    input        : IN OUT in_stream_type);
   ENTRY next_time (time_point : IN time);
   ENTRY c_command (command : IN command_type);
 END input;
```

8.4.4.3 Interne Operationen

Die input-Task benutzt intern verschiedene Operationen. Die Operationen zur Restmodellnachbildung werden im nächsten Abschnitt behandelt. Weitere Operationen sind:

- *merge*

  dient zur Rekonfiguration des nach Komponentenattributen zerlegten Eingangs
- *comp_ex_meas*

  dient zur Berechnung der Diskriminanten zur Erzeugung der zerlegten Eingangsteile
- *initial_insert*

  führt die erste Eintragung in den Puffer für die Restmodellnachbildung durch
- *set_ex*

  setzt die Werte des für die zu berechnenden Komponenten erzeugten Eingangsteiles
- *set_meas*

  setzt die Werte des für die zu messenden Komponenten erzeugten Eingangsteiles
- *assign_to_ex_input*

  ordnet die von einer output-Task erhaltenen Werte in einen Eingangsteil ein.

Diese Operationen sind sowohl im Paket als auch in der Task selbst realisiert.

8.4.4.4 Das Paket buffer_operations

Zur Berechnung der zeitlich nicht synchron vorliegenden Werte aus den verspätet eingegangenen Werten sind im Paket *buffer_operations* entsprechende Operationen verfügbar. Das Paket ist generisch in den Eingangsdiskriminanten und der Ordnung des verwendeten Extrapolationsverfahrens.

```
WITH basic_types, basic_model_types, calendar;
USE  basic_types, basic_model_types, calendar;


GENERIC
    length      : positive;
    comp_num    : natural;
    stream_num  : natural;


PACKAGE buffer_operations IS


    -----------------------------------------------------------
    -- Berechnet die Anzahl von Stroemen und deren Komponenten,
    -- initialisiert globale Variablen, die in den Prozeduren
    -- "insert" und "extrapolate" benutzt werden
    PROCEDURE init (model : IN in_stream_type);
    -----------------------------------------------------------
    -- Berechnet Mittelwerte von Eingangsströmen und schreibt
    -- sie in den Puffer
    PROCEDURE insert (str_name : IN word;
                      comp     : IN name_vektor;
                      value    : IN vektor;
                      act_time : IN time);
    -------------------------------------------------
    -- Extrapoliert die Werte von Eingangsstroemen
    PROCEDURE extrapolate (ex_input : IN OUT in_stream_type;
                           ext_time : IN time);
    ------------------------------------------------------
    -- Traegt den naechsten Zeitwert in den Zeitpuffer
    PROCEDURE insert_time (next_time : IN time);


    no_such_input,
    init_not_performed,
```

```
no_time_written,
no_value_inserted   : EXCEPTION;


END buffer_operations;
```

8.4.5 Die output-Task

Die output-Task dient zur Weitergabe der lokal berechneten und von den nachfolgenden Modellen benötigten Werte. Sie wird vollständig von der compute-Task gesteuert. Die neuen Werte werden sukzessiv allen in der Stromreferenz eingetragenen Modellen (input-Tasks) angeboten. Dies wird so lange fortgesetzt, bis eine von der compute-Task definierte Zeit erreicht ist. Dann werden neue Werte übernommen und analog verfahren.

8.4.5.1 Zustände

Die Zustände der output-Task sind identisch mit denen der input-Task. Die Subzustände unterscheiden sich allerdings erheblich und sind im Anhang aufgeführt. Bild 8.10 entspricht analog dem globalen Zustandsgraph der output-Task.

8.4.5.2 Kommunikation

Die output-Task besitzt zur Kommunikation mit der compute-Task und den referenzierten input-Tasks entsprechende Eingänge. Die Schnittstellenspezifikation ist einfacher, da die zur Restmodellnachbildung erforderlichen Eingänge fehlen. Die restlichen Eingänge entsprechen denen der input-Task.

```
TASK TYPE output IS
    ENTRY get_id (id           : IN natural;
                  model_name : IN word);
    ENTRY get_output_part (output : IN out_stream_type);
    ENTRY rec_output (output      : IN out_stream_type;
                      time_value : IN time;
                      comm_time  : IN time);
    ENTRY c_command (command : IN command_type);
END output;
```

8.4.5.3 Interne Operationen

Die intern verwendeten Operationen dienen zur Ermittlung der Task-Ids der referenzierten Modelle

- *get__model__task__id*

und zur Zuordnung der Ausgangswerte zu einem definierten Ausgangsstrom

- *assign__to__stream__output.*

Weitere Operationen werden nicht benötigt.

8.5 Das graphische System - GAP

Das graphische System GAP (Graphical Ada based system for the modelling and simulation of large processes) realisiert sowohl die Benutzeroberfläche als auch die Darstellung und Verwaltung der graphischen Modellstruktur. Es unterteilt sich in die beiden Bereiche Benutzeroberfläche und Modellverwaltung. Das System ist vollständig in Ada auf der Basis von GKS Level 2c implementiert. Die Struktur von GAP ist in Bild 8.12 zu sehen.

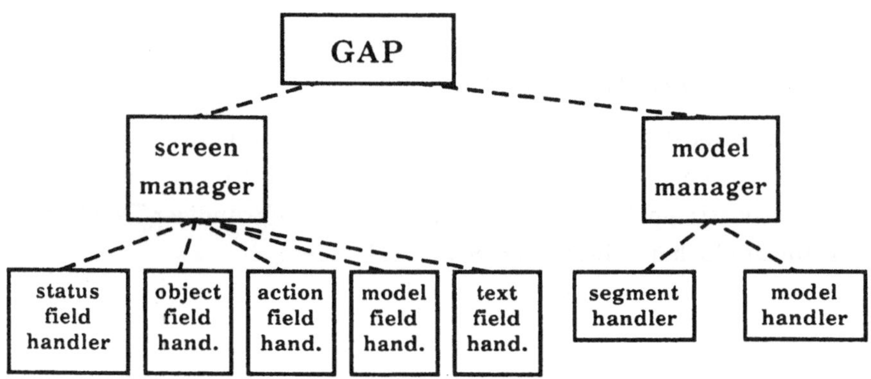

Bild 8.12: Struktur des graphischen Systems

8.5.1 Benutzeroberfläche

Die Komponenten der Benutzeroberfläche sind in Paketen als abstrakte Datenobjekte realisiert. Nach außen sind nur die entsprechenden Operationen zur Manipulation der Objekte verfügbar. Die interne Struktur und die Implementierung sind für den Benutzer nicht sichtbar.

8.5.1.1 Initialisieren und Beenden von GAP

Für die Initialisierung und zum korrekten Beenden des graphischen Systems dient das Paket init__fini:

```
PACKAGE init_fini IS


   -----------------------------------------------------
   -- öffnet GKS, öffnet und aktiviert die Workstation,
   PROCEDURE set_up_gks (ws_id : IN integer := 1);
   ------------------------------------
 -- schließt die Workstation und GKS,
   PROCEDURE clean_gks (ws_id : IN integer := 1);
   -----------------------------------------------------------
   -- initialisiert alle notwendigen Objekte wie world window, world
   -- viewport, workstation window und workstation viewport,
   PROCEDURE initgap (ws_id : IN integer := 1);


END init_fini;
```

8.5.1.2 Das Paket status__field__handler

In diesem Paket ist das Statusfeld und die zugehörigen Operationen realisiert. Um sowohl Zeichenketten (string), ganze Zahlen (integer) und Gleitpunktzahlen (floating point) einlesen zu können, ist aufgrund der Typstrenge von Ada eine dreifach überladene Prozedur vorhanden.

```
WITH basic_types;
USE  basic_types;


PACKAGE status_field_handler IS


   -------------------------------------------------------------------
   -- löscht den Inhalt der Statuszeile und schreibt einen Text
    PROCEDURE write_to_statusfield (text : IN string);
   ----------------------------------------------------------------
   -- löscht den Inhalt der Statuszeile, schreibt einen Text und
   -- erwartet eine Texteingabe
    PROCEDURE read_from_statusfield (prompt    : IN string;
```

```
                                 get_input : IN OUT string);
----------------------------------------------------------------
-- löscht den Inhalt der Statuszeile, schreibt einen Text und
-- erwartet eine Gleitpunktzahl
PROCEDURE read_from_statusfield (prompt    : IN string;
                                 get_input : IN OUT my_float);
----------------------------------------------------------------
-- löscht den Inhalt der Statuszeile, schreibt einen Text und
-- erwartet eine ganze Zahl
PROCEDURE read_from_statusfield (prompt    : IN string;
                                 get_input : IN OUT integer);


END status_field_handler;
```

Der Datentyp *my_float* ist der im Paket *basic_types* definierte Gleitpunktzahlentyp *long_float*, der standardmäßig mit einer Genauigkeit von 15
Dezimalstellen zur Verfügung steht.

8.5.1.3 Das Paket action_field_handler

Dieses Paket realisiert das Befehlsmenü im unteren Teil des Bildschirms. Die
intern verwendeten Datentypen sind in der Schnittstellenspezifikation verfügbar, um den Aufbau der darzustellenden Feldeinträge zu ermöglichen.

```
PACKAGE action_field_handler IS

  -- maximale Anzahl der Felder
  max_num_actions      : CONSTANT positive := 11;


  -- maximale Anzahl der Zeichen für ein Feld
  action_string_length : CONSTANT positive := 8;


  -- Datentyp der internen Struktur
  SUBTYPE actionstring_type IS string (1 .. action_string_length);
  SUBTYPE action_range      IS positive RANGE 1 .. max_num_actions;
  TYPE actionfield_array IS ARRAY (action_range RANGE <>)
     OF actionstring_type;
  SUBTYPE actionfield_slice IS actionfield_array;
  SUBTYPE actionfield_type  IS actionfield_array (action_range);
```

```
 -- Initialisierung
  PROCEDURE init_action (init : IN actionfield_slice);
 -- ändert das i-te Feld
  PROCEDURE set_action (number_of_field : IN positive;
                           new_string    : IN actionstring_type);
 -- schreibt die Felder auf den Bildschirm
  PROCEDURE write_actions_to_screen;
 -- löscht die Felder
  PROCEDURE erase_actions_from_screen;
 -- liefert das selektierte Feld
  PROCEDURE choice_action (number_of_field : OUT integer;
                             choiced_action  : OUT actionstring_type);


END action_field_handler;
```

8.5.1.4 Das Paket *menue_handler*

Diese Paket definiert in der Schnittstellenspezifikation ebenfalls die zum
Aufbau des Objektfeldes verwendeten Datentypen. Hierdurch sind die ent-
sprechenden Feldeinträge extern deklarierbar. Es sind 60 Felder (Modell-
namen) verfügbar, wobei 20 Felder auf dem Bildschirm dargestellt werden.
Das erste bzw. das letzte ist mit dem *scroll_up* bzw. dem *scroll_down*
Eintrag versehen.

```
PACKAGE menue_handler IS


  -- maximale Anzahl der Felder
  max_num_menues           : CONSTANT integer := 60;
  -- maximale Anzahl der darstellbaren Felder
  -- mit den scroll up und down Feldern
  max_num_menues_on_screen : CONSTANT integer := 20;
  menue_string_length      : CONSTANT positive := 20;
  SUBTYPE menuestring_type IS string (1 .. menue_string_length);
  -- Datentyp der internen Struktur
  SUBTYPE menue_range        IS positive RANGE 1 .. max_num_menues;
  TYPE menuefield_array IS ARRAY (menue_range RANGE <>)
     OF menuestring_type;
  SUBTYPE menuefield_slice IS menuefield_array;
```

```
  SUBTYPE menuefield_type   IS menuefield_array (menue_range);
  -- Initialisierung der scoll-Felder
  scroll_up_string              : CONSTANT menuestring_type :=
                                  "Scroll up               ";
  scroll_down_string            : CONSTANT menuestring_type :=
                                  "Scroll down             ";


  -- Initialisierung
  PROCEDURE init_menue (init : IN menuefield_slice);
  -- ändert das i-te Feld
  PROCEDURE set_menue (number_of_field : IN positive;
                       new_string      : string);
  -- schreibt beginnend mit dem i-ten Feld die interne Struktur
  -- auf den Bildschirm, einschließlich der Scroll_Down
  -- and Scroll_Up Felder
  PROCEDURE write_menue_to_screen (start_position : IN positive);
  -- Scroll_Down
  PROCEDURE Scroll_Down ( Number_Of_Scrolled_Fields : INTEGER);
  -- Scroll_Up
  PROCEDURE Scroll_Up( Number_Of_Scrolled_Fields : INTEGER);
  -- liefert das selektierte Feld zurück und
  -- führt automatisch ein scrolling durch
  PROCEDURE choice_menue (number_of_field : OUT natural;
                          choiced_menue   : OUT string);


END menue_handler;
```

8.5.1.5 Das Paket text_field_handler

Dieses Paket erlaubt die Darstellung von zusätzlichem Text auf dem Bildschirm. Das Textfeld wird den anderen Feldern überlagert.

```
PACKAGE text_field_handler IS


  -- Maximale Anzahl von Zeichen
  max_num_chars : CONSTANT positive := 70;
  -- Maximale Anzahl von Zeilen
  max_num_lines : CONSTANT positive := 10;
  SUBTYPE textline_type IS string (1 .. max_num_chars);
```

```
  -- Datentyp der internen Struktur
   TYPE textfield_type IS ARRAY (1 .. max_num_lines) OF textline_type;


  -- Initialisierung
   PROCEDURE init_textfield (init : IN textfield_type);
  -- ändert das i-te Feld
   PROCEDURE changes_line (number_of_line : IN positive;
                           new_line       : IN string);
  -- schreibt den Text auf den Bildschirm
   PROCEDURE write_text_to_screen;
  --löscht den Text
   PROCEDURE erase_text_from_screen;
  -- setzt den Text sichtbar
   PROCEDURE text_visible;
  -- setzt den Text unsichtbar
   PROCEDURE text_invisible;


END text_field_handler;
```

8.5.2 Graphische Modellverwaltung

Die graphische Darstellung der Modelle dient zur Auswahl der bzgl. der
mathematischen Modellformulierung zu verwendenden Modellobjekte.
Beispielsweise wird beim Verknüpfen eines Ein- und eines Ausgangs vom
graphischen System über die Selektion der entsprechenden Koppelelemente
der Basismodellname und der Koppelelementname geliefert. Nach der
mathematischen Prüfung kann die graphische und dann auch die mathematische Verbindung erfolgen. Die Modellkonfiguration erfolgt also immer im
Wechselspiel zwischen graphischer und mathematischer Seite. Zum Aufbau
der Modelle und ihrer Verwaltung sind mehrere Pakete definiert.

8.5.2.1 Das Paket model_type_defs

Diese Paket definiert alle zur graphischen Modelldarstellung und zum
internen Aufbau notwendigen Datentypen. Die wichtigsten der definierten
Typen sind folgende:

```
PACKAGE model_type_defs IS
```

```ada
-- Maximale Anzahl von  BMs
 max_num_bm                : CONSTANT positive := 20;
-- Maximale Anzahl von Ms
 max_num_m                 : CONSTANT positive := 20;
-- Maximale Anzahl von SMs (Submodelle) eines Ms
 max_num_sm                : CONSTANT positive := 20;


-- BM oder M Typdefinition
 TYPE bm_or_m IS (bm, m);
 SUBTYPE bm_ix_range       IS integer RANGE - max_num_bm .. - 1;
 SUBTYPE m_ix_range        IS integer RANGE 1 .. max_num_m;
 SUBTYPE sm_ix_range       IS integer RANGE 1 .. max_num_sm;
 SUBTYPE mod_ix_range      IS integer
    RANGE - max_num_bm .. max_num_m;
 TYPE submodel_array IS ARRAY (sm_ix_range) OF mod_ix_range;


-- Maximale Anzahl von In-Objekten
 max_num_in_objs       : CONSTANT natural := 5;
-- Maximale Anzahl von Out-Objekten
 max_num_out_objs      : CONSTANT natural := 5;
 SUBTYPE in_obj_ix_range  IS integer RANGE - max_num_in_objs .. - 1;
 SUBTYPE out_obj_ix_range IS integer RANGE 1 .. max_num_out_objs;
 SUBTYPE obj_ix_range      IS integer
    RANGE - max_num_in_objs .. max_num_out_objs;


-- Namensfeldvereinbarung
 name_string_length    : CONSTANT natural := 8;
 SUBTYPE name_string       IS string (1 .. name_string_length);


-- Maximale Anzahl der Punkte eines Umrisses
 max_coord_points_fig : CONSTANT positive := 20;
 max_coord_points_obj : CONSTANT positive := 5;
 max_coord_points_edg : CONSTANT positive := 10;
 TYPE coord_array IS ARRAY (positive RANGE <>) OF float;
 TYPE shape_type (num_coord_points : positive) IS
    RECORD
       x,
       y : coord_array (1 .. num_coord_points);
```

```
      END RECORD;
SUBTYPE edg_shape        IS shape_type (num_coord_points =>
   max_coord_points_edg);
SUBTYPE obj_shape        IS shape_type (num_coord_points =>
   max_coord_points_obj);
SUBTYPE fig_shape        IS shape_type (num_coord_points =>
   max_coord_points_fig);

TYPE position_record IS
   RECORD
      x_coord : float;
      y_coord : float;
   END RECORD;
TYPE ref_record IS
   RECORD
      model_ix : mod_ix_range;
      item_ix  : obj_ix_range;
   END RECORD;
TYPE edge_attr_record IS
   RECORD
      name        : name_string;
      shape       : edg_shape;
      position    : position_record;
      segment_id  : integer;
      object_ref  : ref_record;
   END RECORD;
 TYPE object_attr_record IS
    RECORD
       name        : name_string;
       shape       : obj_shape;
       position    : position_record;
       segment_id  : integer;
       in_edge     : ref_record;
       out_edge    : edge_attr_record;
    END RECORD;
  TYPE figure_attr_record IS
     RECORD
        name        : name_string;
```

```
      shape      : fig_shape;
      position   : position_record;
      segment_id : integer;
   END RECORD;
 TYPE object_attr_array IS ARRAY (obj_ix_range)
    OF object_attr_record;


-- Typdefinition des graphischen Modelltyps
 TYPE model_type (hierarchy : bm_or_m) IS
    RECORD
       figure : figure_attr_record;
       object : object_attr_array;
       CASE hierarchy IS
          WHEN bm =>
             NULL;
          WHEN m =>
             topmodel : mod_ix_range;
             submodel : submodel_array;
       END CASE;
    END RECORD;


-- Typdefinition für alle BMs
 TYPE all_bms IS ARRAY (bm_ix_range) OF model_type (bm);
-- Typdefinition für alle Ms
 TYPE all_ms IS ARRAY (m_ix_range) OF model_type (m);


-- Typdefinition für alle BMs and Ms
 TYPE all_bms_and_ms IS
    RECORD
       bm_comps : all_bms;
       m_comps  : all_ms;
    END RECORD;


END model_type_defs;
```

Für die vollständige Schnittstellenspezifikation des Pakets sei auf die Dokumentation verwiesen.

8.5.2.2 Das Paket model__handler

Das Paket verwaltet das Arbeitsfeld und stellt hierzu ebenfalls primitive
Operationen zur Verfügung.

```
WITH model_type_defs;
USE  model_type_defs;


PACKAGE model_handler IS


  -- die Prozeduren mit vorangestelltem 'std' liefern
  -- die Standardwerte für die graphischen Attribute
  -- der Modellobjekte
   FUNCTION   std_edg_pos RETURN position_record;
   FUNCTION   std_obj_shp RETURN shape_type;
   FUNCTION   std_obj_shp_on_frame RETURN shape_type;
   FUNCTION   std_obj_pos (obj_ix : IN obj_ix_range)
      RETURN position_record;
   FUNCTION   std_obj_pos_on_frame (obj_ix : IN obj_ix_range)
      RETURN position_record;
   FUNCTION   std_fig_shp RETURN shape_type;
   FUNCTION   std_fig_pos RETURN position_record;
   FUNCTION   std_frame_shp RETURN shape_type;


  -- vereinbart das Modellfeld,
  -- muß vor jeder Modellkonstruktion aufgerufen werden,
  -- initialisiert das Modellfeld
   PROCEDURE set_up_model_field;
  -- zeichnet das leere Modellfeld
   PROCEDURE erase_model_field;
  -- Hilfsprozedur,
  -- dient zum Löschen der Modellworkstation
   PROCEDURE clean_model_field;


  ----- Get Funktionen
  -- liefert die Position des locator im the Modellfeld
   PROCEDURE get_pos (position : OUT position_record);
  -- liefert das gepickte Segment
   PROCEDURE get_sgm (segment : OUT integer);
```

```
  -- liefert den äußeren Rahmen
  PROCEDURE get_shp (shape : IN OUT shape_type);


  ----- Zeichenfunktionen
  -- zeichnen einer Verbindung
  PROCEDURE draw_edg (mod_ix : IN mod_ix_range;
                      edg_ix : IN obj_ix_range);
  -- zeichnen eines Ein- oder Ausgangsobjektes
  PROCEDURE draw_obj (mod_ix : IN mod_ix_range;
                      obj_ix : IN obj_ix_range);
  -- zeichnen eines Ein- oder Ausgangsobjektes am äußeren Rahmen
  PROCEDURE draw_obj_on_frame (mod_ix : IN mod_ix_range;
                               obj_ix : IN obj_ix_range);
  -- zeichnen eines modellinternen Rahmens
  PROCEDURE draw_fig (mod_ix : IN mod_ix_range);
  -- zeichnen eines äußeren Rahmens
  PROCEDURE draw_fig_as_frame (mod_ix : IN mod_ix_range);


  ---- Löschfunktionen
  -- löschen einer Verbindung vom Bildschirm
  PROCEDURE erase_edg (segment : IN integer);
  -- löschen eines Objekts vom Bildschirm
  PROCEDURE erase_obj (segment : IN integer);
  -- löschen eines internen Rahmens vom Bildschirm
  PROCEDURE erase_fig (segment : IN integer);


END model_handler;
```

8.5.2.3 Das Paket segment_handler

Die zur graphischen Modelldarstellung in GKS notwendigen Objekte sind als
Segmente realisiert. GKS liefert bei der Auswahl von Segmenten nur eine
Segmentnummer zurück. Diese Nummer ist eine ganze Zahl, die aber nichts
über das eigentliche Objekt aussagt. Es ist deshalb notwendig, über die
Segmentnummer auf das Objekt zuzugreifen und dessen Identität und
Eigenschaften festzustellen. Weiterhin kann über die Segmentnummer das
Objekt selbst zurückgeliefert werden. Zum Erzeugen neuer Segmente und
zum Einfügen dieser in bestehende Strukturen sind ebenfalls Funktionen
notwendig.

```
PACKAGE segment_handler IS

  -- prüft auf eine Verbindung
   FUNCTION  is_an_edg_sgm (sgm : IN integer) RETURN boolean;
  -- prüft auf ein Ein- oder Ausgangsobjekt
   FUNCTION  is_an_obj_sgm (sgm : IN integer) RETURN boolean;
  -- prüft auf einen internen Modellrahmen
   FUNCTION  is_a_fig_sgm (sgm : IN integer) RETURN boolean;
  -- fügt einen Namen für eine Verbindung ein
   PROCEDURE insert_edg_sgm (fig,
                             edg,
                             sgm : IN integer);
  -- fügt einen Namen für ein Ein- oder Ausgangsobjekt ein
   PROCEDURE insert_obj_sgm (fig,
                             edg,
                             sgm : IN integer);
  -- fügt einen Namen für einen internen Modellrahmen ein
   PROCEDURE insert_fig_sgm (fig,
                             sgm : IN integer);
  -- liefert den Namen einer Verbindung für ein Segment
   PROCEDURE get_edg_by_sgm (sgm : IN integer;
                             fig,
                             edg : OUT integer);
  -- liefert den Namen eines Ein- oder Ausgangsobjektes
   PROCEDURE get_obj_by_sgm (sgm : IN integer;
                             fig,
                             obj : OUT integer);
  -- liefert den Namen eine internen Mdoellrahmens
   PROCEDURE get_fig_by_sgm (sgm : IN integer;
                             fig : OUT integer);
  -- markiert den momentanen Segmentwert
   PROCEDURE mark_sgm;
  -- setzt den Segmentwert auf den markierten Wert
   PROCEDURE release_sgm;
  -- liefert den incrementierten Segmentwert zurück
   FUNCTION  new_sgm RETURN integer;
 END segment_handler;
```

8.5.3 Darstellung von Zeitreihen

In der Phase der Modellausführung hat der Benutzer die Möglichkeit über einen Postprozessor die Zeitverläufe der Modellobjektwerte nach einer Simulation graphisch auf dem Bildschirm darzustellen. Das Paket *graphic* realisiert die zur Darstellung notwendigen Operationen wie
- Aufbau des Koordinatensystems
- Normierung der darzustellenden Bereiche usw..

Es können bis zu vier Kurven gleichzeitig dargestellt werden, wobei auch Modellobjekte von verschiedenen Gesamtmodellen (z. B. PAM) ausgewählt werden dürfen. Die Abszisse ist so normiert, daß eine optimale Auflösung erreicht wird. Den Aufbau der Darstellung kann man den Bildern im Anhang B entnehmen. Nach der Integration der Datenbank als zentralen Modul wird die Darstellung und die Aktualisierung der Daten parallel zur Simulation durch einen autonomen Prozeß erfolgen, welcher vom Executor gestartet und gestoppt werden kann. Die Aktualisierung der Kurven erfolgt über zyklische Datenbankanfragen bzgl. neuer Werte der darzustellenden Modellobjekte. Die hierarchische Modelldarstellung und die Kurvenausgabe schließen sich gegenseitig aus.

8.6 Erweiterungen

Das bisher dargestellte und realisierte System wurde für kontinuierliche Modelle und für eine lokale modulare Simulation entworfen. Im folgenden werden Erweiterungsmöglichkeiten hinsichtlich diskreter Modelle und einer verteilten modularen Ausführung diskutiert.

8.6.1 Diskrete Modelle

Zur Nachbildung von Regelalgorithmen oder anderer diskret arbeitender Verfahren / Bausteine ist der hier definierte *model_executor* nicht geeignet. Die Unterschiede zwischen diskreten und kontinuierlichen Bausteinen liegen in der Kopplung nach außen und in der internen Ablaufstruktur. Bei diskreten Bausteinen muß hinsichtlich der Strenge der Kopplung zu den werteerzeugenden und -verbrauchenden Objekten unterschieden werden. Bei einer engen Kopplung (Regler) setzen die diskreten Bausteine direkt auf die Werte der erzeugenden Objekte auf und liefern die Ergebnisse ebenfalls direkt an die verbrauchenden Objekte. Bei einer losen Kopplung (sonstige diskret arbeitende Verfahren) beziehen die diskreten Bausteine ihre Werte aus der Datenbank, die kontinuierlichen Bausteine werden in ihrer Ausführung nicht beeinflußt. Eine verteilte Kopplung zwischen diskreten und kontinuierlichen Bausteinen ist nicht zulässig. Im weiteren wird ausschließlich die enge Kopplung betrachtet. Die lose Kopplung ist dann als vereinfachter Fall der engen Kopplung auffaßbar.

Diskrete Bausteine verarbeiten zu bestimmten Zeitpunkten t_A die exakt zu diesem Zeitpunkt gehörenden Werte. Nach einer Bearbeitungszeit dt_R greift das diskrete Modell in ein lokal vorhandenes kontinuierliches Modell ein. Hierzu sind entprechende Informations-*Eingangsströme* zu definieren. Die Übergabe und Übernahme der Werte wird beim kontinuierlichen Modell vollständig von der *compute*-Task durchgeführt. Für die Ausführung der diskreten Bausteine ist ein neuer Tasktyp notwendig. Dieser Tasktyp kann dann auch die diskreten Bausteine mit loser Kopplung ausführen.

8.6.1.1 Kopplung

Zur Kopplung der diskreten und kontinuierlichen Bausteine sind weitere Kommunikationsschnittstellen (*entries*) notwendig. Die Abhängigkeiten bei der Kopplung sind so, daß im Falle der engen Kopplung die *compute*-Task zu gegebenen Zeiten auf einen Aufruf ihrer Schnittstellen wartet und die angeforderten oder gelieferten Werte übergibt bzw. übernimmt. Übergeben werden bestimmte Zustandswerte, übernommen werden die Werte der Reglereingänge und der jeweils nächste Kommunikationszeitpunkt. Die Berücksichtigung der Schnittstellen (*accept statement*) im existierenden *compute*-Tasktyp ist leicht durchzuführen.

8.6.1.2 Tasktypen

Die modifizierte Ablaufstruktur der Tasks für die diskreten Bausteine erfordert die Definition eines neuen Tasktyps zur Ausführung der diskreten Modelle. Für ein diskretes Modell ist keine *input*-Task zur Werteberechnung und keine *output*-Task zur Werteweitergabe nötig. Nach außen bleibt die *model_executor*-Schnittstelle unverändert, da die Steuerung der diskreten Tasktypen analog erfolgt. Der neue *model_ executor*-Typ ist wie folgt definiert:

```
TYPE executor (mod_kind : mod_kind_type) IS
   RECORD
      t_name : word;
      CASE mod_kind IS
         WHEN cont =>
            t_com  : compute;
            t_in   : input;
            t_out  : output;
         WHEN disc =>
            t_disc : discrete;
      END CASE;
   END RECORD;
```

Im diskreten Fall wird entsprechend dem als Diskriminante anzugebenden Wert (disc) eine Task zur Ausführung diskreter Modelle (Bausteine) erzeugt. Die Diskriminante wird im Taskbeschreibungsblock gespeichert und erlaubt zur Laufzeit die Feststellung, um welchen Tasktyp es sich handelt. Durch die syntaktische Definition des diskreten Modells ist zu gewährleisten, daß keine eng gekoppelten Komponenten verteilt ausgeführt werden. Dies kann dadurch erreicht werden, daß die Modellreferenz der Eingänge des diskreten Modells mit den Ausgangsreferenzen identisch sind.

8.6.2 Verteilte Ausführung

Im Gegensatz zu einer lokal modularen Ausführung laufen bei einer verteilt modularen Rechnung die Modelle auf mehreren Rechnern ab. Da die einzelnen Tasks aber nicht namentlich anzusprechen sind (anonyme Taskobjekte), muß für die Ausführung der Eingangsaufrufe entweder ein verteiltes Betriebssystem die Zuordnung vornehmen oder die Kommunikation zwischen verteilt ausgeführten Modellen muß durch spezielle Kommunikationsmodule sichergestellt werden. Unter der Voraussetzung, daß kein verteiltes Betriebssystem die Ausführung der Eingangsaufrufe unterstützt, sind zwei Schritte notwendig:

- die Auflösung der offenen Modellreferenzen durch die Zuordnung des Knotennamens auf dem das zugeordnete Modell läuft und

- die Bereitstellung eines Kommunikationsdienstes, der den Transport von und zu den referenzierten Modellen auf den verschiedenen Knoten vornimmt.

8.6.2.1 Auflösung der Referenzen bei dedizierten Modellen

Bei der Zerlegung eines Modells in dediziert ausführbare Modelle sind alle Teilmodellverweise, die nicht lokal befriedigt werden können, zusätzlich um den Knotennamen zu ergänzen. Diese Ergänzung ist die Basis für eine Zuordnung. Das dedizierte System besteht nur aus einem *model_server*, der den Namen des lokal auszuführenden Modells trägt. Somit ist eine systemweite Identifizierbarkeit sichergestellt. Die eigentliche Übergabe der Modelle (echte Teilmodelle) kann über einzulesende Modellbeschreibungs-dateien (Teilmodelle und Knotennamen der offenen Referenzen) oder in direkter Kommunikation mit dem zentralen System (task-to-task Kommunikation) erfolgen. Der *model_server* besitzt somit alle zur Ausführung notwendigen Informationen.

8.6.2.2 Kommunikationsmodule

Der *model_server* erzeugt für die Eingangswerte- und für die Ausgangswerteübertragung je zwei Taskobjekte. Beim Eingang erwartet die erste Task (ICT) die lokal benötigten Eingangswerte von den anderen Knoten und schreibt die erhaltenen Werte (Name und Wert) in einen Puffer. Der Inhalt des Puffers wird von der zweiten Task (POT) entsprechend den Modellreferenzen an die jeweiligen *input*-Tasks weitergeleitet. Die erste Task besitzt zur systemweiten Kennzeichnung und zur gleichzeitigen Unterscheidung zum *model_server* den lokalen Modellnamen erweitert um eine Kennzeichnung (Name und Kennung). Die zweite Task fungiert als Pseudo-*output*-Task und versorgt die entsprechenden *input*-Tasks (Bild 8.13).

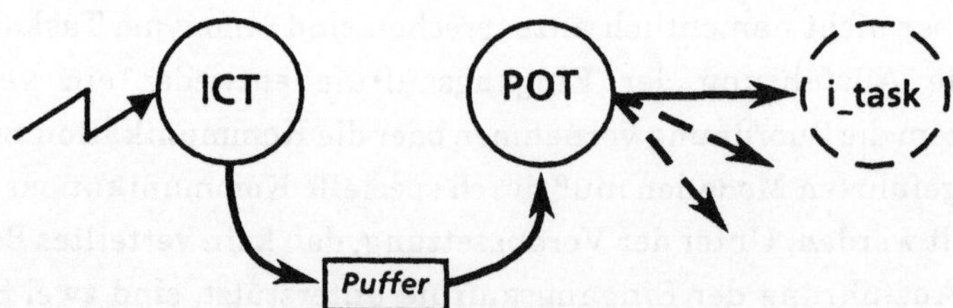

Bild 8.13: Eingangskommunikationsmodul

Bei der Ausgangswerteübertragung erwartet die erste Task (PIT) als Pseudo-*input*-Task alle Ausgangswerte und schreibt diese mit den Modellreferenznamen in einen Ausgangspuffer. Die zweite Task (OCT) verarbeitet diese Werte entsprechend der Modellzuordnung (Knotennamen) und überträgt sie an die verteilt laufenden Eingangstasks. Die zweite Task hat ebenfalls einen systemweit eindeutigen Name (Bild 8.14).

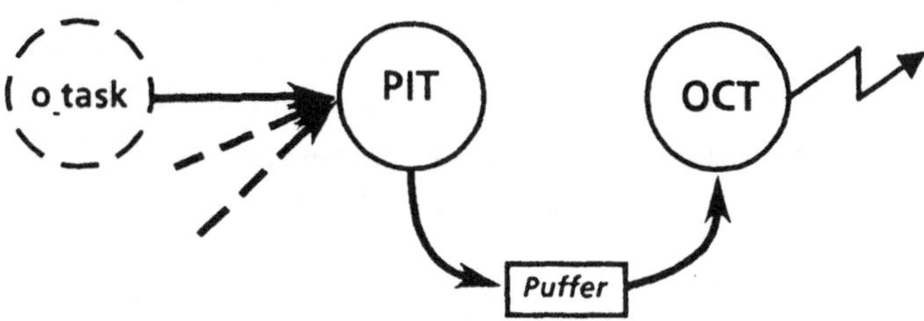

Bild 8.14: Ausgangskommunikationsmodul

Durch die Verwendung solcher Pseudo- und echter Kommunikationstasks ist der Datenaustausch bei der modularen und verteilten Simulation auf verteilten Rechnersystemen sichergestellt. Die dargelegte Struktur ist notwendig, da die einzelnen Tasks des *model _executors* namentlich von außen nicht direkt ansprechbar sind.

8.6.2.3 Erzeugung und Struktur des verteilten Modells

Ein Gesamtmodell besteht aus mehreren *PAM*, welche eigenständige Modellhierarchien darstellen. Ein Unterbaum einer solchen Hierarchie enthält sowohl echte Teilmodelle als auch hierarchische Strukturierungsmodelle. Für die verteilte Ausführung ist die Strukturinformation nicht notwendig. Wesentlich sind die echten Teilmodelle (TM_0) und deren Modellreferenzen. Das verteilte Modell erhält man als Extrakt aller echten Teilmodelle aus einer Baumhierachie. Diese TM werden in eine Tabelle eingetragen, die als Namen den Zielsystemknoten hat. Weiterhin ist eine Untertabelle für die nichtlokalen Modellreferenzen nötig. Alle echten Teilmodelle werden knotenspezifisch aus der Gesamthierarchie entnommen und in ihre Tabelle eingetragen. Dann werden entsprechend den Modellreferenzen und zugehörigen Modelltabellennamen die Knotennamen in der Untertabelle eingetragen. Damit enhält eine Tabelle alle Modell- und Knoteninformationen zur Ausführung des verteilten Modells. Das Zielsystem besteht im wesentlichen aus einem *model_server* und den zugehörigen Kommunikationsmodulen. Die *compute*-Tasks der lokalen *model_executor* tragen die Simulationsergebnisse über entsprechende Prozeduren in die zentrale Datenbank des Zentralsystems ein. Dort läuft auch das graphische System als Benutzeroberfläche.

8.6.3 Datenbank als zentraler Modul

Das System besitzt in der nächsten Version als zentralen Modul eine Datenbank, in der alle Modelle, die Modellinformationen und die Simulationsergebnisse abgespeichert werden. In der vorläufigen Version wurde ein einfaches Dateiverwaltungssystem realisiert, welches von jedem *model_executor* zur Abspeicherung der Simulationsergebnisse eingesetzt wird. Das Paket *output_operations* ist ein generisches Paket und stellt die entsprechenden Operationen zur Verfügung:

```
WITH basic_types, calendar;
USE  basic_types, calendar;


GENERIC
PACKAGE output_operations IS


    -----------------------------------------------------------------
    -- Erzeugt eine Datei "f_name", schreibt den Modellnamen
    - "model_name", den Genauigkeitswert "epsilon" und die aktuelle
    -- Zeit in die Datei;
    PROCEDURE init (f_name      : IN string;
                    model_name : IN string;
                    epsilon     : IN my_float;
                    start_time : IN time);
    -----------------------------------------------------------------
    -- Schreibt die in einem Integrationsverfahren berechneten Werte
    -- in die in der Prozedur "init" erzeugten Datei
    PROCEDURE write_file (comp_name  : IN name_vektor;
                          comp_value : IN vektor;
                          act_time   : IN time);
    -----------------------------------------------------------------
    -- Druckt die Datei aus, Seitenlaenge und -breite kann neu
..-- angegeben werden ( Laserdrucker ( 46, 120 ) )
    PROCEDURE print_file (page_length : IN positive := 68;
                          page_width  : IN positive := 132);

    file_not_opened,
```

```
    file_already_opened : EXCEPTION;

END output_operations;
```

Dieses Paket wird durch die Datenbank ersetzt, welche einen konkurrenten Zugriff auf die Daten ermöglicht. Außerdem sind mächtigere Funktionen zur Abfrage von Daten notwendig. Die zugrundeliegende Datenstruktur orientiert sich an der Modellhierarchie und dem Zeitreihencharakter der Werte. Die Operationen reichen vom einfachen lokalen Eintrag über den dezentralen Eintrag bis zu komplexen Anfragen zur sukzessiven Aktualisierung der Kurvendarstellung.

8.7 Zusammenfassung

Das in diesem Kapitel realisierte System *K_advice* erfüllt die zwei grundlegenden Forderungen nach einer hierarchisch modularen Modellierung komplexer Systeme über eine graphische Oberfläche und nach einer modularen teilmodellspezifischen Simulation gekoppelter Systeme unter Echtzeitbedingungen. Das System besteht aus der Hauptprozedur und den folgenden Paketen:

- action_field_handler
- advice_control
- array_functions
- basic_model_types
- basic_types
- buffer_operations
- executor_operations
- graphic
- init_fini
- integration_operations
- internal_rep
- list_operations
- menue_handler
- model_fun
- model_operations
- output_operations
- segment_handler
- status_field_handler
- text_field_handler

Die generischen Funktionspakete (z. B. *array_functions*) können entsprechend ihrer Bedeutung überall eingesetzt werden. Die generischen Datenpakete dienen zur parametrisierbaren mehrfach dynamischen Ausprägung von abstrakten Datenobjekten und haben ihre ganz spezifische Bedeutung im System. Die vorläufig noch manuell durchzuführende Erweiterung um Basismodelle (elementare Modellbausteine) erfordert die folgenden Schritte:

- Spezifikation der Zustandsüberführungsfunktion, der Ausgangsfunktion und der Initialisierungsfunktion in der Schnittstelle des Pakets *basic_model_types*,
- Implementierung der Prozeduren im Rumpf des Pakets,
- Eintrag des BM-Namens in den Aufzählungstyp *element_sort*,
- Erweiterung der globalen Modellfunktionen im Paket *model_fun* um die neuen Funktionsaufrufe,
- Eintrag des BM-Namens in die Prozedur *cons_check* zur Konsistenzprüfung,
- Erweiterung der Prozedur *create* im Paket *list_operations* um den neuen Modelltyp und
- Übersetzen und Binden des Systems.

Damit ist die mathematische Komponente im System definiert. Zur Definition der graphischen Komponente dient die Prozedur *std_fig_shape* aus dem Paket *internal_rep*, welche den Standardrahmen eines inneren Modells (keinen Rahmen) erzeugt. Diese Prozedur liefert den vordefinierten Standardrahmen der äußeren Sicht eines Modells mit Level größer Null. Für eine apparatespezifische Bilderzeugung ist diese Funktion in eine entsprechend neue bausteinspezifische Funktion zu kopieren, welche als Werte das graphische Symbol des Bausteins liefert. Bei der Erzeugung von Teilmodellen aus den Basismodellen wird der gelieferte Wert in das graphische Attribut des Teilmodells geschrieben.

Das früher angesprochene Problem der Entkopplungsbehälter läßt sich im Modell auf der Ebene der *model_server* durch Werteübertragung der entsprechenden Teilmodelle lösen. Vorraussetzung ist die strukturelle Gleichheit der Teilmodelle, welche bei Entkopplungsbehältern gegeben ist. Der *Executor* fordert die Werte der Teilmodelle an und übergibt sie den *model_server*, die sie als Modifkationen an die *model_executor* übergeben. Da ein Tausch ausschließlich im *wait*-Modus erfolgt und danach mit neu initialisiertem Puffer gerechnet wird, startet die Simulation mit konsistenten Modellwerten. Das Problem des Umschaltens zwischen den Anfahrvorgang und den Dauerbetrieb beschreibenden Modellen ist ähnlich gelagert. Durch ein für den Executor noch zu realisierenden Befehl (z. B. *change*) kann eine ganze Teilmodellhierarchie durch eine entsprechend den anderen Betriebsbereich beschreibende ersetzt werden. Durch Teilmodellhierarchien, die bzgl. des validierten Bereichs Überdeckungen aufweisen, kann die Umschaltung gleitend erfolgen.

Das System wurde wie eingangs erwähnt vollständig in Ada und GKS implementiert und umfaßt funktionsmäßig noch nicht die Prognose und die Störungsfrühdiagnose, die in einem nachfolgenden Projekt realisiert werden sollen. Die Sprache Ada selbst mit den Modularisierungsmöglichkeiten durch Pakete, dem generischen Konzept und den Prozedurüberladungen zusammen mit dem im Sprachstandard definierten Bibliotheksverwalter kann anhand der gewonnenen Erfahrungen trotz einiger sprachlicher Schwächen als insgesamt positv beurteilt werden. Anders verhält es sich mit den Sprachimplentierungen, die anfänglich aufgrund Implementierungsfehler einige sprachliche Möglichkeiten nicht verwendbar machten. Beispielsweise war das Paket *executor_operations* zur Ausprägung der jeweils notwendigen Taskanzahl als parametrisierbares generisches Paket entworfen worden. Wegen einem Compilerfehler konnte zur Laufzeit über die Prozedur *get_id* nicht auf das existierende und für die Prozedur sichtbare Objekt (Taskgruppe) zugegriffen werden. Solche und ähnlich gelagerte Probleme zeigen, daß Ada neben sprachlichen Unzulänglichkeiten wie das Fehlen von Typen zur Deklaration von Zeigern auf Prozeduren, sowie das Fehlen von Prozeduren als Prozedurparameter oder der nur rudimentären Taskoperationen (im Gegensatz zu Pearl /PEARL 1977/) vor allem in der Implementierung noch Probleme besitzt. Dennoch kann Ada als einzige standardisierte und verfügbare Echtzeitprogrammiersprache angesehen werden, die den Anforderungen des Software-Engineering entspricht. Die Sprache Chill (/Branqauart et al. 1982/, /Lenzer et al. 1987/) ist zwar von den sprachlichen Möglichkeiten noch mächtiger als Ada, aber nicht in ausreichendem Maße verfügbar. Außerdem ist die Sprachumgebung von Ada z. B. zur Versionsführung oder dem Recompilieren von nicht zu unterschätzendem Wert. Als Entwicklungs- und momentaner Zielrechner wurde eine Micro-Vax 2 eingesetzt. Die Darstellung der graphischen Objekte wird zukünftig auf einem eigenständigen graphischen System erfolgen (MV2 mit zusätzlicher Graphikhardware).

9 Zusammenfassung und Ausblick

Die Komplexität großer technischer Systeme setzt der direkten analytischen Einsicht und dem Verstehen der inneren kausalen Zusammenhänge Grenzen. Durch den Einsatz der Simulationstechnik im Bereich der Prozeßführung können technische Prozesse über mathematische Modelle zugänglich und in ihrer Dynamik erfaßbar gemacht werden. Hierzu ist aber ein Programmsystem notwendig, das die Simulation dieser Prozesse unter Echtzeitbedingungen entsprechend den dedizierten Strukturen von Prozeßführungssystemen erlaubt. Weiterhin ist aufgrund der Systemkomplexität und des vertretbaren Aufwandes für die Modellierung der einzelnen Systemkomponenten und deren Aggregation zu einem Gesamtmodell eine Rechnerunterstützung zu fordern.

In der vorliegenden Arbeit wurden die Anforderungen an ein Programmsystem für den Einsatz der Simulation in den Bereichen Prozeßbeobachtung, Prozeßprognose und der Störungsfrühdiagnose erarbeitet. In Hinblick auf ein zu realisierendes Kernsystem wurde der Schwerpunkt auf die Prozeßbeobachtung gelegt. Die Analyse der existierenden Simulationsprogramme ergab, daß vorhandene Systeme nicht einsetzbar sind. Um die Anforderungen an eine rechnerunterstützte Modellierung in ein umfassendes System zu integrieren, wurde ein Konzept einer Modellentwicklung skizziert, das die in der Arbeit dargelegte Phaseneinteilung in der Simulation und die unterschiedlichen Wissenshorizonte der Benutzer berücksichtigt. Um die Ausführung der sich bei komplexen Prozessen ergebenden Modelle wirtschaftlich vertretbar zu machen, die Anforderungen der teilmodellspezifischen Operationen realisieren zu können und den dedizierten Strukturen von modernen Prozeßführungssystemen zu entsprechen, wurde ein modulares und asynchron ausführbares Verfahren zur modularen / verteilten Echtzeitsimulation gekoppelter Differentialgleichungssysteme entwickelt und dessen Anwendbarkeit bewiesen. Das implementierte System wurde als Interpreter auf der Basis von übersetzten Modellbausteinfunktionen entworfen. Dies erlaubt eine hohe Flexibilität bei der Beschreibung des technischen Prozesses bei gleichzeitiger zeitlicher Effizienz. Zur Ausführung der Modelle werden nebenläufige Prozesse erzeugt, die ausschließlich Operationen zur Berechnung der Modellzustände und zur Kommunikation ausführen. Der Umfang dieser Module ist dabei durch die Verwendung von modellbausteinspezifischen Prozessen auf das notwendigste begrenzt (siehe Bild 9.1). Die Modellierung erfolgt interaktiv über eine graphische Oberfläche, so daß der Benutzer die gewünschten Modelloperationen nicht in einer Sprachform eingeben muß, sondern durch die graphische Peripherie (Maus) seine Objekte und die auszuführenden Operationen in den entsprechenden Menüs selektieren kann. Die Modellhierarchie ist dabei nach unten und oben offen und erlaubt somit den Tausch von elementaren Bausteinen durch ganze Hierarchien und vice versa.

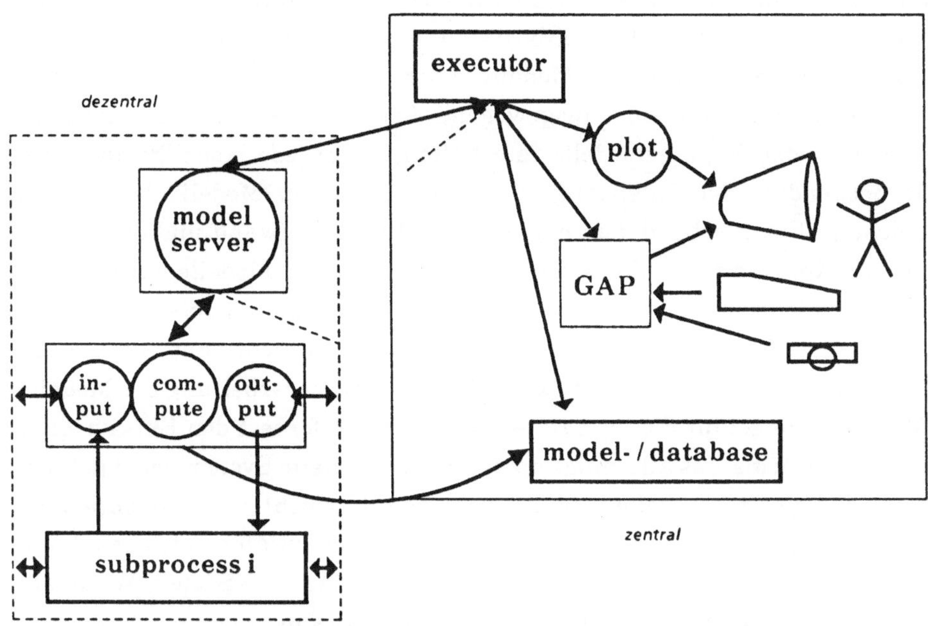

Bild 9.1: Verteilte Laufzeitsystemstruktur

Das implementierte System ist bezogen auf den gesamten betrachteten Anwendungsbereich als ein Kernsystem einzustufen, das einsatzspezifisch zu erweitern ist. Die Grundfunktionen hierzu sind vorhanden. Mögliche Erweiterungen sind ein die Modellierung der Basismodelle (Bausteine) unterstützender Editor, das Prognosesystem, die Komponenten zur Störungsfrühdiagnose und der Generator zur Erzeugung der dedizierten Teilsystemkomponenten. Durch Erweiterungen um Ausgabemodule an den technischen Prozeß kann das Kernsystem zusammen mit den Meßwerterfassungsmodulen und der graphischen Oberfläche auch als Prozeßführungssystem eingesetzt werden. Diskrete Bausteine können dabei die Funktion der Grenzwertüberwachung u. ä. übernehmen. Der Modelleditor als Erweiterungskomponente ist ein codeerzeugendes System, das aus den nach der syntaktischen Struktur eingegebenen mathematischen Formulierungen ausführbare

Basismodelle erzeugt und die Erstellung der graphischen Modellattribute ermöglicht. Hinsichtlich dem Grad der Unterstützung ist auch ein System mit bereichsspezifischem Wissen zur Modellierung denkbar, das für bestimmte Apparate oder chemisch-physikalische Beziehungen entsprechende mathematische Formulierungen erzeugt. Die Prognosekomponente berechnet den zukünftigen Zustand ausgewählter Prozeßbereiche voraus. Hierzu sind aus zeitlichen Gründen ebenfalls modulare Verfahren zu verwenden. Für die Verwendung des vorhandenen Verfahrens ist die Echtzeitbasis durch eine virtuelle Zeitbasis zu ersetzen, die entsprechend dem Rechenstand der verteilten Modelle über Botschaftenaustausch weitergeschaltet wird. Um eine ausgewogene Lastverteilung bei dynamischer Erzeugung der Prognosemodelle zu erhalten, ist für jede Modellkomponente die notwendige Rechenleistung zu ermitteln und im Modell als Wert zu speichern. Entsprechend dem notwendigen Rechenaufwand und der gegenseitigen Kopplung sind die dediziert auszuführenden Modelle auf die Zielrechner zu laden (*down-line-loading*). Die Störungsfrühdiagnose letztendlich ist mit den Konzepten prozeduraler Sprachen allein nicht ohne erheblichen Aufwand zu realisieren. Eine flexible symbolische Verarbeitung der Modelle (Modell als Regel für die kausale Abhängigkeit) erfordert den Einsatz eines Expertensystems, das allerdings an das konventionelle System gekoppelt ist. Diese Kopplung hat beidseitig zu sein, damit sowohl das konventionelle System aufgrund Grenzwertüberschreitungen Aktivitäten anstoßen kann (Trendanalyse, Störungsfrühdiagnose), als auch das SFD-System Werte anfordern oder eine Prognose zur Bewertung starten kann.

Diese hier dargestellten Erweiterungen müssen Gegenstand weiterer Arbeiten sein. Eine optimale Prozeßführung erfordert das Einhalten enger Toleranzgrenzen, als Vorraussetzung hierzu eine quantitative Informationsbasis und vom eingesetzten Prozeßführungssystem eine hohe Flexibilität im Verhalten um komplexe Prozesse mit nicht leicht durchschaubarer Dynamik in allen Situationen sicher zu beherrschen. Das Ziel ist ein Systemkonzept, das die Simulation als eine zentrale Methode verfügbar macht und die regelbasierende Entscheidungsfähigkeit von Expertensystemen integriert.

Anhang

A Zustandsgraphen der Tasktypen

A1 Tasktyp model_server

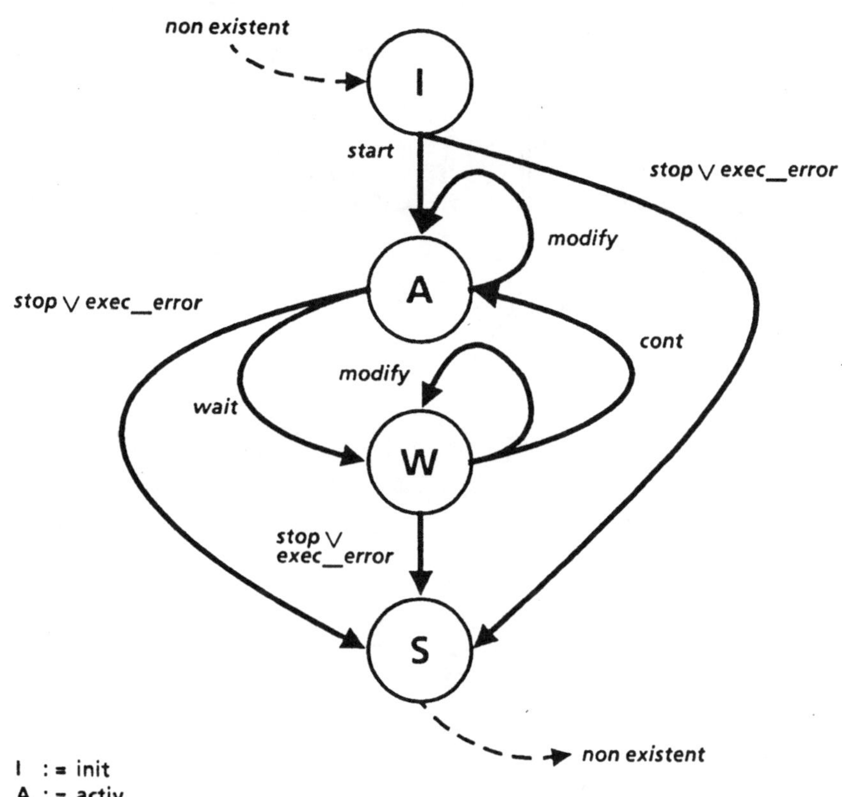

I : = init
A : = activ
W : = wait
S : = stop

$$S_{ms}: \quad S_{ms} \times t_{Ph} \quad \rightarrow S_{ms}$$

Bild A1.1: Gcbale Zustände des *model_server*

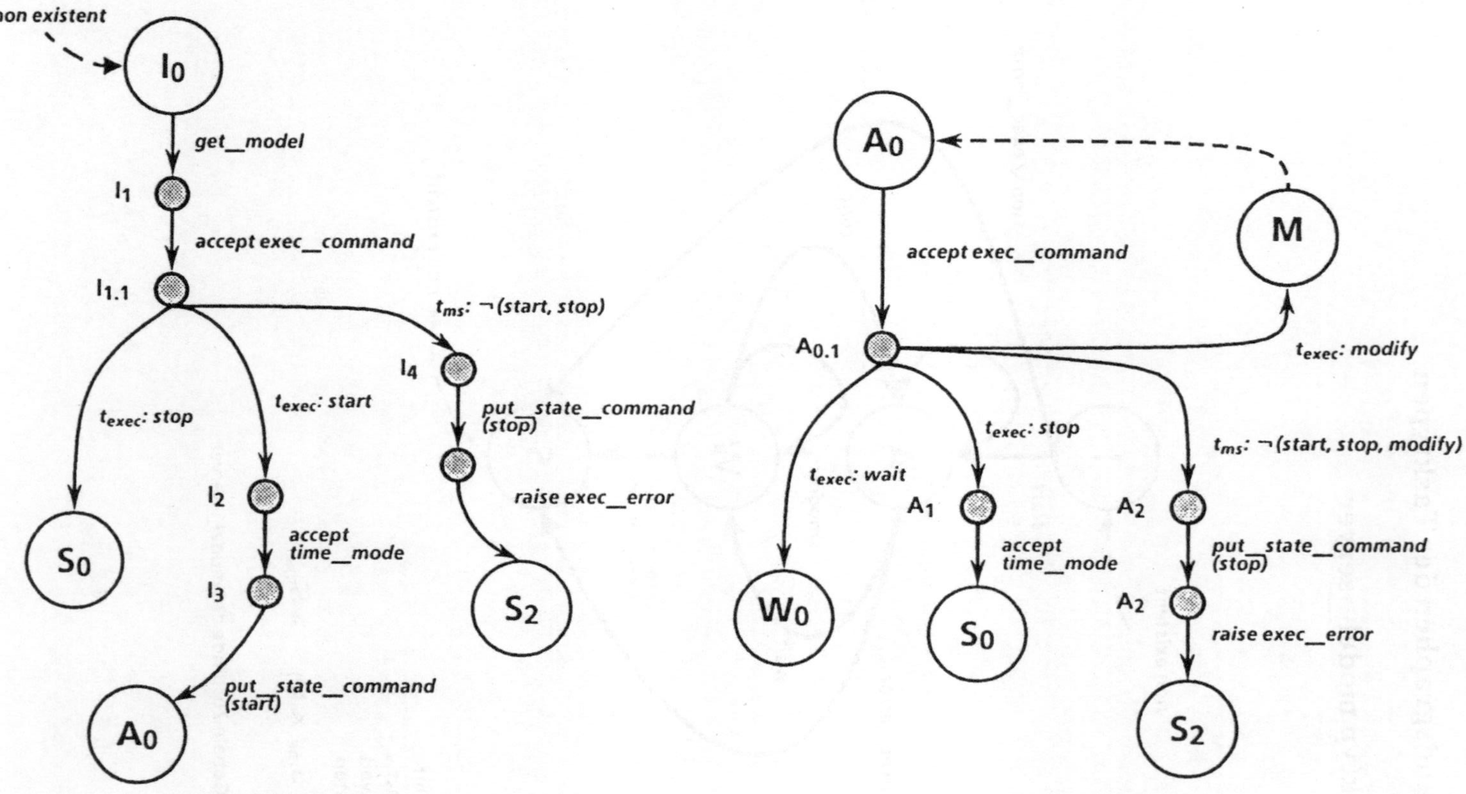

Bild A1.2: Initialisierungs- und Ausführungs-Zustände für den *model__server*

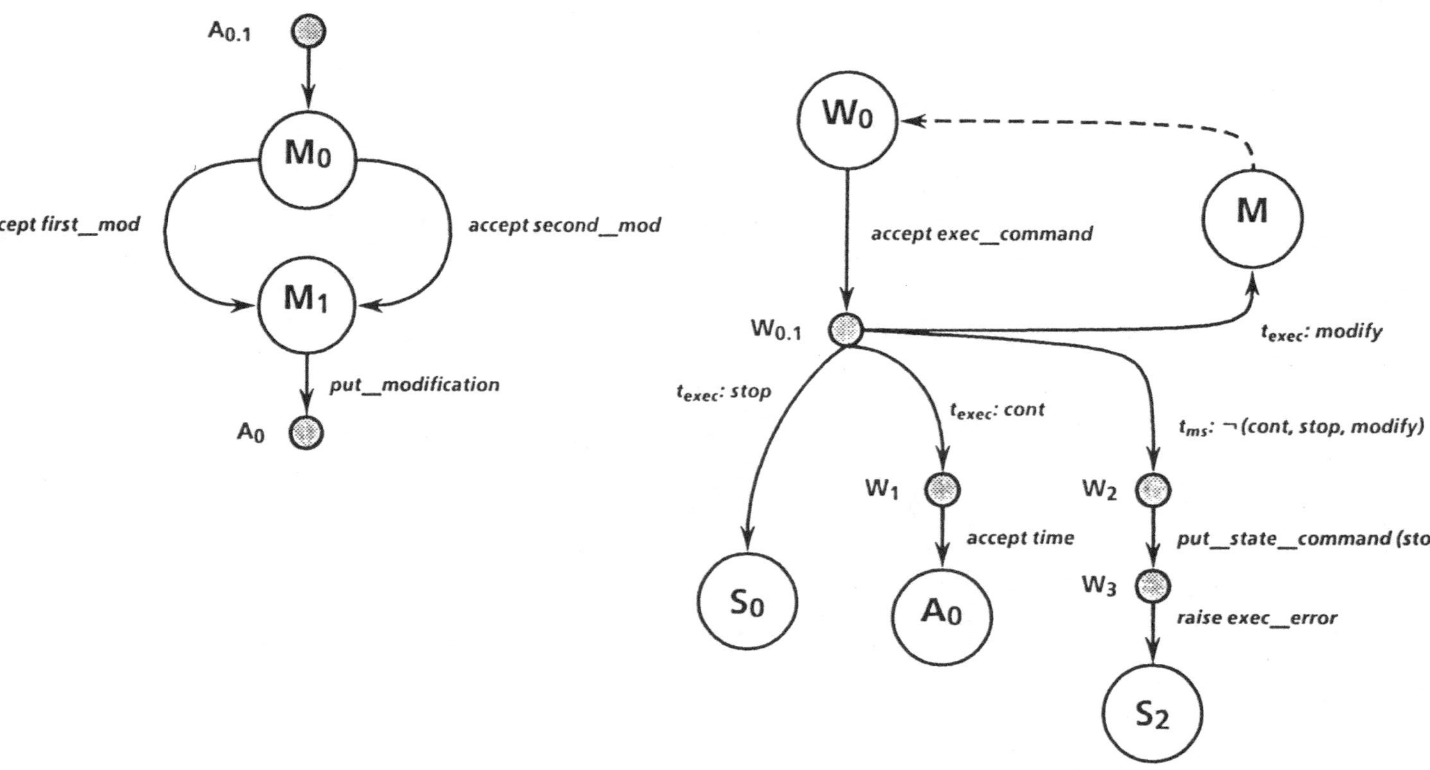

Bild A1.3: Modifikations- und Warte-Zustände für den *model_server*

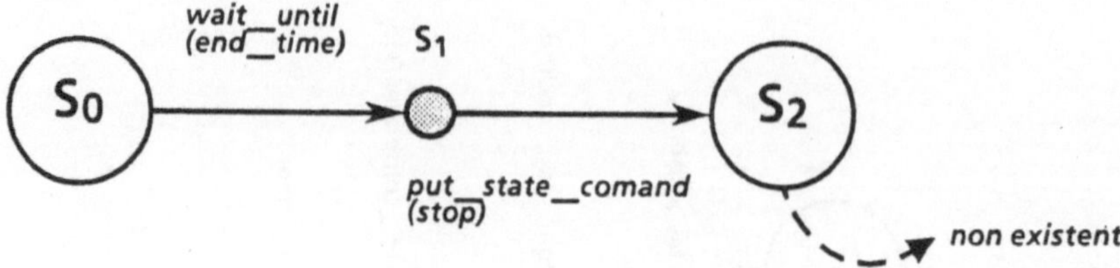

Bild A1.4: Stop-Zustände für den *model__server*

A2 Tasktyp compute

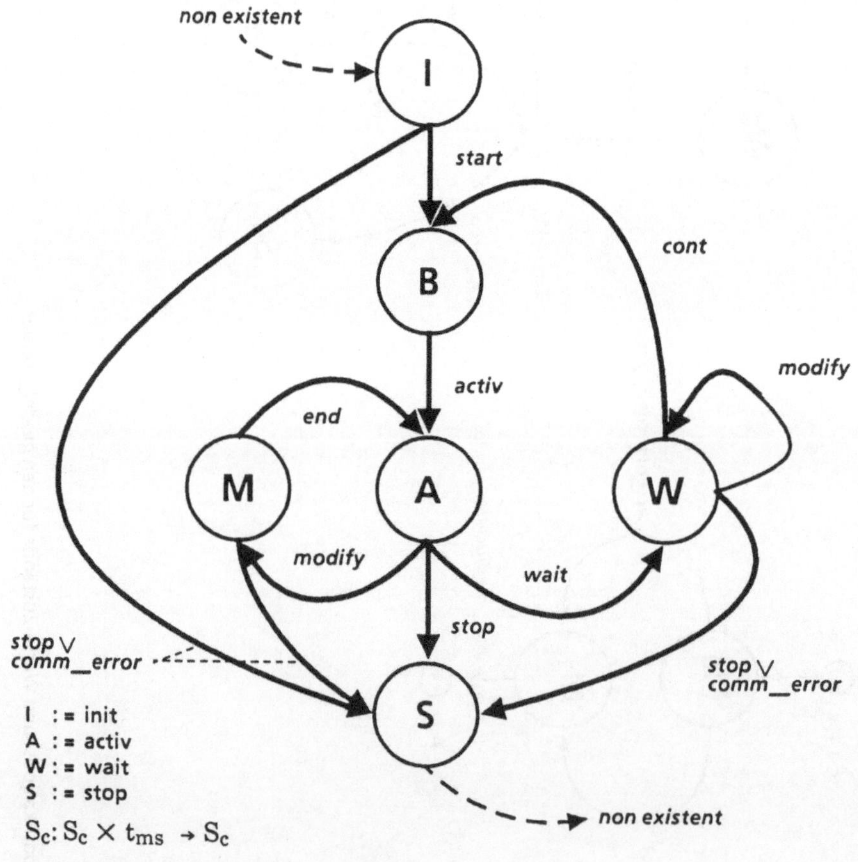

$I\ :=$ init
$A\ :=$ activ
$W\ :=$ wait
$S\ :=$ stop

$$S_c: S_c \times t_{ms} \to S_c$$

Bild A2.1: Globale Zustände der *compute*-Task

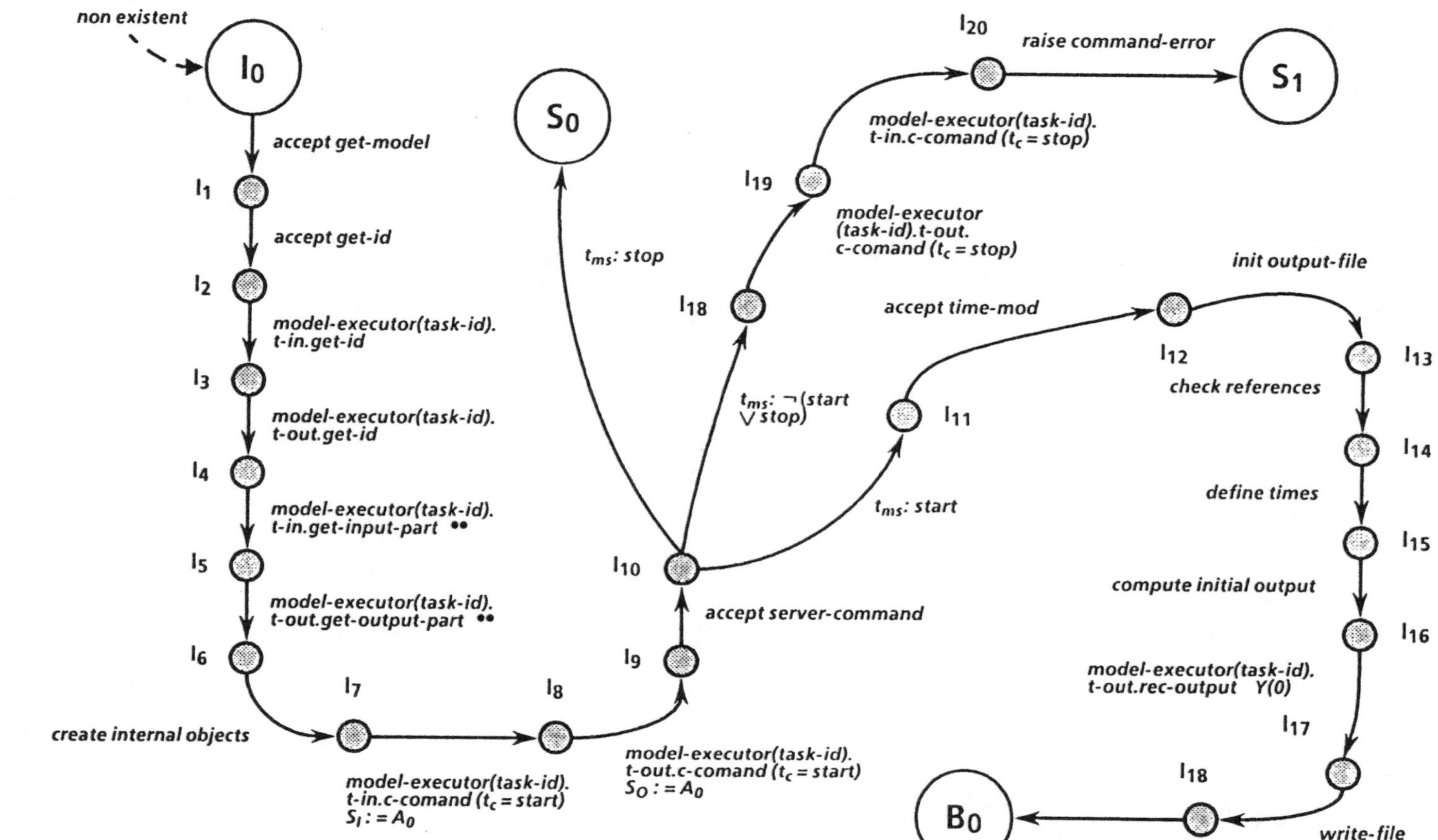

Bild A2.2: Initialisierungs-Zustände für die *compute*-Task

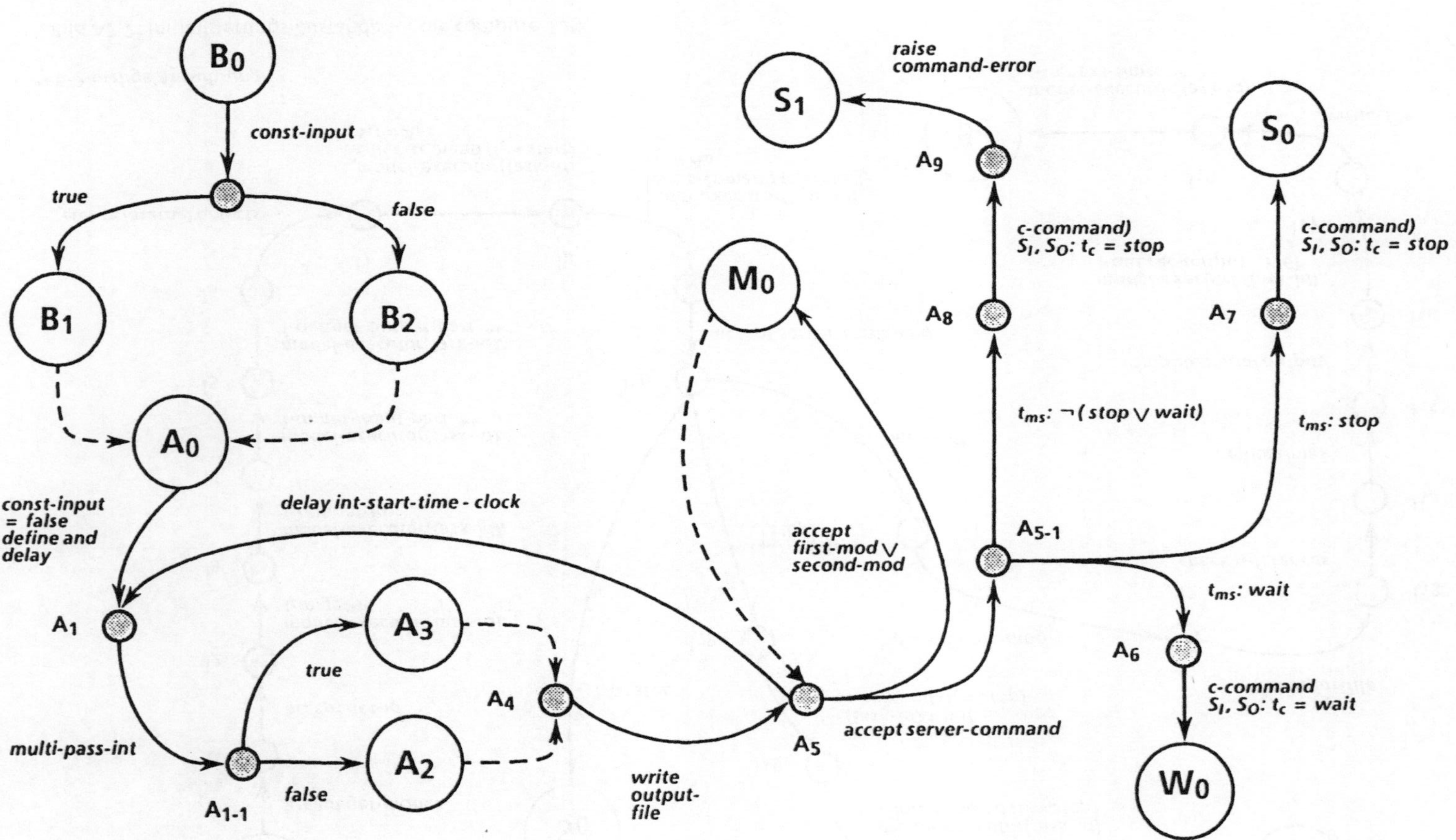

Bild A2.3: Globale Ausführungs-Zustände für die compute-Task

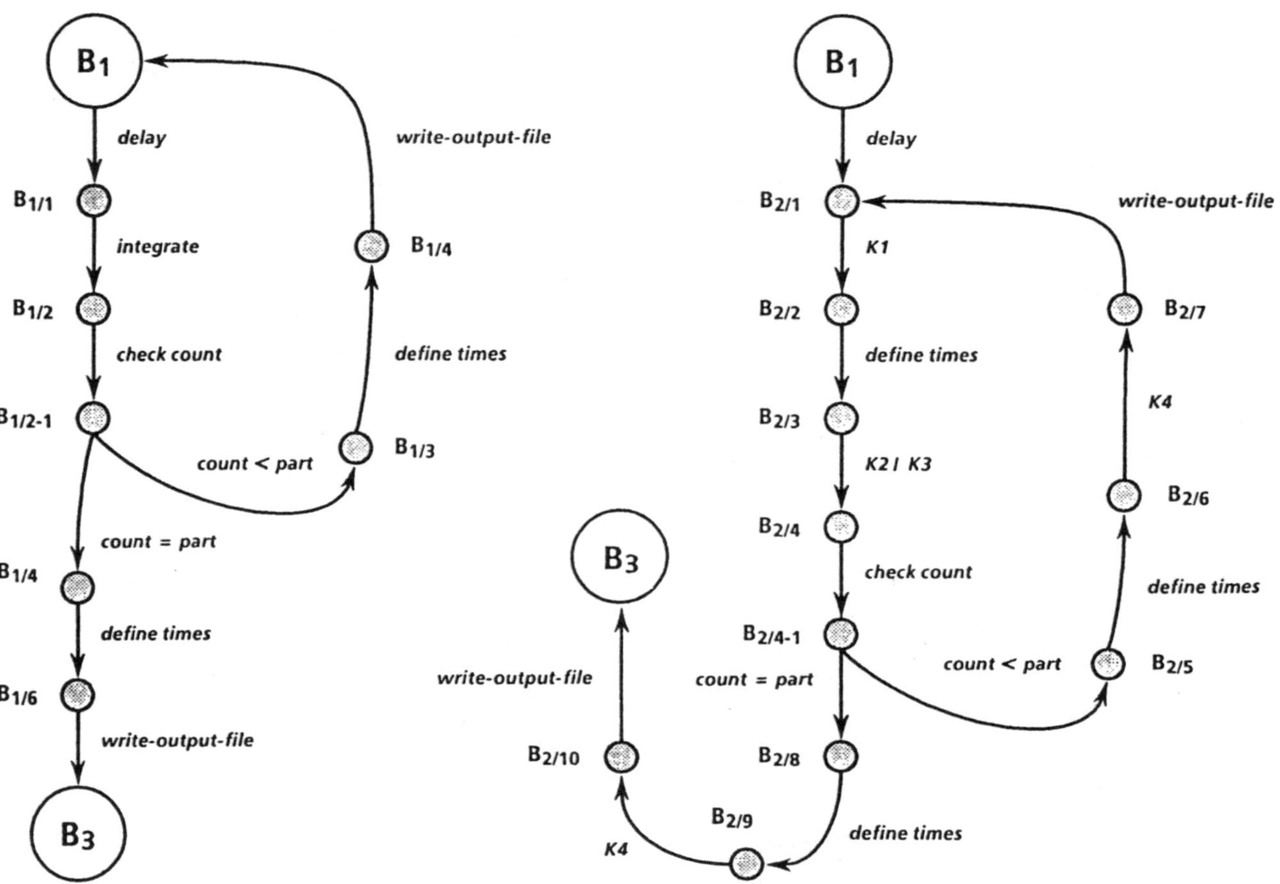

Bild A2.4: Anfangs-Zustände für die *compute*-Task

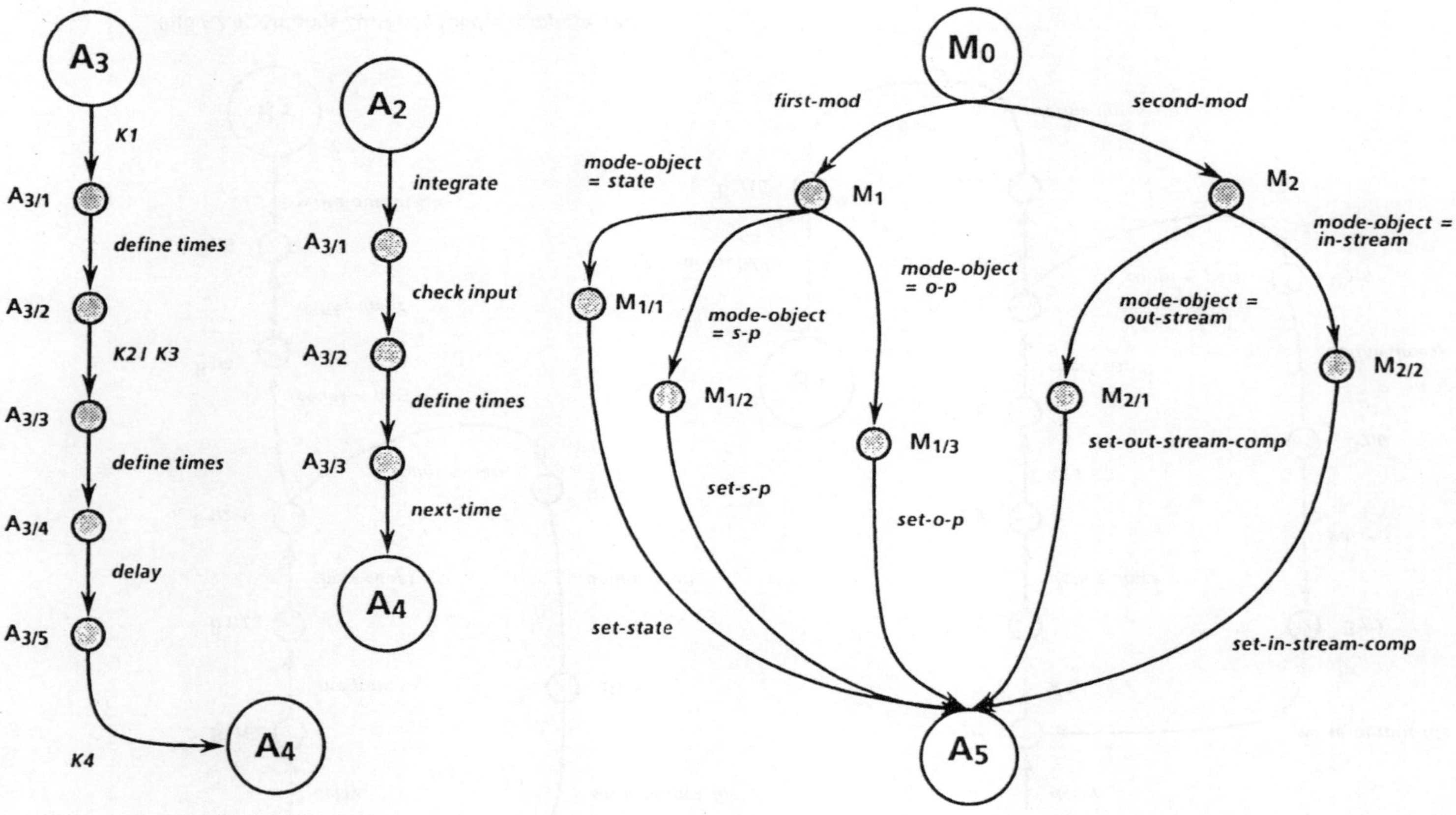

Bild A2.5: Ausführungs- und Modifikations-Zustände für die *compute*-Task

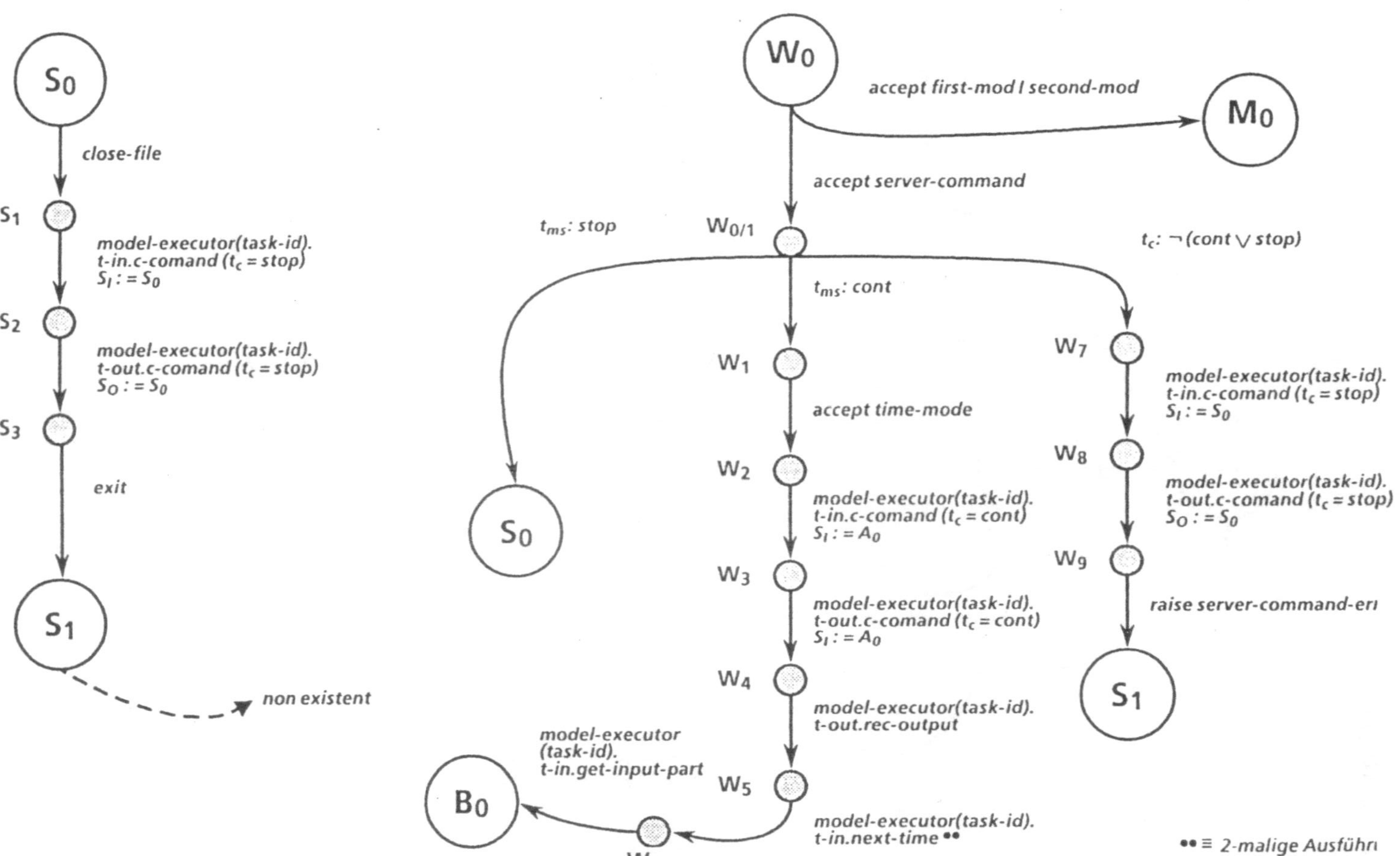

Bild A2.6: Stop- und Warte-Zustände für die *compute*-Task

A3 Tasktyp input

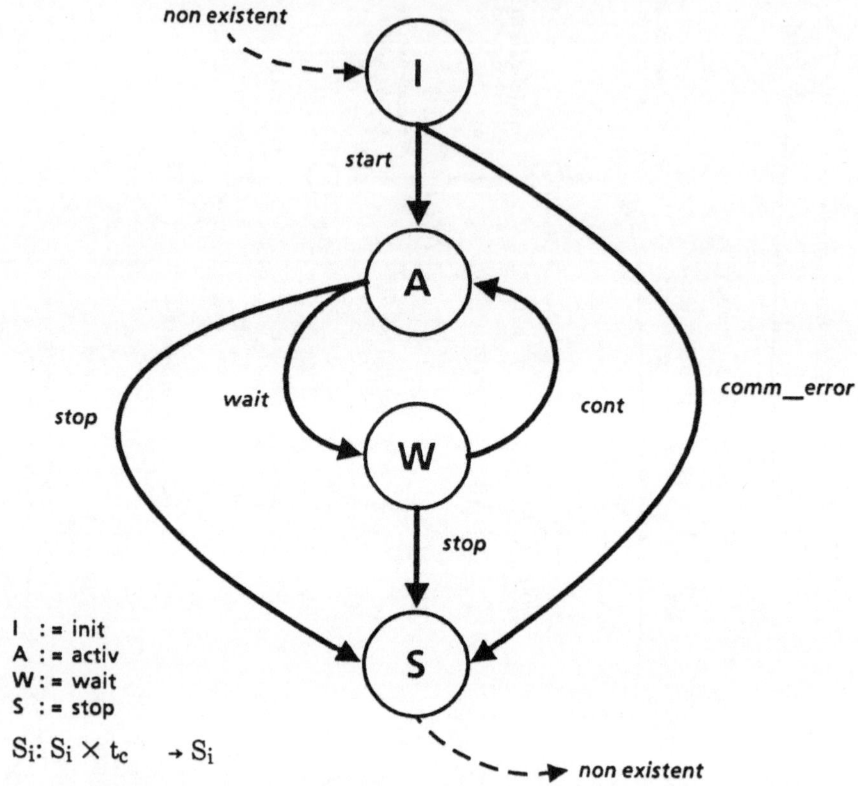

$$S_i: S_i \times t_c \;\rightarrow\; S_i$$

Bild A3.1: Globale Zustände der *input*-Task

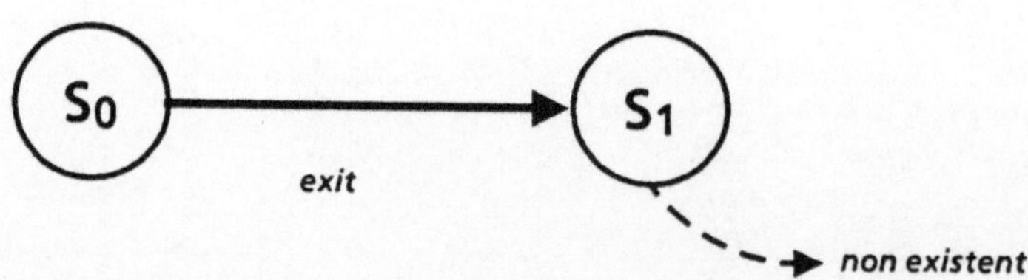

Bild A.3.2: Stop- Zustände für die *input*-Task

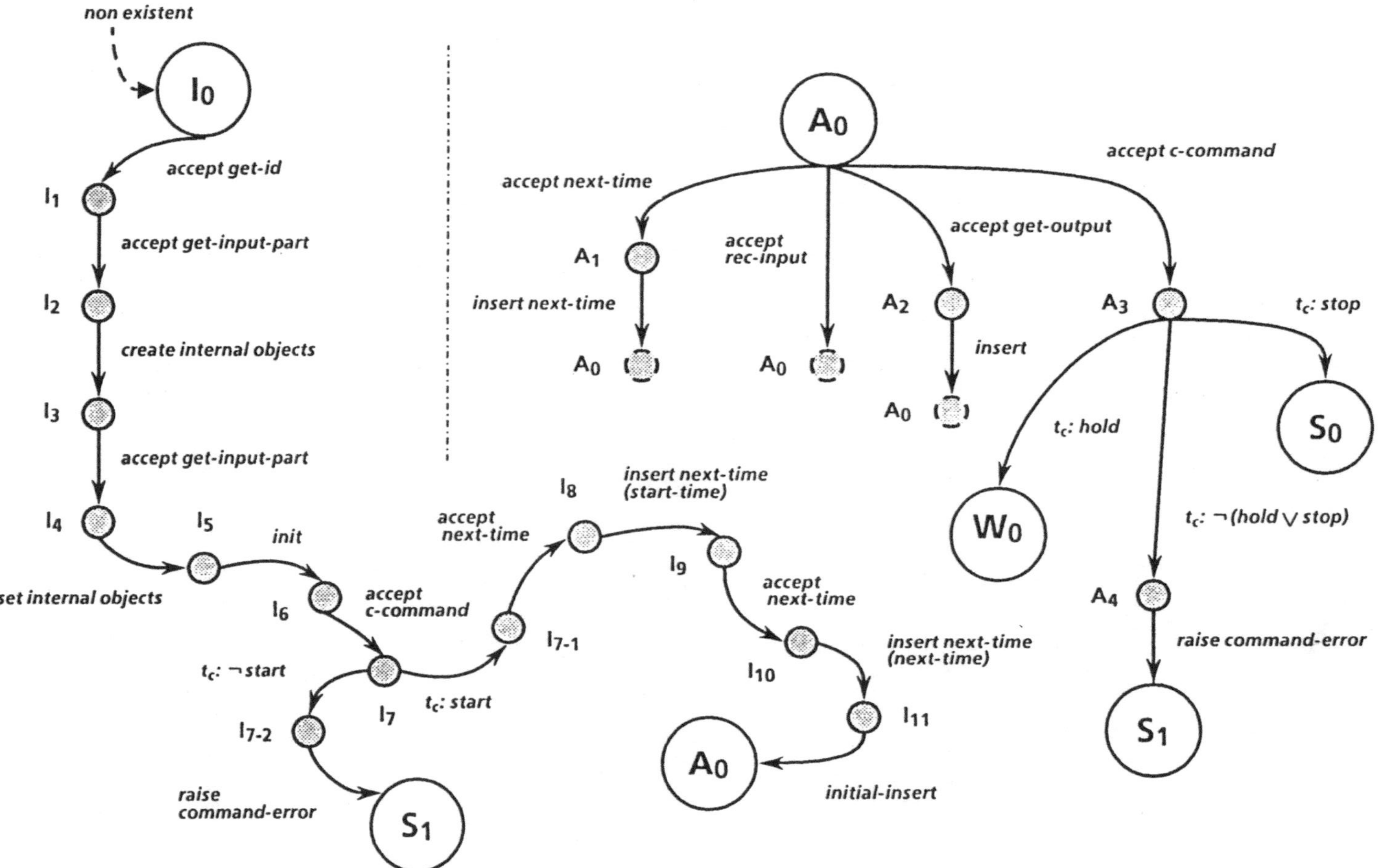

Bild A3.3: Initialisierungs- und Ausführungs-Zustände für die *input*-Task

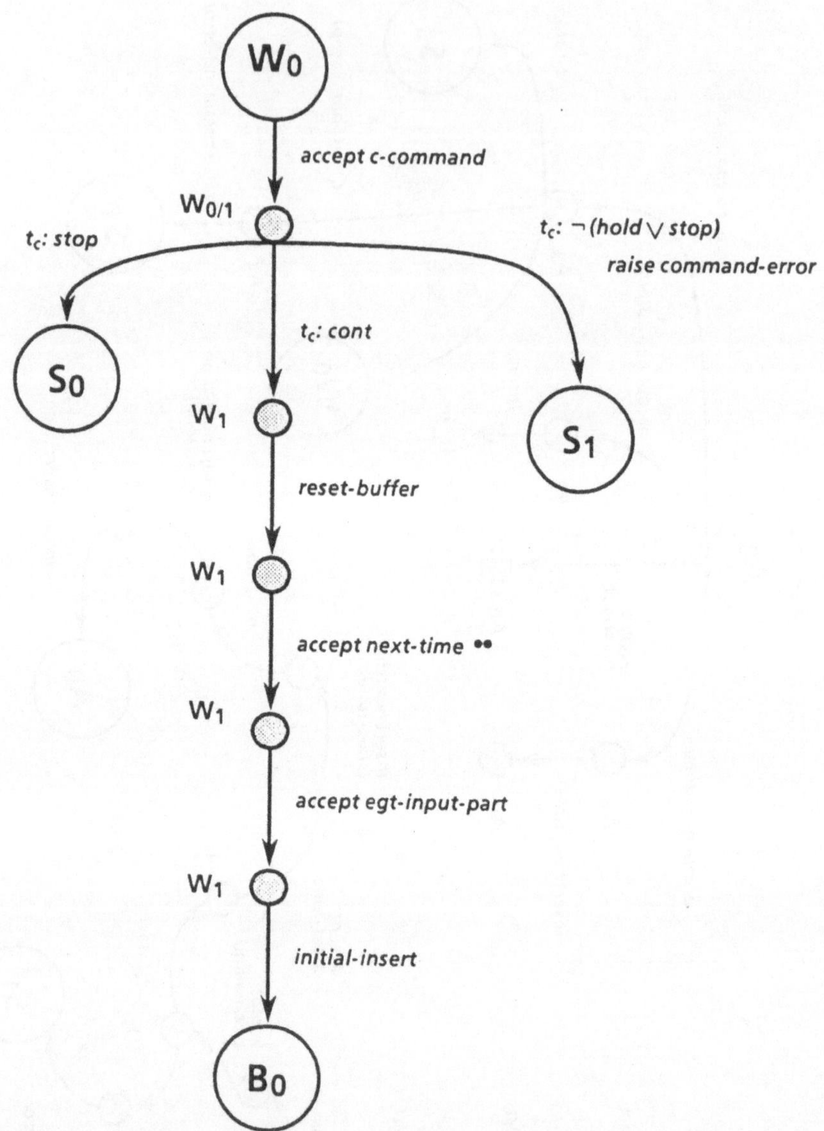

Bild A3.4: Warte-Zustände für die *input*-Task

A4 Task output

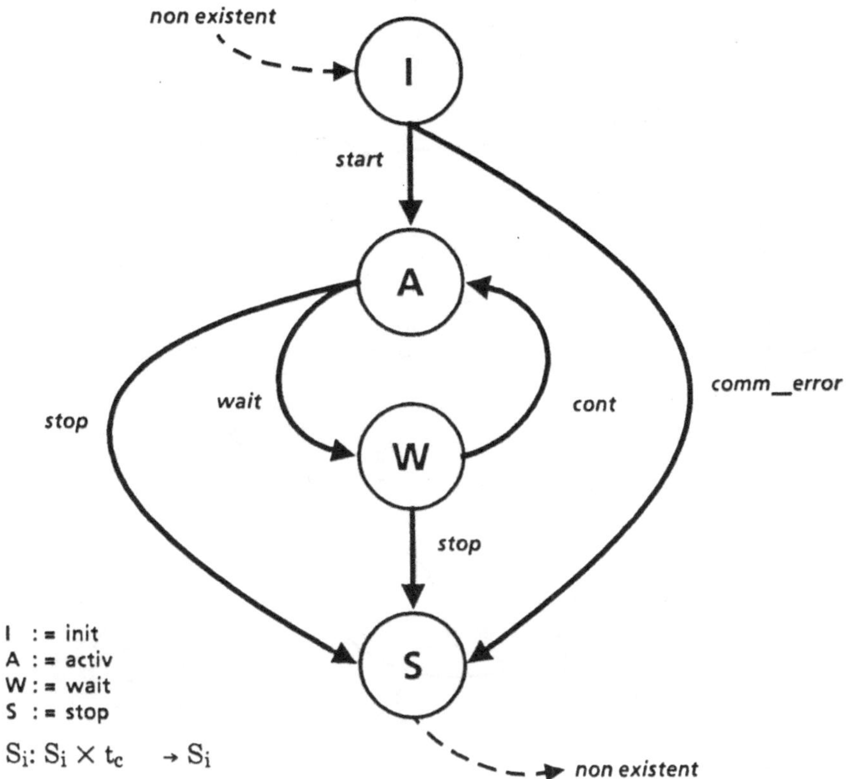

$$S_i: S_i \times t_c \rightarrow S_i$$

Bild A4.1: Globale Zustände der *output*-Task

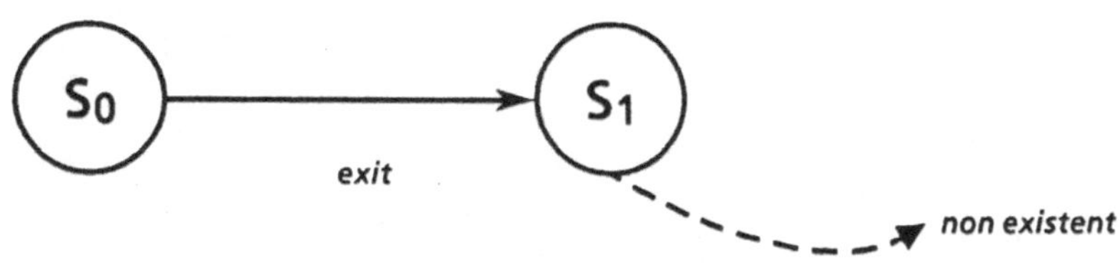

Bild A4.2: Stop-Zustände für die *output*-Task

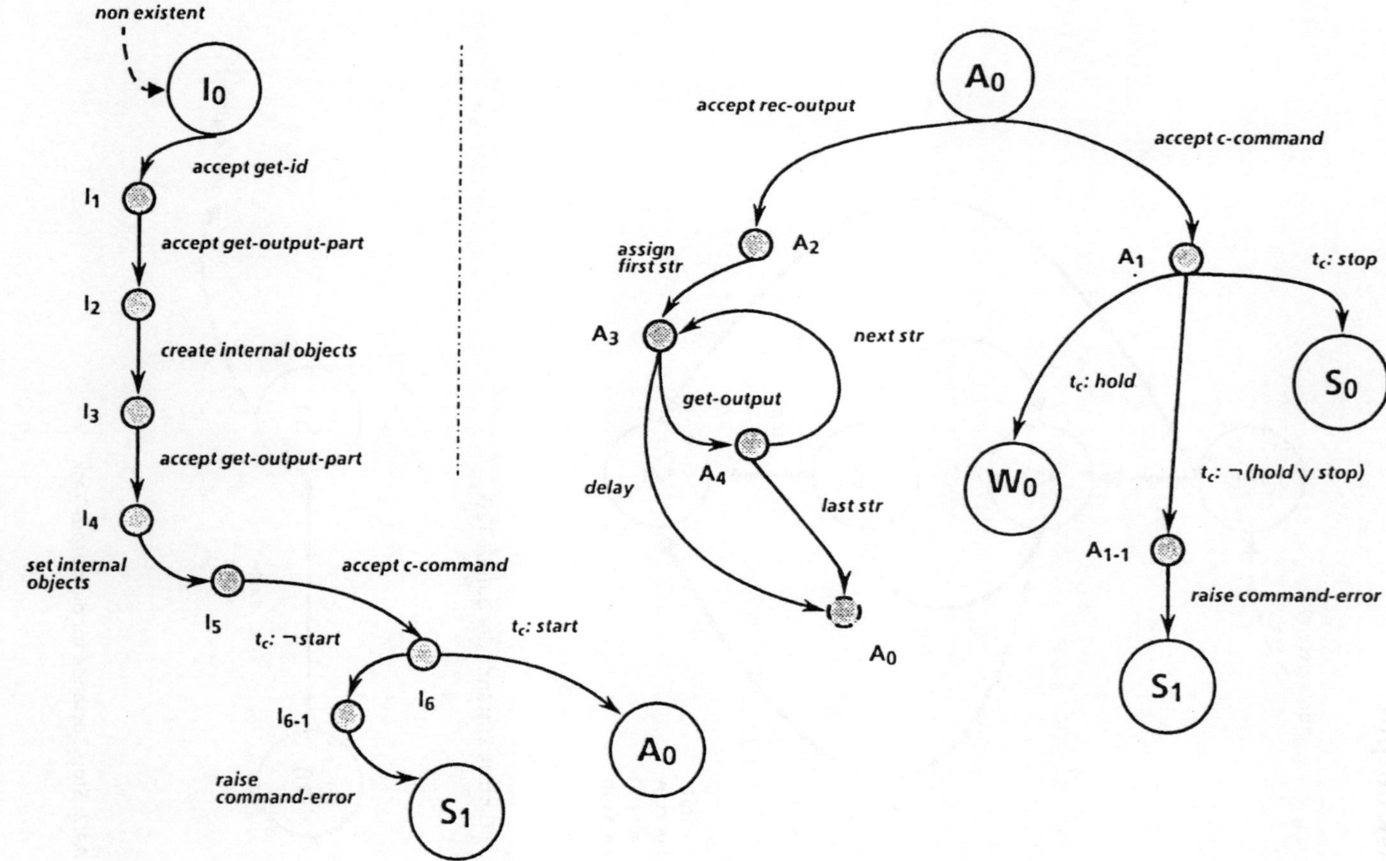

Bild A4.3: Initialisierungs- und Ausführungs-Zustände für die *output*-Task

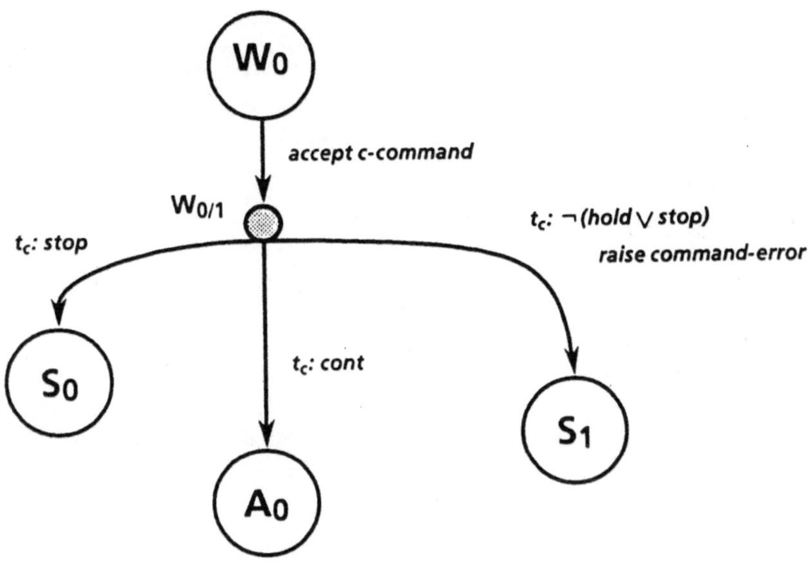

Bild A4.5: Warte-Zustände für die *output*-Task

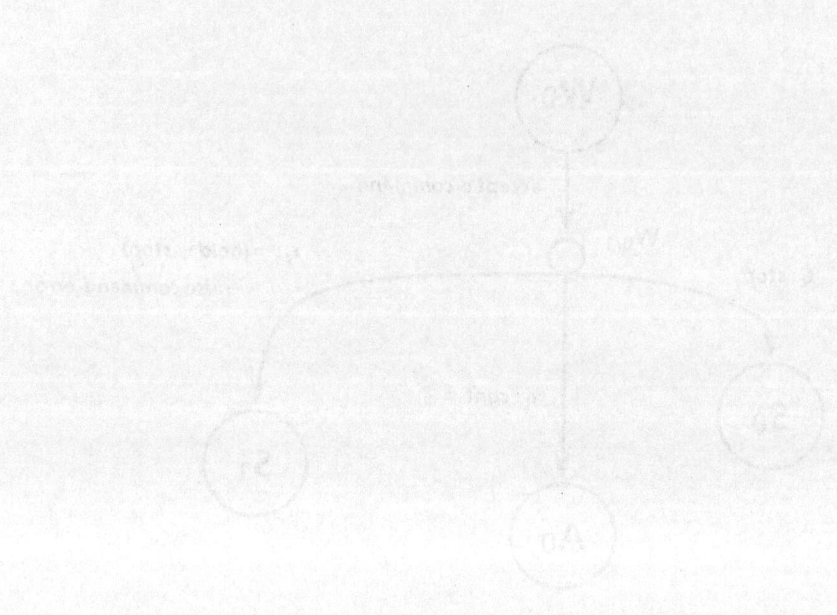

Bild an: Schema zum ... für die output ...

B Numerische Beispiele

B1 Testmodell 1

B1.1 Modellbeschreibung

Das erste Beispiel ist ein System von zwei gekoppelten Extraktionskolonnen. Die Struktur des Systems zeigt Bild B1.1. Bei diesem ersten System besteht eine Mitkopplung zwischen den einzelnen Teilsystemen. Das Gesamtsystem und die Teilsysteme für sich sind stabil. Als Basis für die mathematische Beschreibung der Kolonnen wird das Stufenmodell benutzt (siehe /Bühler 1980/), wobei jede Kolonne aus 10 Stufen besteht. Da mit den Beispielmodellen nur die Anwendbarkeit des modularen / verteilten Echtzeitsimulationsverfahrens demonstriert werden soll, sind die Modelle aus Aufwandsgründen vereinfacht. Es wird von einem 2-Phasen/1-Stoff-System ausgegangen, so daß sich pro Stufe zwei Differentialgleichungen ergeben. Die Rückvermischung in beiden Phasen und das Verteilungsgleichgewicht werden als konstant bzgl. den Stufen gesetzt. Außerdem wird nur der Stoffaustausch zwischen den beiden Phasen betrachtet und die Hydrodynamik als stationär vorausgesetzt. Das mathematische Modell einer Kolonne ist somit durch die nachfolgenden Gleichungen definiert (siehe auch /Nagel 1987/).

Allgemeine Stufe
Feedphase

$$\frac{dx_n(t)}{dt} = Q_f(x_{n-1} - x_n + f(x_{n+1} - 2x_n + x_{n-1})) - \frac{Q_f}{Q_s} Kav(x_n - my_n)$$

Solventphase

$$\frac{dy_n(t)}{dt} = Q_s(y_{n+1} - y_n + s(y_{n+1} - 2y_n + y_{n-1})) + \frac{Q_f}{Q_s} Kav(x_n - my_n)$$

Kopfstufe (Eintritt des Feedstroms)
Feedphase

$$\frac{dx_0(t)}{dt} = Q_f(x_{\text{Feed}} - x_0 + f(x_1 - x_0))$$

Solventphase

$$\frac{dy_0(t)}{dt} = Q_s(y_1 - y_0 + s(y_1 - y_0))$$

Bodenstufe (Eintritt des Solventen)
Feedphase

$$\frac{dx_N(t)}{dt} = Q_f(x_{N-1} - x_N + f(x_{N-1} - x_n))$$

Solventphase

$$\frac{dy_N(t)}{dt} = Q_s(y_{Solvent} - y_N + s(y_{N-1} - y_N))$$

mit x = Konzentration der Raffinatphase

     y = Konzentration der Exktraktphase

und den Parametern

Q_f = Flußrate der Raffinatphase

Q_s = Flußrate der Extraktphase

f = Rückvermischungskoeffizient der Raffinatphase

s = Rückvermischungskoeffizient der Extraktphase

m = Verteilungskoeffizient im Gleichgewicht

Kav = Produkt aus Übergangskoeffizient und Oberfläche

$N+1$ = Anzahl der Stufen.

Die Flußrate der Solventphase und daraus folgend das Produkt $T = Kav/Q_s$ wurde in allen Rechnungen konstant zu 1,0 gesetzt (nach /Nagel 1987/). Die Flußraten der einzelnen Ströme sind in Bild B1.1 angegeben. Die Kopplung zwischen beiden Kolonnen besteht durch den Strom 3 und durch den Strom 7 (Rückführung) entsprechend Bild A1.1. Für die modulare oder verteilte Rechnung müssen die Konzentrationen in diesen beiden Strömen nachgebildet werden. Die Parameterwerte für die Rechnungen sind:

m = 0,25

f = 0,1

s = 0,1

Zum Zeitpunkt $t \leq 0$ besitzen alle Konzentrationen (Zustände, Ein- und Ausgänge) den Wert 0. Dann wird zum Zeitpunkt $t = 0$ ein Konzentrationssprung von 0,1 auf den Eingang von Kolonne 1 (Strom 1) aufgeschaltet. Die wesentliche Ausgangsgröße des Gesamtsystems ist die Ausgangskonzentration von Kolonne 2 (Strom 6). Als Referenzwerte für die modulare und die verteilte Simulation werden jeweils immer die Ergebnisse der globalen Rechnung (beide Kolonnen als ein Modell gerechnet) herangezogen. Die Schrittweite des verwendeten Runge-Kutta-4-Verfahrens wurde aus Testläufen für das Globalmodell mit einem Fehlberg 4(5)-Verfahren zu 5 s ermittelt. Diese Schrittweite wird sowohl bei der modularen als auch bei der verteilten Rechnung benutzt.

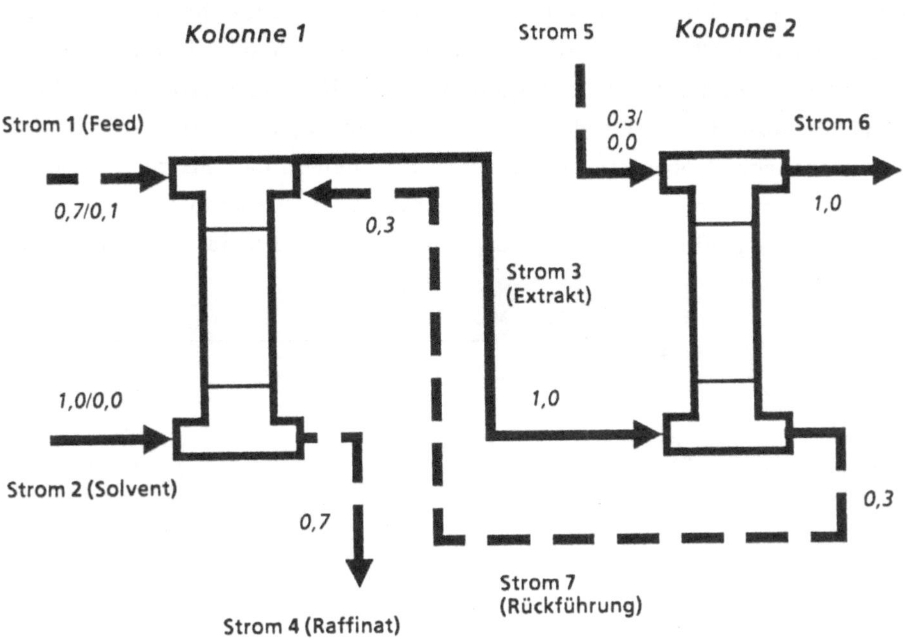

Bild B1.1: Schema der Verkopplung des 2-Phasen-/1-Stoff-Systems

Um eine verteilte Echtzeitsimulation auf einem Monorechnersystem testen zu können, muß ein verteiltes Kommunikationsmedium simuliert werden. Dies erfolgt durch einen Puffer variabler Länge, welche alle Ausgangswerte teilmodellspezifisch zwischenspeichert und nach definierbaren Zeiten weitergibt. Somit kann ein Übertragungsmedium mit beliebiger zeitlicher Verzögerung realisiert werden (ganzzahlig Vielfaches der Integrationsschrittweite). Als weiterer einstellbarer Parameter kann die Länge des Eingangswertespeichers der input-Task verändert werden, welcher zur Approximation der Eingangsgrößen dient. Standardmäßig ist dieser Parameter auf den Wert 5 eingestellt. Um diese beiden Parameter während einer Simulation einfach ändern zu können, wurde der globale Modelltyp um die Modellobjekte i__buff (Länge des Eingangspuffers) und o__buff (Länge des Verzögerungspuffers) erweitert. Eine Filterung der Eingangswerte wird bei den betrachteten Modellrechnungen nicht durchgeführt, da die Schrittweite für die Einzelmodelle gleich gewählt wurde.

B1.2 Modellrechnungen

Beim global gerechneten Modell erreicht die erste Kolonne ihren stationären Zustand nach ca. 18 min, die zweite Kolonne nach ca. 25 min. Der Verlauf der Konzentration in den Strömen 3,4,6 und 7 ist in Bild B1.2 dargestellt. Diese Kurvenverläufe dienen bei den weiteren Rechnungen als Referenzkurven. Als wesentliche Größen sind die Konzentrationen in den Strömen 3 und 6 (Solvent) anzusehen, wobei die Konzentration im Strom 6 (Ausgang der Kolonne 2) die größte Sensititvität bzgl. den Parametervariationen aufweist.

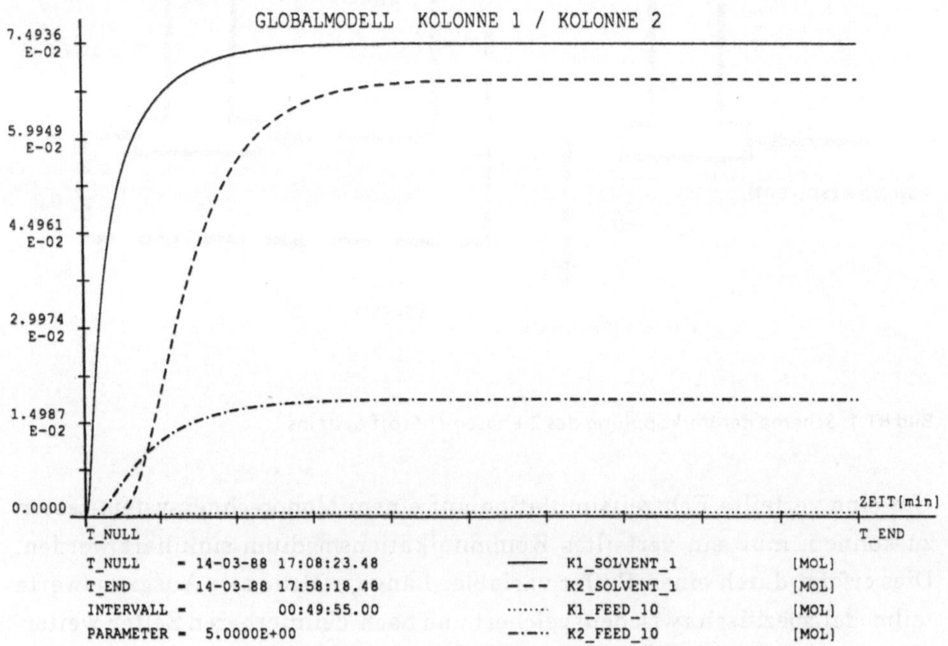

Bild B1.2: Verlauf der Ausgangskonzentrationen des globalen Modells, Strom 3, 6, 4, 7

Für die grundsätzlichen Untersuchungen wird diese Größe bzgl. den verschiedenen Parametern betrachtet.

Durch die asynchrone Kopplung bei der modularen Simulation entspricht eine Verzögerung von $V = 1$ dem modularen Fall auf einem Monorechnersystem oder einem eng gekoppelten Mehrprozessorsystem (speichergekoppelt). Durch die ganzzahlige Pufferlänge ist eine Zeit kleiner als eine Schrittweite für die Verzögerung nicht einstellbar. Die Werte für $V \geqq 1$ entsprechen der verteilten Simulation mit jeweiliger Übertragungszeit zwischen den Einzelsystemen. Die Verzögerungszeit T_V ergibt sich aus der Multiplikation der Schrittweite mit dem Faktor V als Pufferlänge.

Bei der ersten modularen Rechnung (Bild B1.3) wurde die Ordnung des Extrapolationspolynoms zu $n = 1$ und die Übertragungsverzögerung zu $V = 1$ gesetzt. Es wurden die Konzentrationen der Ströme 3 (Kolonne 1) und 6 (Kolonne 2) untersucht. Die Kurven der modularen Rechnung bleiben nahe an der entsprechenden Nominallösung.

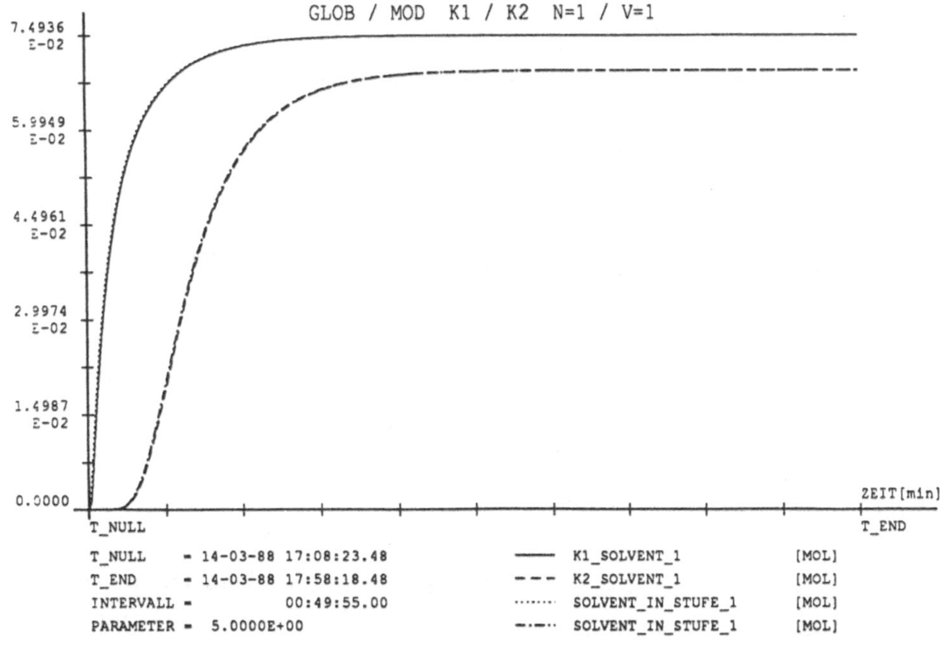

Bild B1.3: Verlauf der Ausgangskonzentrationen bei modularer Rechnung, Strom 3 und 6

Bei einer Dehnung der Darstellung (Bild B1.4) zeigt sich, daß auch im Anstieg die Kurven sehr dicht beieinander liegen, wobei allerdings der Kurvenverlauf der modularen Lösung (gepunktete bzw. strichgepunktete Linie) gegenüber der Nominallösung eine höhere Steigung besitzt. Dies ist ein Nebeneffekt des modularen Verfahrens, der später noch erläutert wird.

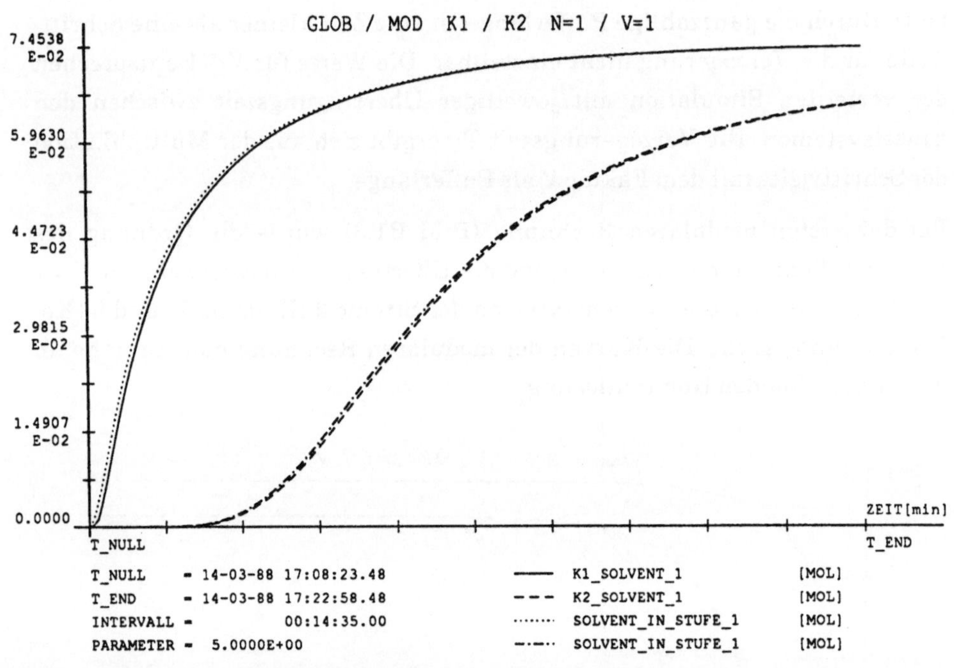

Bild B1.4: Konzentrationen bei modularer Rechnung, Strom 3 und 6, gedehnt

In Bild B1.5 sind die Ausgangskonzentrationen im Strom 6 für verschiedene Ordnungen des Approximationspolynoms für die modulare Rechnung ($V=1$) zu sehen. Der Unterschied für $n=1,2,4$ ist trotz der gedehnten Darstellung minimal. Die lineare Approximation ist also für die modulare und eng gekoppelte Simulation ausreichend.

Die Ergebnisse für eine verteilte Simulation mit verschiedenen Verzögerungszeiten ($T_V=50$ s, 200 s) und Polynomordnungen ($n=1,2$) sind in Bild B1.6 zu sehen. Es wurde einmal das 10fache und einmal das 40fache der Integrationsschrittweite als Verzögerung gewählt. Das Verhalten ist auch bei der 40fachen Verzögerung mit $n=1$ stabil, allerdings sind die berechneten Werte nicht unbedingt für eine Prozeßführung einsetzbar. Für $n=1,2$ ist bei

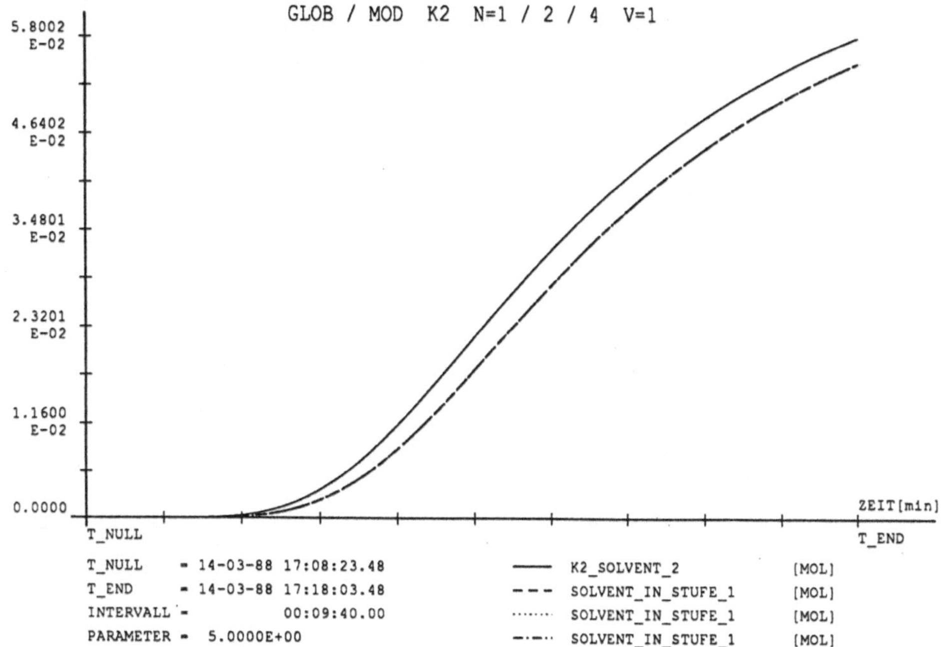

Bild B1.5: Konzentrationen bei modularer Rechnung, Strom 6

einer Verzögerung von 50 s kein Unterschied zur nominalen Lösung feststellbar.

Dehnt man den in Bild B1.6 gezeigten Verlauf, so erkennt man, daß die Approximation mit $n=2$ eine höhere Genauigkeit als mit $n=1$ (T_V jeweils 50 s) ergibt (Bild B1.7). Im oberen Verlauf wird sogar vollständige Übereinstimmung erzielt. Allerdings ist die Abweichung bei $n=1$ minimal und kann vernachlässigt werden. Eine Schlußfolgerung derart, daß eine höhere Ordnung eine bessere Approximation ergibt, darf nicht gezogen werden. Da die Ergebnisse nicht über Mehrschrittverfahren berechnet werden, ist eine Extrapolation bei einer Approximation mit hoher Ordnung mit großen Abweichungen verbunden und kann sogar zur Instabilität des Gesamtsystems führen.

Der Kurvenverlauf in Bild B1.8 stellt die Konzentrationsverläufe in den Strömen 3 und 6 bei verteilter Simulation mit $n=1$ und $T_V=200$ s für beide Ströme gegnüber. Für den Strom 7 (Rückführung) kann eine größere Ver-

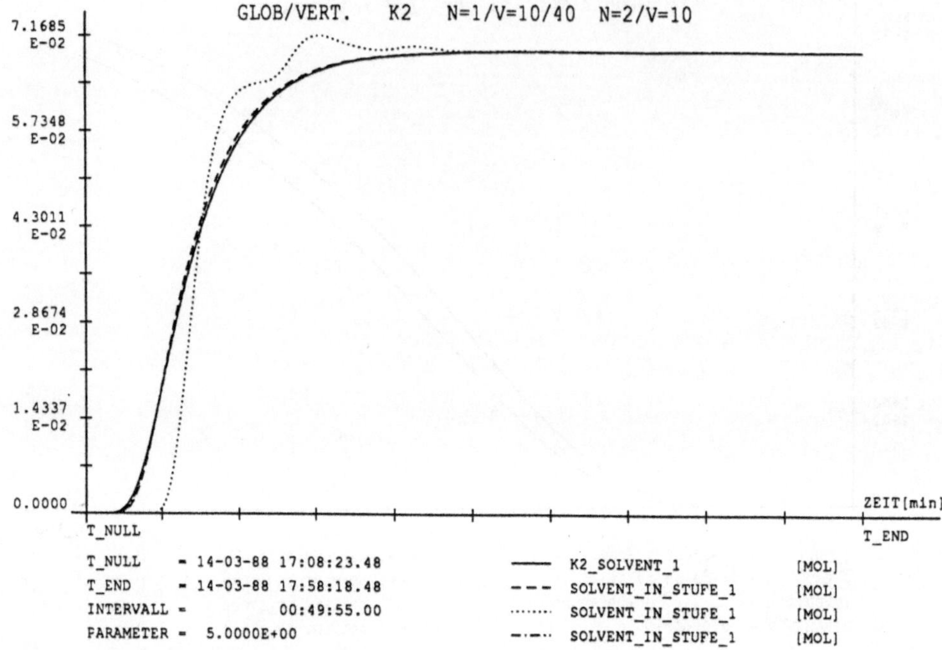

Bild B1.6: Konzentrationen bei verteilter Rechnung, Strom 6

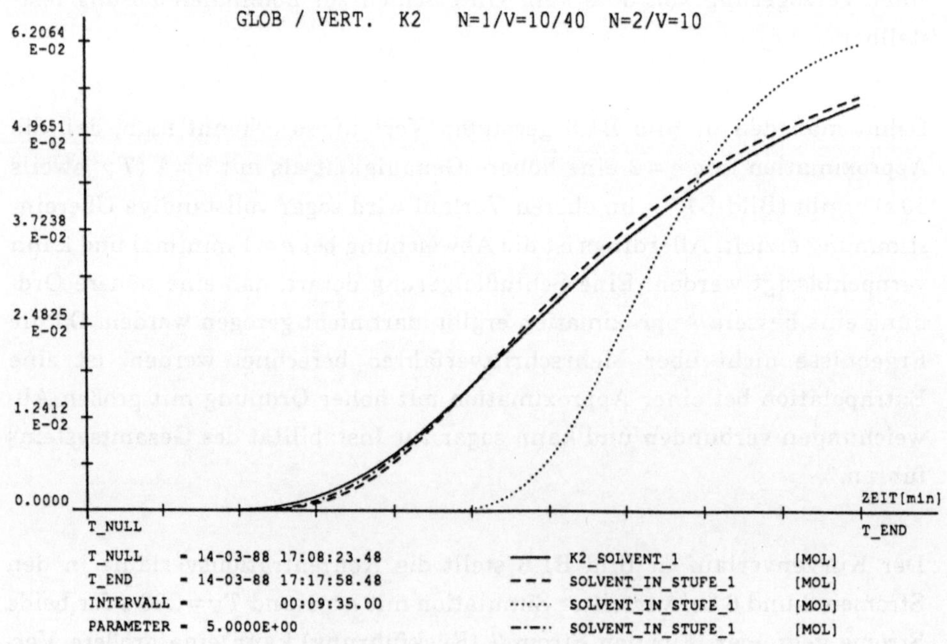

Bild B1.7: Konzentrationen bei verteilter Rechnung, Strom 6, gedehnt

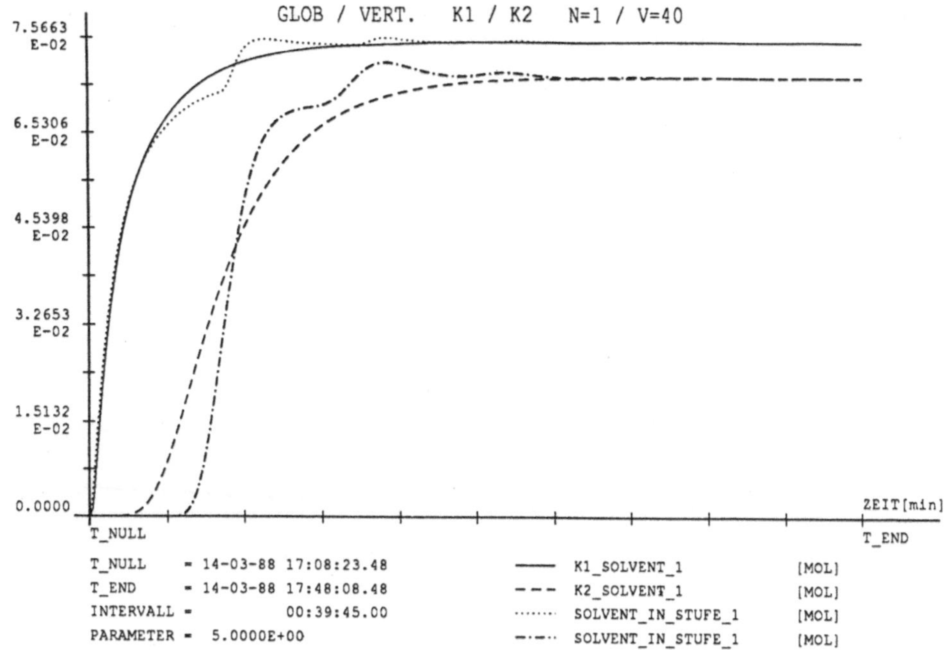

Bild B1.8: Konzentrationen bei verteilter Rechnung, Strom 3 und 6

zögerung als bei Strom 3 zugelassen werden, da die Abweichungen im Kurvenverlauf für den Strom 3 deutlich geringer als bei Strom 6 sind. Dies ist folgendermaßen erklärbar: In der Kolonne 1 wirkt als Eingangsstörung ein Sprung, der zwar gefiltert wird, aber sich dennoch sehr schnell im Strom 3 auswirkt. Für den Strom 7 wird dieser schon gefilterte Sprung noch einmal durch die Kolonne 2 gefiltert. Dies bewirkt einen erheblich langsameren Anstieg der Konzentration im Strom 7. Dieses Fehlen der hochfrequenten Anteile erlaubt im Gegensatz zum Strom 3 eine größere Verzögerung bei gleicher Genauigkeit.

In Bild B1.9 wird durch die Dehnung der Darstellung von Bild B1.3 der Nebeneffekt des modularen Verfahrens deutlich sichtbar. Die global gerechneten Lösungen steigen langsamer an als die modular gerechneten. Dieses Verhalten kommt von der Verwendung der nachgebildeten Eingangsgrößenwerte zu den internen Stützstellen bei signifikanter Änderung der Eingangsgrößen im Integrationsintervall. Hierdurch ergibt sich bei der modularen

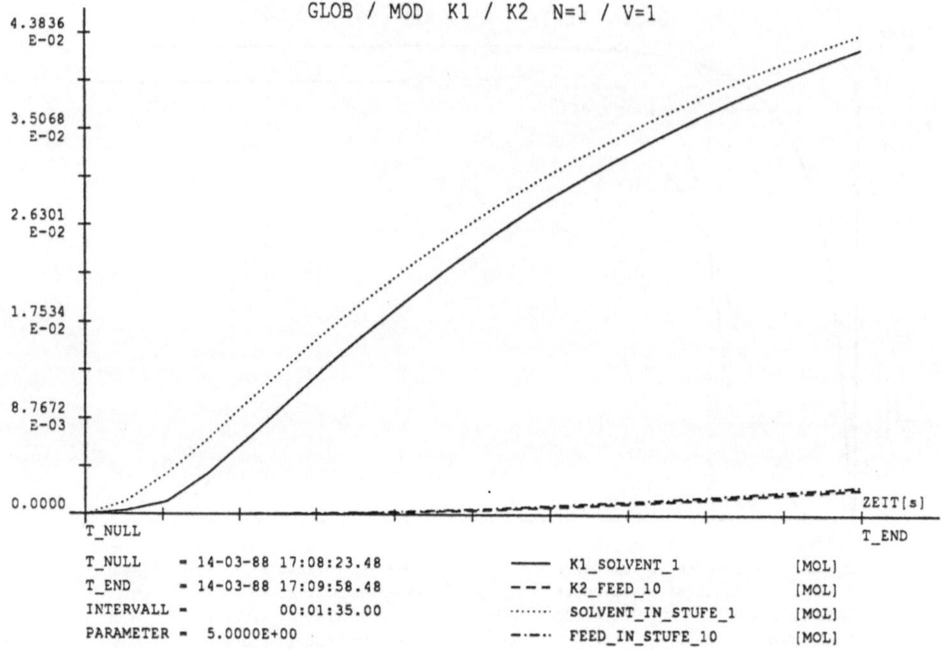

Bild B1.9: Konzentrationen bei modularer Rechnung, Strom 3 und 6, stark gedehnt

Rechnung ein größerer Wert für die differentielle Änderungen im Anfangszeitraum.

Die Schrittweite bei der globalen Rechnung orientiert sich über die verfahrensspezifische Stabilitätsbedingung an den Eigenwerten des Systems und berücksichtigt mögliche Änderungen der Eingangsgrößen nicht. Sind aber alle Spektralanteile im Eingangssignale zu berücksichtigen, so hat nach dem Shannonschen Abtasttheorem die Integrationsschrittweite auf jeden Fall kleiner als die halbe Schwingungsdauer der höchsten noch zu berücksichtigenden Spektralanteile zu sein (siehe auch /Schmidt 1980/, Seite 123). Bei der modularen Rechnung werden durch die Verwendung der Werte der nachgebildeten Eingangsgrößen zu den internen Stützstellen die höheren Spektralanteile im Eingangssignal genauer berücksichtigt und es ergibt sich somit ein schnellerer Anstieg der Lösungskurven.

B1.3 Bewertung

Als Ergebnis der Untersuchungen ergibt sich bei der verteilten Rechnung eine grundsätzlich maximale Übertragungszeit in der Größenordnung der vierzigfachen Schrittweite (über 3 min). Bei minimalen und tolerierbaren Abweichungen ist die zulässige Verzögerungszeit eines Übertragungsmediums allerdings auf $T_V = 50$ s (zehnfache Schrittweite) zu begrenzen. Werden die Kolonnen mit einer höheren Stufenzahl modelliert (siehe z. B. /Bühler 1980/ mit minimal 45 Stufen für die 1. Kolonne und 28 Stufen für die 2. Kolonne), so erhöht sich die Zeit zum Erreichen des stationären Endwertes und damit auch die maximal zulässige Übertragungszeit. Dann liegt die Verzögerungszeit in einer Größenordnung, die sogar langsame Übertragungsmedien einsetzbar machen. Hochgeschwindigkeitsübertragungsmedien sind erst dann einzusetzen, wenn hydrodynamische Vorgänge im Modell berücksichtigt werden und die apparateinternen Vorgänge schneller ablaufen. Diese können aber im Verhältnis zu den Stoffaustauschvorgängen algebraisiert werden, bzw. liegen in zeitlichen Bereichen, welche eine Nachbildung noch erlauben (Einschwingvorgang bei Volumenstromänderungen über ca. 30 s nach /Bauermann 1977/). Die zur Verfügung stehende Übertragunszeit ist damit mehr als ausreichend.

B.2 Testmodell 2

B2.1 Modellbeschreibung

Das Testmodell 2 dient zur Untersuchung der modularen / verteilten Simulation von gegengekoppelten Systemen. Als Beispiel für in Gegenkopplung betriebene Systeme dienen die in Bild B2.1 dargestellten Kolonnen. Bei diesem System wird die Ausgangskonzentration in der Raffinatphase der zweiten Kolonne geregelt. Über ein Meßglied wird die Konzentration erfaßt und an einen Regler gemeldet, der die Eingangskonzentration des Feedzulaufs der ersten Kolonne über ein Stellglied entsprechend beeinflußt. Bei diesem System werden beide Kolonnen einmal modular ($V = 1$) und einmal verteilt ($V \geqq 1$) gerechnet und dabei sowohl die Konzentration vom Strom 3 als auch der Regelgrößenwert der Ausgangskonzentration (Informationsstrom = Strom 7) nachgebildet. Bei dem Regler handelt es sich um einen einfachen P-Regler. Der Wert des Reglers ist so eingestellt, daß sich beim Ausgang der Kolonne 1 (Solvent) ein merkliches Überschwingen ergibt (1,5% des Endwertes). Bei allen anderen Ausgangsgrößen liegt ein nicht sichtbares Überschwingen vor. Das Gesamtsystem und die Einzelsysteme selbst sind wie in Beispiel 1 stabil.

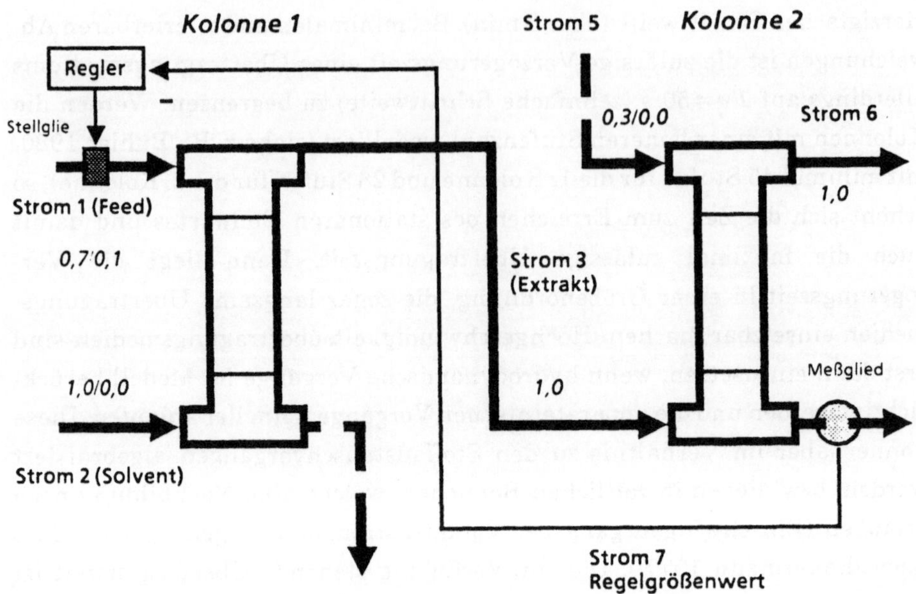

Bild B2.1: Schema der Verkopplung des geregelten Systems

B2.2 Modellrechnungen

Die Ergebnisse der globalen Rechnung des zweiten Beispiels zeigt Bild B2.2. Als Referenzkurven werden im weiteren die Konzentrationen der Ströme 6 und 3 benutzt, da diese die größte Sensitivität bzgl. den Parametervariationen aufweisen.

Der modulare Fall mit $n = 1$ als Polynomordnung und $V = 1$ bei gedehnter Darstellung (Zeitausschnitt von ca. 15 min) zeigt Bild B2.3. Die Übereinstimmung der Kurven für die Konzentration der Ströme 3 und 6 ist trotz gedehnter Darstellung sehr gut.

Eine Änderung der Polynomordnung, um die Güte der Approximation zu untersuchen, zeigt erst bei einer starken Dehnung Unterschiede im Kurvenverlauf. In Bild B2.4 wurde vom Originalzeitraum (50 min) die Zeitdauer von 10 min als Ausschnitt für den Verlauf der Konzentration im Strom 6 (Kolonne 2) vergrößert. Die Kurven für $n = 1{,}2$ überdecken einander, die Kurve

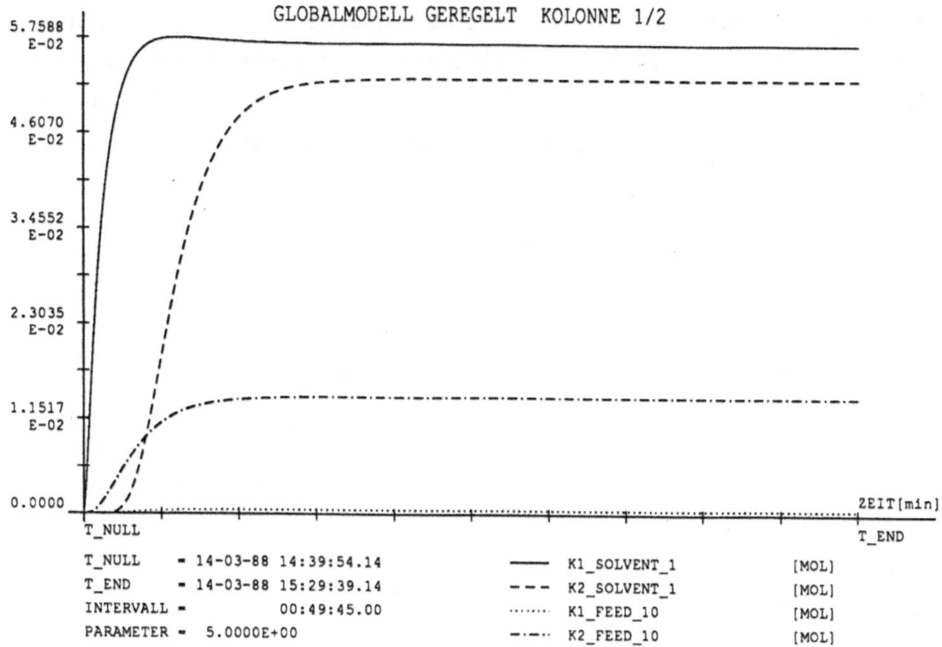

Bild B2.2: Verlauf der Ausgangskonzentrationen bei globaler Rechnung

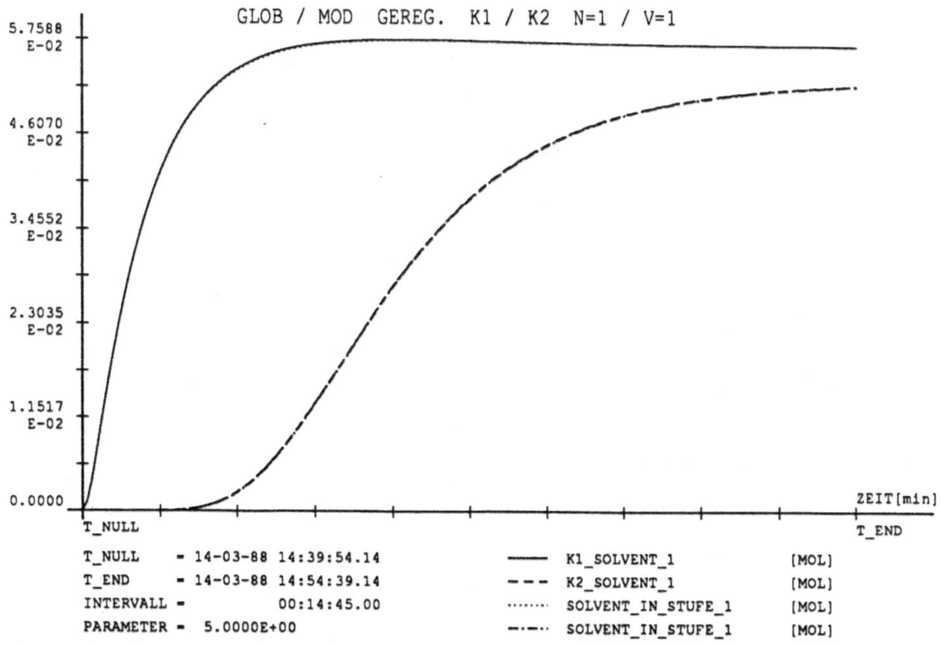

Bild B2.3: Konzentrationen bei modularer Rechnung, Strom 3 und 6

für $n = 4$ steigt etwas steiler an und ergibt eine etwas bessere Übereinstimmung mit der Nominallösung. Wie aber beim vorhergehenden Beispiel erwähnt wurde, ist eine höhere Polynomordnung zur Approximation der Eingänge nicht gleichbedeutend mit einer besseren Nachbildung.

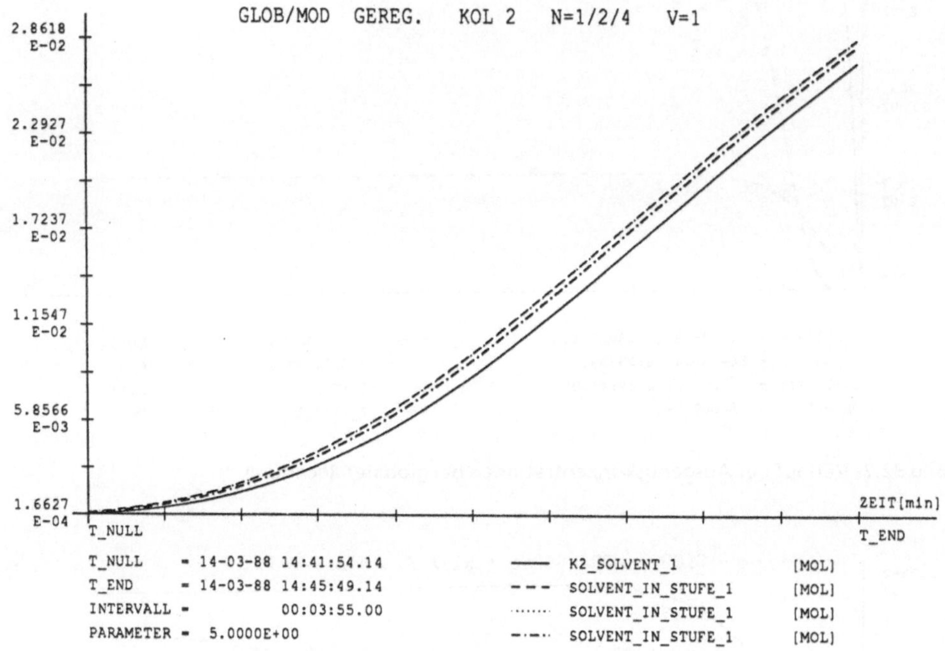

Bild B2.4: Konzentrationen bei modularer Rechnung, Strom 6

Das Bild B2.5 zeigt die Kurvenverläufe der Konzentrationen für die verteilte Rechnung im Strom 6 bei verschiedenen Übertragungszeiten ($T_V = 50$ s, 150 s, 200 s) mit $n = 1$. Trotz gutem Konvergenzverhalten sind die Verläufe für die beiden größeren Verzögerungszeiten $T_V = 150$ s und 200 s nicht mehr verwendbar. Bei der kleinsten Verzögerung von 50 s ergibt sich jedoch eine gute Übereinstimmung mit der Nominallösoung.

Die Konzentrationen in den Ausgangsströmen beider Kolonne für die Verzögerung von 50 s sind im nächsten Bild zu sehen (Bild B2.6). Die Abweichungen sind sehr gering und können für Prozeßführungsaufgaben toleriert werden.

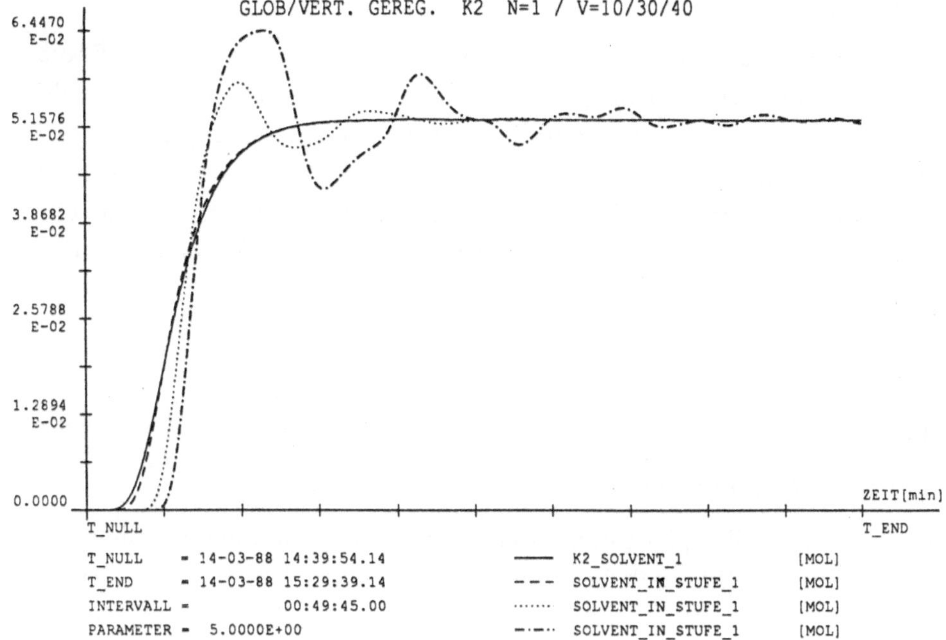

Bild B2.5: Konzentrationen bei verteilter Rechnung, Strom 6

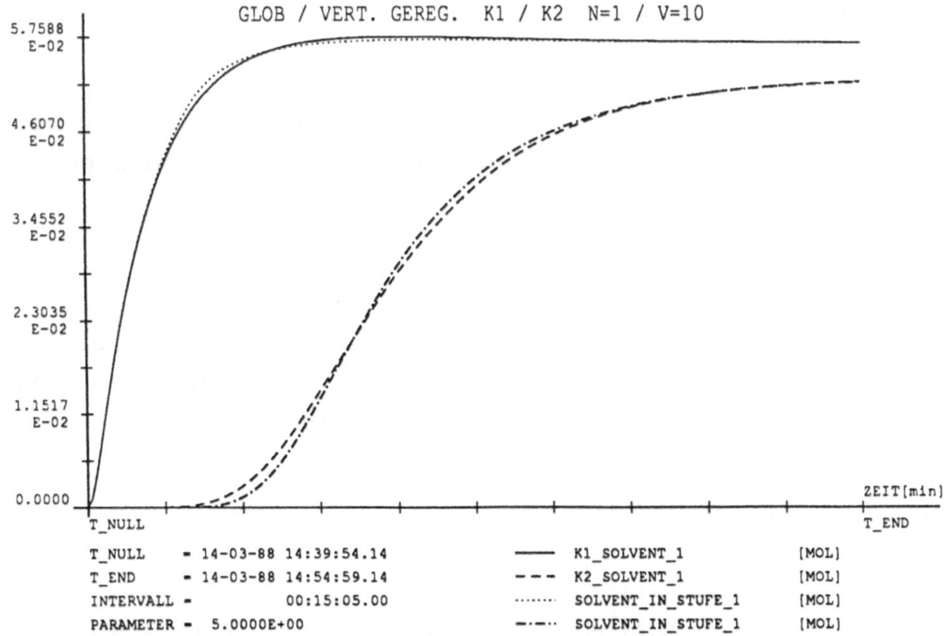

Bild B2.6: Konzentrationen bei verteilter Rechnung, Strom 3 und 6

B2.3 Bewertung

Die Modellrechnungen ergaben für die modulare Simulation sehr gute Ergebnisse. Bei der verteilten Simulation mit Verzögerungen bis 200 s ist das Gesamtsystem noch stabil und die Lösungen konvergieren gegen die Nominallösungen. Allerdings entstehen beim Übergangsverhalten teilweise deutliche Abweichungen. Für eine Verzögerung von 50 s (zehnfache Schrittweite) erhält man eine gute bis sehr gute Übereinstimmung der verteilten Rechenergebnisse mit den Nominalkurven.

B3 Testmodell 3

B3.1 Modellbeschreibung

Die Modelle aus Beispiel 1 und 2 werden in ihrer Gesamtdynamik durch die apparateinterne Dynamik bestimmt. Im nachfolgenden Beispiel wird das Modell aus B2 in stark modifizierte Form benutzt. Die Konzentration im Strom 7 der zweiten Kolonne wird auf einen sehr niedrigen Wert geregelt und gleichzeitig ein sehr hoher Wert für den Reglerparameter (Rückkopplung des Informationsstromes) benutzt. Durch diese Maßnahmen wird die Gesamtdynamik hoch und die Ausgangsgrößen bekommen ein oszillierendes Verhalten. Die Rechnungen und Ergebnisse sind physikalisch nicht mehr interpretierbar, da einzelne Größen negative Werte annehmen und der Betrieb der Kolonnen nicht mehr in dem Bereich erfolgt, für den sie ausgelegt sind. Diese akademische Rechnung dient jedoch als Test zur Feststellung der Grenzen der modularen/verteilen Echtzeitsimulation.

B3.2 Modellrechungen

Den Kurvenverlauf bei globaler Rechnung für die Ströme 3 und 6 zeigt Bild B3.1 Das Gesamtsystem ist stabil , wobei die Ausgangsgrößen deutlich oszillieren. Der stationäre Endwert wird nach ca. 35 min erreicht.

Für die modulare Rechnung mit $V = 1$ und $n = 1$ ergeben sich nach Bild B3.2 gute Ergebnisse. Der Kurvenverlauf der Nominallösungen und der Lösungen für die modulare Rechnung liegen phasenrichtig und nahe beieinander. Der stationäre Endwert wird ebenfalls nach etwa 35-40 min erreicht. Die modulare Rechnung auf einem Monorechnersystem oder einem eng

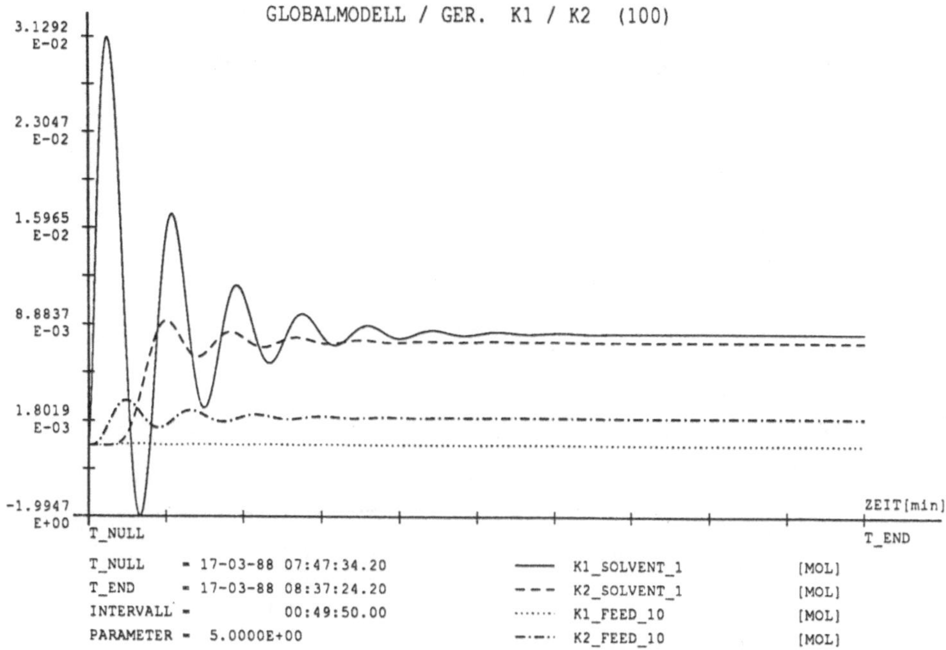

Bild B3.1: Verlauf der Ausgangskonzentrationen bei globaler Rechnung

gekoppelten Mehrprozessorsystem liefert auch bei diesem hochdynamischen Beispiel gute Ergebnisse.

Die verteilte Simulation mit $T_V = 20$ s ($V = 4$) und $n = 1$ zeigt Bild B3.3. Die Kurvenverläufe sind bei den einzelnen Schwingungen leicht überhöht und vor dem Erreichen des stationären Endwertes ergibt sich eine sichtbare Phasenverschiebung, die aber keinen Einfluß auf das Gesamtsystemverhalten hat. Wie beim vorhergehenden Fall wird der stationäre Endwert nach ca. 35-40 min ereicht. Die Abweichungen sind jedoch beim Übergangsverhalten erheblich und nicht mehr tolerierbar.

Durch die durchgeführten Modifikationen ergeben sich für das Gesamtsystem kleinere Zeitkonstanten (größere Eigenwerte) und eine höhere Dynamik. Deshalb sind die maximalen Verzögerungszeiten für die Übertragung der einzelnen Stromwerte kleiner als beim Beispiel 2. Dies wird eindrucksvoll durch die in Bild B3.4 dargestellten Ergebnisse belegt. Bei einer Verzögerung von 25 s und $n = 1$ wird das Gesamtsystem instabil und beginnt zu schwingen.

270

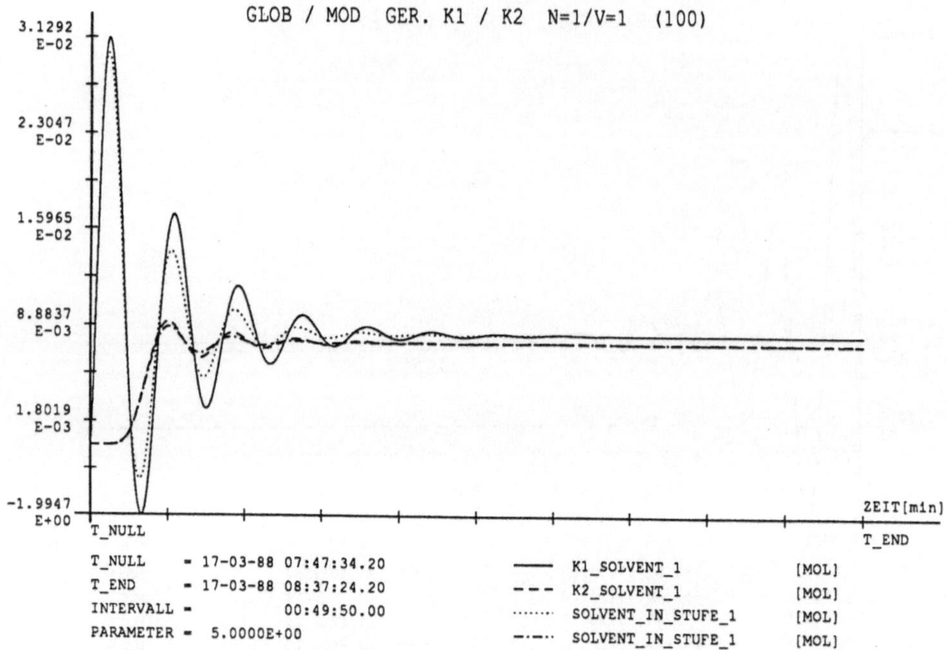

Bild B3.2: Verlauf der Ausgangskonzentrationen bei modularer Rechnung, Strom 3 und 6

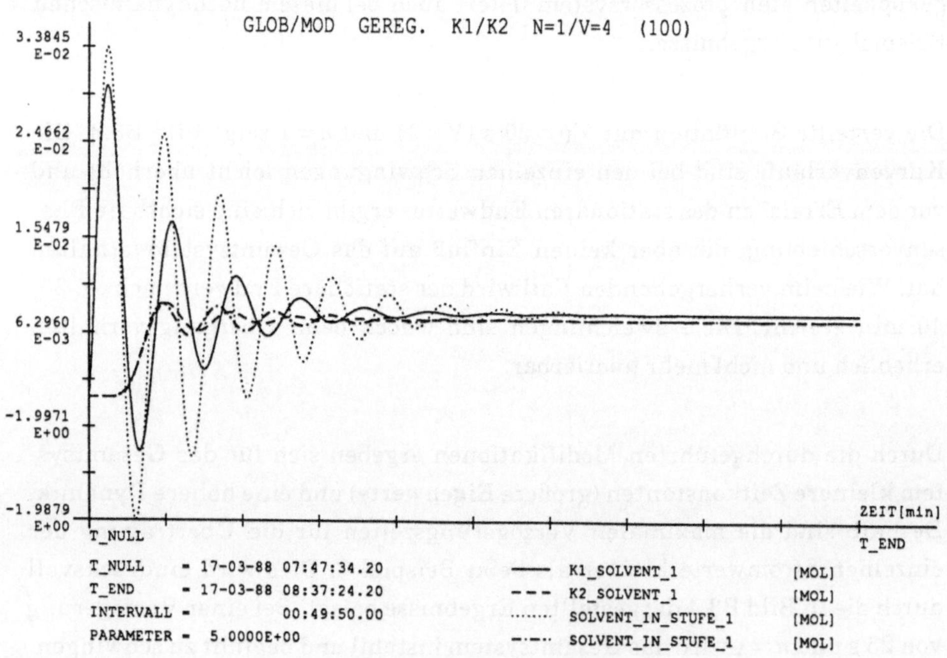

Bild B3.3: Verlauf der Ausgangskonzentrationen bei verteilter Rechnung, Strom 3 und 6

Durch eine genauere Nachbildung der Eingangsgrößen könnte dieser Wert noch vergrößert werden. Allerdings ist, wie eingangs erwähnt, das Beispiel 3 nur von akademischem Wert und besitzt keinen realen Hintergrund.

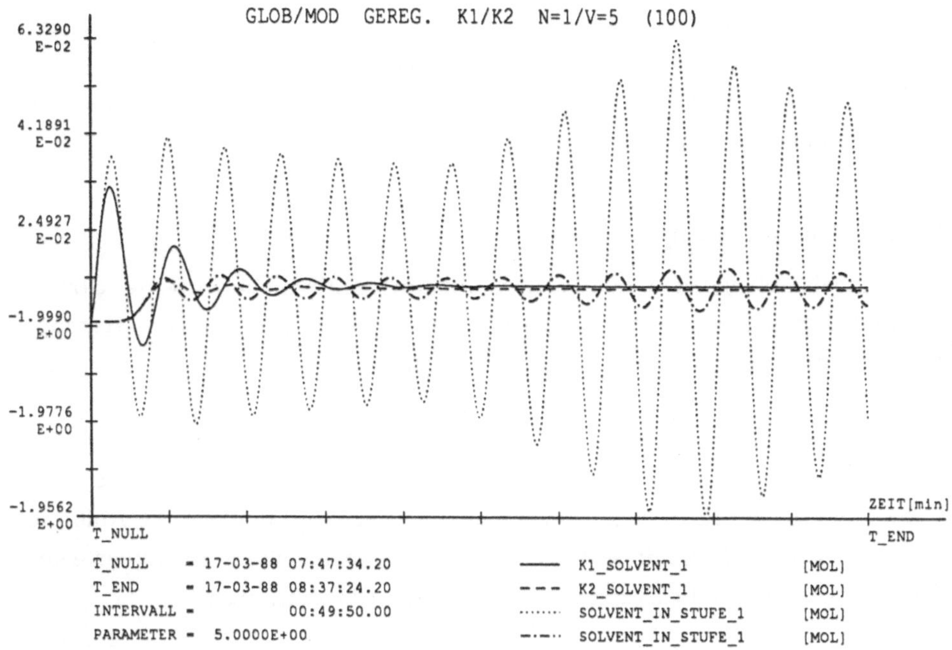

Bild B3.4: Konzentrationen bei verteilter Rechnung, Strom 3 und 6, instabil

B3.3 Bewertung

Bei dem vorliegenden letzten Beispiel treten starke Oszillationen der Systemgrößen auf. Da das Runge-Kutta-4-Verfahren die diskreten Zustandsverläufe nicht in einer durch ein Polynom optimal approximierbaren Form erzeugt, ergeben sich bei der Nachbildung merkliche Abweichungen von den berechneten zu den tatsächlichen Eingangswerten. Dies bewirkt eine Instabilität des Gesamtsystems bei der verteilten Rechnung ab einer gewissen Verzögerungszeit. Diese Verzögerungszeit ist kleiner als bei den ersten beiden Beispielen, was aber aufgrund der sich aus der vorliegenden Regelung ergebenden kleineren Zeitkonstanten des Gesamtsystems korrekt ist. Wird zur internen Integration der Teilsysteme ein Verfahren benutzt, das die Ergebnisse in einem Polynom entsprechenden Form erzeugt, so kann durch die verbesserte Anpassung die zulässige Verzögerung erhöht werden. Diese

Verfahren werden als Mehrschritt- oder Extrapolationsverfahren bezeichnet und verwenden mehrere zurückliegende Vergangenheitswerte bei weniger interner Funktionsauswertungen. Der Nachteil dieser Verfahren ist aber, daß sie Unstetigkeiten direkt nicht verarbeiten können und Startwerte eines Einschrittverfahrens benötigen. Eine andere und leicht realisierbare Lösung ist, daß solche eng gekoppelten Modellteile über schnelle Übertragungsmedien die Ergebnisse gegenseitig austauschen. Damit kommt die verteilte Rechnung in die zeitliche Größenordnung der modularen Simulation mit $V = 1$ und liefert genauere Ergebnisse.

B4 Zusammenfassung

Als Testbeispiele wurden drei Modelle mit unterschiedlicher interner Struktur und Dynamik gerechnet. Das erste Modell besaß eine interne Mitkopplung zwischen den beiden Teilsystemen, das andere Modell eine interne Gegenkopplung. Bei diesen beiden Gesamtmodellen wurde die Gesamtdynamik durch die Einzelmodelldynamik bestimmt. Beim dritten Beispiel lag eine interne Gegenkopplung vor, wobei die Gesamtdynamik durch eine extreme Rückkopplung der Raffinatkonzentration des Ausgangs der zweiten Kolonne bestimmt wurde. Durch diese Maßnahme verschoben sich die Eigenwerte des Gesamtsystems und die Systemgrößen begannen zu oszillieren.

Die ersten beiden Beispiele konnten bei einer Verzögerung bis zu 50 s (zehnfache Schrittweite) mit guten bis sehr guten Ergebnissen gerechnet werden. Das letzte Beispiel zeigte die Abhängigkeit der maximalen Verzögerung von den Eigenwerten des Systems bzw. von den höherfrequenten Spektralanteilen in den Eingangssignalen. Durch die extreme Rückkopplung (hohe Verstärkung) wurden geringste Änderungen im Raffinatausgangsstrom der zweiten Kolonne sofort in der ersten Kolonne für den Eingang bestimmend. Die Filterfunktion der Kolonnenstufen wurde damit unwirksam, die interne Dynamik vernachlässigbar und die Systemgrößen begannen zu oszillieren. Eine verteilte Simulation solcher dynamisch sehr eng gekoppelter Systeme ist nur bei kleinen Verzögerungszeiten möglich, bzw. erfordert eine erheblich bessere Nachbildung der Eingangsgrößen. Allerdings ist anzumerken, daß das letzte Beispiel akademischer Natur ist, das modulare Verfahren nicht direkt für solche Systeme entwickelt wurde und es über andere interne Integrationsverfahren noch verbessert werden kann.

Bezüglich der Bewertung des Aufwands bei der modularen oder verteilten Simulation im Verhältnis zur globalen Simulation können folgende Zahlen herangezogen werden:

$$P_{\text{Global } 1+2} = 100\% \qquad\qquad P: \text{Rechenleistung}$$

$$P_{\text{Modular } 1+2} = 115\%$$

$$P_{\text{Verteilt } 1+2} = 120\% .$$

Hieraus ergibt sich für ein Teilmodell bei gleich hoher Rechnerauslastung pro Teilmodell die folgende notwendige Rechenkapazität bzw. der notwendige Zeitaufwand:

$$P_{\text{Global } 1/2} = 100\%$$

$$P_{\text{Modular } 1/2} \approx 58\%$$

$$P_{\text{Verteilt } 1/2} \approx 60\% .$$

Eine modulare Rechnung auf einem eng gekoppelten Mehrprozessorsystem bringt eine Zeitersparnis bzw. eine Verminderung der notwendigen Rechenkapazität um ca. 40%. Dieser Wert gilt in etwa auch für die verteilte Simulation. Bei einer modularen Rechung auf einem Monorechnersystem kann durch die teilmodellspezifische Verfahrenswahl bzgl. der numerischen Integration bei unterschiedlicher Modelldynamik oder -beschreibungsform (ODE versus PDE) im Verhältnis zur globalen Rechnung auch eine Aufwandsverringerung (Zeit oder Rechnerleistung) eintreten. Diese Fälle wurden aber nicht untersucht. Für den Fall einer ähnlichen Modelldynamik und der gleichen Modellbeschreibung ergab sich ein Mehraufwand an Rechenleistung von ca. 10-15%, der aber aufgrund der geforderten teilmodellspezifischen Operationen gerechtfertigt erscheint.

Literaturverzeichnis

"ACSL - Advanced Continuous Simulation Language": User Guide/Reference Manual 1981. Mitchell & Gauthier Assoc., Concord, Mass. 1981

ACSL Newsletter, Version 8N, November 1985, Mitchell & Gauthier Assoc., Concord, Mass. 1985

Ada LRM: The Programming Language Ada Reference Manual. Berlin: Springer 1983

AIPS - Advanced Information Processing in Simulation. ESPRIT-Projekt der Europäischen Gemeinschaft. Persönliche Unterlagen 1985

ASPEN PLUS - The World Standard for Process Flowsheet Simulation. Aspen Technology Inc., Cambridge, Mass. 1984

Barth, H.: Grundlegende Konzepte von Methoden- und Modellbanksystemen. Angewandte Informatik (1980) H.8 S. 301-309

Bastian, M. et al.: Zur Konzeption und Handhabung von Modellbanksystemen als Komponente eines Modell- und Methodenbanksystems. Angewandte Informatik (1981) H.11 S. 475-483

Bauermann, H.-D.: Simulation und mathematische Modellierung der Dynamik gepulster Gegenstromextraktoren. Bericht KfK-PDV 112. Karlsruhe: Kernforschungszentrum Karlsruhe 1977

Baumgärtel G. et al.: Die Wiederaufarbeitung bestrahlter Kernbrennstoffe - Ein Teilschritt der nuklearen Entsorgung. Vortrag aus "Wie sicher ist die Entsorgung". Kernforschungszentrum Karlsruhe 1982

Bernstein D. S.: The treatments of inputs in real time digital simulation. Simulation (1979) H.8 S. 65 - 68

Blum H.: Numerical integration of large scale systems using separate step sizes. In: Bennet; Vichnevetsky (Eds.): Numerical Methods for Differential Equations and Simulation. Proc. IMACS Int. Symp. simulation software and numerical methods for differential equations, Blacksburg, Virginia (USA), 1977, Amsterdam: North Holland 1978

Brammer K. et al.: Kalman-Bucy-Filter. München: Oldenbourg 1985

Branquart, G. L. et al.: An analytical description of CHILL, the CCITT high level language. Berlin: Springer 1982

Bratley P. et al.: A Guide to Simulation. Berlin: Springer 1983

Brosilow C. et al.: Modular integration methods for simulation of large scale dynamic systems. Modelling, Identification and Control 6 (1985) S. 153-179

Brost B.-I.: Prozeßführungssystem TDC 3000. In /HMD 1985/

Buchberger et al.: Rechnerorientierte Verfahren. Stuttgart: Teubner 1986

Bühler W.: Simulation einer komplexen Chemieanlage am Beispiel der Uran-Plutonium Extraktion. Dissertation, Universität Karlsruhe 1980

Cellier F.E.: Simulation software: Today and tomorrow. IMACS Conf. Simulation in Engineering Science. Nantes, France, May 1983

Chen, T. C. et al.: Maryland university dynamic simulator for chemical processes. Summer Computer Simulation Conference, Boston, Mass. 1984

Chen, Y. et al.: A real-time hardware-in-the-loop missile simulation using the DPS-2400 as an executive controller. Erscheinungsort unbekannt, 1984

Courtois, P.-J.: On Time and Space Decomposition of Complex Structures. Comm. ACM 28 (1985) S. 590-603

Crosbie, R.E. et al.: Towards new Standards for Continuous-System Simulation Languages. Summer Computer Simulation Conference, Denver 1982

Dittrich, K. R. et al.: Methodenbanksysteme: Ein Werkzeug zum Maßschneidern von Anwendersoftware. Informatik Spektrum 2 (1979) S. 194-203

DPS Dynamic Process Simulator. CADCentre Ltd., Cambridge , England 1983

Drobnik, O.: Verteiltes DV-System. Informatik Spektrum 4 (1981) S. 274-275

Enderle, G. et al.: Computer Graphics Programming. Berlin: Springer 1984

Färber, G.: Architektur zukünftiger Prozeßrechnersysteme. In /Trauboth 1984/

Fasol, K.H.: Erfahrungen mit der Simulation technischer Systeme. Interkama Kongreß 1983, Fachberichte MSR, Berlin: Springer 1983

Fischer, H. D.: Kraftwerk-Leittechnik: Stand und Trend. Persönliche Unterlagen 1986

Föllinger, O.: Regelungstechnik. Berlin: AEG-Telefunken 1979

Föllinger, O.: Reduktion der Systemordnung. Regelungstechnik 30 (1982) S. 367-377

Franklin, M. A.: Parallel solution of ordinary differential equations. IEEE Trans. Comp. 27 (1978) S. 413-420

Franks, R. G. E.: Modeling and Simulation in Chemical Engineering. New York: Wiley 1972

Franks, R. G. E.: DYFLO UPDATE: DYFLO2. Summer Computer Simulation Conference, Denver 1982

Fröhling, D. et al.: Prozeßdateninformationssystem mit verteilter Intelligenz. Elektronik (1986) H.20 S. 121-126

Garzia, R. F.: A comparison of continuous system simulation languages. 7th Annual Pittsburgh Conference on modelling and simulation. School of engineering, University of Pittsburgh, April 1976

Gauthier, J. S.: A Survey of ACSL Applications. AIAA/ASME/ASCE/AHS 24th Structures, Structural Dynamics and Materials Conference, Lake Tahoe, Nevada 1983

Gear, C. W.: Simulation: Conflicts between Real-Time and Software. In: Rice, J. R. (Eds.): Mathematical Software III. New York: Academic Press 1977

Geyer, K. H. et al.: Aufbau des Betriebshandbuches von KWU/DWR-Anlagen - Schutzziel und ereignisorientiertes Vorgehen bei Störfällen. Tagungsbericht Jahrestagung Kerntechnik 1985, Kerntechnische Gesellschaft e.V., Deutsches Atomforum e.V. 1985

Gilles, E. D.: Modellbildung, ein Hilfsmittel der Meßtechnik. Technisches Messen (1979) H. 6 S. 225-232 und (1979) H.7/8 S. 271-274

Gilles, E. D.: Moderne Methoden der Meß-und Regelungstechnik und ihre Bedeutung für die Automatisierung verfahrenstechnischer Prozesse. Chem.-Ing.-Technik 55 (1983) S. 437-446

Giloi, W.: Analoge, digitale und hybride Simulation. Druckschriftenreihe 2: Grundlagen und Fortschritte der Automatisierung, Berlin: Techn. Universität 1968

GRS: Entwicklungen zur Leittechnik in Kernkraftwerken. 9. Fachgespräch Gesellschaft für Reaktorsicherheit, Nov. 1985, München: GRS 1986

Gupta, G. K. et al.: A Review of Recent Developments in Solving ODEs. Comp. Surv. 17 (1985) S. 5-42

Hairer et al.: Solving ordinary differential equations. Berlin: Springer 1987

Halin, H. J.: The Applicability of Taylor-Series Methods in Simulation. In: Proc. of the 1983 Summer Computer Simulation Conference, Vancouver 1983

Halin, H. J.: Solving Benchmarks Problems with PSCSP and Other Simulation Languages. Summer Computer Simulation Conference, Boston, Mass. 1984

Hartley, T. et al.: Integration Operator Design for Real-Time Digital Simulation. IEEE Trans. Ind. Electron. 32 (1985) S. 393-398

Hass, W. D: Anforderungen an Echtzeitsimulationssysteme für Ausbildung und Training von Verkehrsflugzeugführern. In /Möller 1985/

Hay, J. L.: ESL - Advanced Simulation Language Implementation. UKSC Conference on Computer Simulation, Bath, England 1984

HMD: Prozeßdatenverarbeitung und digitale Signalverarbeitung. Handbuch der modernen Datenverarbeitung (1985) H.123

Hofer: A partially implizit method for large stiff systems of ODEs with only few equations introducing small time-constants. SIAM J. Num. Anal. 13 (1976) S. 645-663

Hoßfeld, F.: Parallelverarbeitung - Konzepte und Perspektiven. Angewandte Informatik (1980) H.12 S. 485-492

Hoßfeld, F. et al.: Parallele Algorithmen. Informatik-Spektrum 6 (1983) S. 142-154

Hubka, V: Theorie technischer Systeme. Berlin: Springer 1984

Hüllemann, H. et al.: Prozeßleitsystem für Kraftwerke. Elektronik (1983) H.22 S. 117-120

IFAC/IFIP: Software for Computer Control, Proc. of the Third IFAC/IFIP Symposium, Madrid, Spain 1982, Oxford: Pergamon Press 1982

Isermann, R.: Theoretische Modellbildung. Mannheim: Bibliographisches Institut 1971

Isermann, R.: On The Development And Implementation of Parameter-Adaptive Controllers. In: /IFAC/IFIP 1982/

Isermann, R.: Rechnerunterstützter Entwurf digitaler Regelungen mit Prozeßidentifikation. Regelungstechnik 32 (1984) S. 179-234

Keller, H. B.: Unterstützung der Prozeßführung im nuklear-chemischen Bereich durch den Einsatz dser Simulationstechnik. In: /Möller 1985/

Keller, H. B.: Statusbericht Simulationstechnik. Interner Bericht. Kernforschungszentrum Karlsruhe, IDT 1985

Keller, H. B.: K__advice-Systemdokumentation. In Vorbereitung (1988)

Klaus, G.: Wörterbuch der Kybernetik 1/2, Hamburg: Fischer 1969

Knobloch, H. W. et al.: Gewöhnliche Differentialgleichungen. Stuttgart: Teubner 1974

Korn, G. A.: Back to parallel computation: Proposal for a completely new on-line simulation system using standard minicomputers for low-cost multi-processing. Simulation (1972) H.8 S. 37-45

Korn, G. A.: Early Desire: A floating-point equation language simulation system for minicomputers and microcomputers. Simulation (1982) H.5 S. 151-159

Kraiss, K.-F.: Fahrzeug- und Prozeßführung - Kognitives Verhalten des Menschen und Entscheidungshilfen. Fachberichte MSR , Berlin: Springer 1985

Lachmann, K.-H.: Eine Überwachungs- und Koordinationsebene für den adaptiven Regelkreis. Automat. Praxis 34 (1986) S. 311-320

Lapidus, L. et al.: Numerical Solution of Ordinary Differential Equations. New York: Academic Press 1971

Lappus, G.: Analyse und Synthese eines Zustandsbeobachtersystems für große Gasverteilnetze. Dissertation, München: Techn Universität 1983

Lenzer, J. et al.: Eine Einführung in die Programmiersprache CHILL. Heidelberg: Hüthig 1987

Liu, Y.: Development and analysis of coordination algorithms for interacting dynamic systems. PhD Thesis, Case Western Reserve University 1983

Liu, Y. et al: Modular integration methods for simulation of large scale dynamic systems. Pers. Unterlagen, Case Western Reserve University 1983

Lunderstädt, R.: Grundlagen und Anwendungen von Diagnoseverfahren. In: /Möller 1985/

Maier, R. et al.: A completely parallel scheme for simulation of transients in large gas transmission networks: 1st European Workshop on Parallel

Processing Techniques in Simulation, October 1985, Manchester, UK, London: Plenum Publishing 1985

Malinowski, K. et al.: Decomposition-coordination techniques for parallel simulation. Part 1. Control Systems Centre Report No. 599, March 1984, Univ. of Manchester, Inst. of Science and Technology, UK

Mansour, M. et al.: Modellbildung dynamischer Systeme - eine Übersicht. In: /Möller 1985/

Meyer, B. et al: Computergestützte Unternehmensplanung: Eine Planungsmethodologie mit Planungsinstrumentarium für das Management. Berlin: de Gruyter 1983

Miranker, W. L. et al.: Parallel methods for the numerical integration of ordinary differential equations. Math. Comput. 21 (1967) S. 303-320

Möller, P. F. (Ed.): Simulationstechnik,.3. Symposium Simulationstechnik. Bad Münster a. Stein-Ebernburg, Sept. 1985, Berlin: Springer 1985

Nagel, K.: Hydrodynamische Modellierung einer Trennstufe. KfK 4329. Kernforschungszentrum Karlsruhe, IDT 1987

Nance, R.: Model Development Revisited. In: /Sheppard 1984/

Neaga, M.: Erweiterungen von Programmiersprachen für wissenschaftliches Rechnen und Erörterung einer Implementierung. Dissertation. Universität Kaiserslautern 1984

Nievergelt, J.: Parallel methods for integrating ordinary differential equations. Comm. of the ACM 7 (1964) S. 731-733

Norsett, S. P.: The numerical solution of differential and differential / algebraic systems. Modeling, Identification and Control 6 (1985) S. 141-152

Page, P.: Der Gültigkeitsnachweis von komplexen Simulationsmodellen. Angewandte Informatik (1983) H.4 S. 149-157

Palusinski, O. et al.: On numerical integration of partitioned dynamic systems. Proc. of the 1981 Summer Computer Simulation Conference, 1981

Palusinski, O.: Functional relaxation-techniques in simulation of multi-time-scale dynamic systems. Proceedings of the 1984 Summer Computer Simulation Conference, Boston, 1984

Palusinski, O.: Simulation of dynamic systems using multirate integration techniques. Trans. of the Soc. for Computer Simulation 2 (1986) S. 257-273

PEARL 1977: Basis PEARL Sprachbeschreibung. KFK-PDV Bericht 121. Kernforschungszentrum Karlsruhe 1977

PEARL 1977: Full PEARL Language description. KFK-PDV Bericht 130. Kernforschungszentrum Karlsruhe 1977

Petzold, L.: Automatic selection of methods for solving stiff and nonstiff systems of ordinary differential equation. SIAM J. Scientific and Stat. Comp. 4 (1983) S. 136-148

Polke, M.: Prozeßleittechnik in der chemischen Industrie. Elektronische Rechenanlagen 27 (1985) 166-173

Polke, M.: Prozeßleittechnik für die Chemie - Status und Trends. Autom. Praxis 27 (1985) S. 214-223

Pritsker 1984: TESS - The Extended Simulation System. Produktinformation. Pritsker & Ass., Dallas, USA 1984

Ray, W.H.: Advanced process control. New York: McGraw-Hill 1981

Rimvall, M. et al.: A Structural Approach to CACSD. Persönliche Unterlagen 1985

Rimvall, M. et al.: A flexible man-machine interface for CACSD applications. Proceedings of the 3rd IFAC symposium on computer aided design and engineering systems, 1985, Oxford: Pergamon Press 1985

Ropohl, G.: Eine Systemtheorie der Technik. München: Hanser 1979

Saager: Digitale Echtzeitsimulation des Flugversuchsträgers VFW 614 (Attas) der DFVLR, mit Hilfe des Multiprozessorsystems AD 10. Arbeitskreis Simulation technischer Systeme, ASIM, 27.2.1986, Wuppertal 1986

Sargent, R. G.: A Tutorial on verification and validation of simulation models. In: /Sheppard 1984/

Schmidt,G.: Simulationstechnik. München: Oldenburg 1980

Schmidt, J. W.: Introduction to simulation. In: /Sheppard 1984/

Schmidt: Der Simulator GPSS -Fortran. Version 3. Fachberichte Simulation, Berlin: Springer 1984

Schneider-Fresenius, W. (Ed.): Technische Fehlerfrühdiagnose-Einrichtungen. München: Oldenbourg 1985

Schöne, A. (Ed.): Simulation technischer Systeme. Bd. 1. München: Hanser 1974

Schuler, H.: Frühzeitige Erkennung gefährlicher Reaktionszustände in chemischen Reaktoren. Fortschrittsberichte, Reihe 8.Düsseldorf: VDI 1982

Shannon, R.: Systems simulation: the art and science. Englewood Cliffs: Prentice Hall 1975

Sheppard, S. et al. (Ed.): Proc. of the 1984 Winter Simulation Conference

Spriet, J. A. et al.: Computer aided modelling and simulation. New York: Academic Press 1982

Spruth, W. G.: Interaktive Systeme - Strukturen, Methoden, Stand der Technik. Fachberichte und Referate, Volume 2. Science Research Associates GmbH 1977

Standridge, C. R. et al.: Integrated simulation support system concepts and examples. IEEE Annual Sim. Symposium 1984

Steinbuch, P. et al.: Dialog-Datenverarbeitung. München: IWT 1984

Stoer, J.: Einführung in die numerische Mathematik. Teil 2. Berlin: Springer 1978

Stoer, J.: Einführung in die numerische Mathematik. Teil 1. Berlin: Springer 1983

Stummel, F. et al.: Praktische Mathematik. Stuttgart: Teubner 1982

Trauboth, H.: Programmsystem zur Simulierung allgemeiner Regelsysteme auf einem Digitalrechner. Regelungstechnik 14 (1966), S. 22-28

Trauboth, H. et al.: MARSYAS Users Manual. Marshall space flight center, NASA, USA 1973

Trauboth, H. et al.: MARSYAS, Part 1 - Theory. IEEE-Circuits and Systems Soc. Newsletter, Vol.7, June 1973

Trauboth, H. et al.: MARSYAS as a simulation and analysis tool for aerospace control systems. Private Unterlagen 1974.

Trauboth, H.: Development of scientific and engineering software for nuclear applications. International Conference „Tools, Methods and Languages for Scientific and Engineering Computation", Mai 1983, Paris

Trauboth, H. et al. (Ed.): Prozeßrechnertagung. Karlsruhe 1984. Berlin: Springer 1984

Unbehauen, R.: Systemtheorie. München: Oldenbourg 1983

Utku, S. et al.: Parallel solution of closely coupled systems. Int. J. for numerical methods in engineering 23 (1986) S. 2177-2186

Werner, H. et al.: Praktische Mathematik II. Berlin: Springer 1979

Wood, R. K. et al.: DPS - A digital simulation language for the process industries. Simulation (1984) H.5 S. 221-233

Worland, P.B.: Parallel methods for the numerical solution of ordinary differential equations. IEEE Trans. on Computers (1976) S. 1045-1048

Wunsch, G. (Ed.): Handbuch der Systemtheorie. München: Oldenbourg 1986

Yen, K. et al.: Digital simulation algorithms using parallel processing. IEEE Trans. Ind. Electron. Control Instrum. 29 (1982) S. 217-219

Zeigler, B. P. et al.: Methodology in systems modelling and simulation. Amsterdam: North Holland 1979

Zeitz, M.: Nichtlineare Beobachter. Regelungstechnik 27 (1979) S. 241-272

Zimmermann, H. et al.: Procontrol P - Aktuelle System- und Einsatzkonzeption. Autom. Praxis 28 (1986) S. 390-393

Fachberichte Simulation

Herausgeber: B. Schmidt, D. Möller

Die Simulationstechnik stellt ein bedeutendes Instrument für die Analyse und die Modellbildung komplexer Systeme zur Verfügung. Ihre Methoden finden Eingang in die verschiedensten Fachgebiete.

Band 1
B. Schmidt

Systemanalyse und Modellaufbau

Grundlagen der Simulationstechnik

1985. 93 Abbildungen. VIII, 248 Seiten. Broschiert DM 74,-.
ISBN 3-540-13784-X

Ausgehend von den Ergebnissen der System- und Modelltheorie werden die Begriffe der Simulationstechnik eingeführt. Daran schließt sich ein Überblick über das Leistungsvermögen und die Leistungsgrenzen der Verfahren an. Die wichtigsten Simulatoren werden beschrieben, in ein Klassifikationsschema eingeordnet und bewertet. Zahlreiche Beispiele erläutern diese grundlegende Darstellung.

Band 2
B. Schmidt

Der Simulator GPSS-FORTRAN Version 3

1984. 48 Abbildungen. VIII, 336 Seiten. Broschiert DM 84,-.
ISBN 3-540-13782-3

Der Simulator GPSS-FORTRAN Version 3 eignet sich zur Simulation diskreter, kontinuierlicher und kombinierter Modelle. Er unterstützt besonders die Behandlung von Netzen, z. B. von Warteschlangensystemen.

Band 3
B. Schmidt

Modellbildung mit GPSS-FORTRAN Version 3

1984. IX, 307 Seiten. Broschiert DM 78,-. ISBN 3-540-13783-1

Dieser Band ist als Benutzer-Anleitung gedacht und ermöglicht es, einfachere Modelle in kürzester Zeit aufzubauen. Die Modelle sind bewußt überschaubar gehalten, um die verschiedenen Verfahren und Möglichkeiten des Simulators zu demonstrieren. Kenntnisse über den inneren Aufbau des Simulators sind nicht erforderlich.

Band 4
H. Bossel, W. Metzler, H. Schäfer (Hrsg.)

Dynamik des Waldsterbens

Mathematisches Modell und Computersimulation
1985. 94 Abbildungen. VII, 265 Seiten. Broschiert DM 68,-.
ISBN 3-540-15475-2

Der Band stellt den dynamischen Prozeß des Waldsterbens in Form eines Computersimulationsmodells dar. Herzstück des Gesamtmodells ist das „System Baum", das bei fehlender Schadstoffbelastung mit flächenbezogenen Daten normale Wachstumsprozesse simuliert.

Springer-Verlag
Berlin Heidelberg New York
London Paris Tokyo Hong Kong